Stefan Frädrich
Das Günter-Prinzip fürs Business

W0059280

Stefan Frädrich

DAS
GÜNTER-PRINZIP
FÜRS BUSINESS

So werden
Sie schweinehundeerfolgreich

Illustrationen von Timo Wuerz

Externe Links wurden bis zum Zeitpunkt der Drucklegung des Buches geprüft.
Auf etwaige Änderungen zu einem späteren Zeitpunkt hat der Verlag keinen
Einfluss. Eine Haftung des Verlags ist daher ausgeschlossen.

Bibliografische Information der Deutschen Nationalbibliothek

Die Deutsche Nationalbibliothek verzeichnet diese Publikation
in der Deutschen Nationalbibliografie; detaillierte bibliografische
Informationen sind im Internet unter http://dnb.ddb.de abrufbar.

ISBN 978-3-86936-795-8

Lektorat: Christiane Martin, Köln | www.wortfuchs.de
Illustrationen: Timo Wuerz | www.timowuerz.com | www.wild-and-free.com
Umschlaggestaltung: Martin Zech Design, Bremen | www.martinzech.de
Autorenfoto Stefan Frädrich: Marcus Müller-Saran
Autorenfoto Timo Wuerz: Katja Kuhl
Satz und Layout: Das Herstellungsbüro, Hamburg |
www.buch-herstellungsbuero.de
Druck und Bindung: Salzland Druck, Staßfurt
3. Auflage 2020

Wir drucken in Deutschland.

www.gabal-verlag.de
www.twitter.com/gabalbuecher
www.facebook.com/Gabalbuecher
www.instagram.com/gabalbuecher

PEFC zertifiziert
Dieses Produkt stammt aus nachhaltig
bewirtschafteten Wäldern und kontrollierten
Quellen.

PEFC   www.pefc.de

Inhalt

Vorwort

IST DAS IHR ERNST?

Sie wollen wirklich ein mit Cartoons illustriertes Buch lesen, in welchem es darum geht, den inneren Schweinehund fit fürs Business zu machen? Sie sind ja heftig drauf! Wo bleibt denn Ihr Anspruch an Professionalität? Wo Ihr auf lässig getrimmtes Selbstbild?

»Stefan«, sagte mein damaliger Chef vor einigen Jahren bedauernd, »eigentlich bist du ja ein ganz netter Kerl. Aber wenn du mal auch ein guter Verkäufer werden willst, dann hör jetzt ganz genau zu ...« Was folgte, war eine Lektion, die ich niemals vergessen sollte und die mich auch heute noch beeindruckt. In wenigen Sätzen erklärte mir ein seit Jahrzehnten erfolgreicher Selfmade-Millionär, woran ich beim »Verkaufen« – zum Beispiel meiner Ansichten – immer wieder scheiterte. Volltreffer! Und er verriet mir eine simple Form der Gesprächsführung, welche sofort die Zustimmung des Gegenübers sichert. (Natürlich werde ich sie später im Buch verraten.)

Was soll ich sagen? Was damals quasi als väterlicher Ratschlag begann, war der Beginn einer Reise in die bunte, komplexe und sehr spannende Welt der Prinzipien und Geheimnisse, Tricks und Kniffe, welche Menschen und Unternehmen erfolgreich machen. Und je tiefer ich in die Materie rutschte, desto klarer wurde mir, was ich alles noch nicht wusste. Außerdem begann ich zu verstehen, dass Geschäftserfolg kein Hexenwerk oder nur mit akademischer Ausbildung zu erreichen ist. Vielmehr gibt es eine Fülle praktischer

Kenntnisse und Sichtweisen, welche in Summe die Erfolgswahrscheinlichkeit erhöhen. Je mehr man davon kennt und anwendet, desto besser.

Haben Sie aufgepasst? Wir sind schon bei des Pudels Kern: Wissen allein macht nicht erfolgreich. Sondern nur angewandtes Wissen. Hallo innerer Schweinehund: Du bist immer mit dabei. Jeden Tag, jede Sekunde unseres Lebens. Denn du bist ein fester Bestandteil unserer Persönlichkeit. Außerdem ist die Idee, dieses Buch zu lesen, weit weniger absurd, als es zunächst erscheinen mag. Immerhin verbringen wir einen großen Teil unseres Lebens mit Businessthemen. Und seien wir ehrlich: Krisen, Pleiten, Burn-out und Konkurrenz sind vertraute Begriffe, die uns dabei stets begleiten. Wäre es also nicht eine gute Sache, im Geschäft erfolgreich durchzustarten – ganz ohne innere Motivationskämpfe und böse Begleiterscheinungen des Marktes? Aber hallo!

Genau deshalb beschäftigt sich dieses Buch hier mit drei Kernkompetenzen aus der Businesswelt: mit dem Verkaufen, der Fähigkeit, Menschen (und Schweinehunde) zu führen, und dem Unternehmertum (für mich gewissermaßen die Königsdisziplin, denn ohne Unternehmer gäbe es überhaupt kein Business). In genau dieser Reihenfolge gehen wir die Themen auch durch, wobei aber jedes für sich inhaltlich geschlossen ist, weil der jeweilige rote Faden aus drei bereits veröffentlichten Günter-Büchern besteht: »Günter lernt verkaufen«, »Günter, der innere Schweinehund, wird Chef« und »Günter, der innere Schweinehund, wird Unternehmer«.

Die Texte sind aktualisiert und mit vielen zusätzlichen Kapiteln und Reflexionen angereichert, sodass Sie dieses Buch auch dann gewinnbringend lesen können, wenn Sie bereits den einen oder anderen Teil schon kennen. (Vor allem der erste Teil »Verkaufen« ist um besonders viele Zusatztexte ergänzt, da der ursprüngliche Text zwar nach wie vor bezüglich der geschilderten zwischenmenschlichen Prinzipien gültig ist, aber mittlerweile über ein Jahrzehnt auf dem Buckel hat, was in Zeiten der Digitalisierung eine Ewigkeit ist.) Außerdem hat sich Timo Wuerz wieder die Mühe gemacht und alle Illustrationen extra für dieses Werk hier neu gezeichnet. Sie werden also keine einzige Zeichnung wiedererkennen, selbst wenn Sie bereits eingefleischter Günter-Fan sind.

Warum genau diese Reihenfolge? Nun, im Prinzip ist die Reihenfolge egal. Die Berufsgruppen Verkäufer, Führungskräfte und Unternehmer zählen seit vielen Jahren zu meinen Kernkunden. Ich habe zu den jeweiligen Themen Hunderte Seminare, Workshops und Vorträge gehalten – und als Selbstständiger, Verkäufer, Chef und Unternehmer auch selbst so einige Erfahrungen vorzuweisen. Die meisten Menschen sind jedoch im Arbeitsleben irgendwie mit Kunden beschäftigt – also gewissermaßen im Verkauf tätig. Erst danach folgen die Chefs, Selbstständigen und Unternehmer – in absoluter Häufigkeit genau in dieser Reihenfolge abnehmend. Also seien Sie mutig und eigenverantwortlich: Wenn Sie möchten, picken Sie sich die Themen beliebig so heraus, wie es für Sie passt! Also vielleicht zuerst Unternehmer »werden«, dann Führungskraft und am Ende Verkäufer? Wie gesagt: Das ist im Prinzip egal.

Außerdem muss ich Sie noch stilistisch vorwarnen, falls dies das erste Günter-Prinzip-Buch ist, das Sie lesen: Weil der innere Dialog mit unserem eigenen »Schweinehund« eine sehr persönliche Sache ist, wird Sie »Günter« einen Großteil des Textes frech duzen. Ich hoffe, Ihr Ego kann das ab? Falls nicht, sollten Ihnen die Zusatztexte psychische Erleichterung verschaffen, in welchen ich Sie wieder höflich siezen werde. Die seriösen Business-Texte sind also in Sie-Form formuliert, die persönlicheren Schweinehunde-Texte in Du-Form. Ich bin mir sicher: Sie werden das Prinzip schnell schnallen. Außerdem habe ich der besseren Lesbarkeit wegen auf die Nennung beider Geschlechtsformen, also der männlichen und weiblichen, verzichtet, aber natürlich sind mit Verkäufern auch Verkäuferinnen gemeint, mit Denkern auch Denkerinnen und so weiter.

Apropos: Manche Leser – und Leserinnen – halten fachlich so viel von ihrer eigenen Expertise, dass sie es für unpassend halten, wie ich mich den jeweiligen Themen möglichst einfach nähere und zunächst je nur Grundlagen erläutere. Dann denken sie womöglich: »Will der mich verarschen? Das weiß doch jeder!« Meine Antwort darauf: Nein und nein. Nichts liegt mir ferner, als Sie verärgern zu wollen. Doch ich sehe meinen wichtigsten didaktischen Job darin, mich komplexen Themen möglichst verständlich zu nähern und nachvollziehbar Übersicht zu schaffen. Und ob Sie es glauben oder nicht: Vieles von dem, was angeblich jeder wissen sollte, weiß deshalb noch lange nicht jeder! Noch schlechter wird die Quote, natürlich, wenn man nicht nur wissen soll, was zu tun ist, sondern auch tun soll, was man weiß ... (Davon kann ich, wie bereits gesagt, auch selbst ein Liedchen singen.) Also ist es für mich Pflicht, stets einfach zu starten und dann erst komplexer zu werden. Ich will **ALLE** Leser mitnehmen.

Eine letzte Warnung noch: Natürlich habe ich in dieses Buch wieder viele persönliche Erfahrungen und Sichtweisen gepackt. Diese lassen sich nicht immer eins zu eins auf Ihre Situation übertragen, wenngleich ich mich bemüht habe, bei allgemeingültigen Prinzipien zu bleiben. Sollte also das eine oder andere Ihren eigenen Erfolgsprinzipien oder Erfahrungen widersprechen, müssen Sie mir nicht zwingend zustimmen. Nur Vorsicht: Wenn Sie sich gegen etwas besonders heftig wehren, könnte es sein, dass nicht Ihre Überzeugungen oder Erfahrungen dahinterstecken, sondern Ihr innerer Schweinehund! Genau dann sollten Sie besonders gut aufpassen ...

So oder so: Ich wünsche Ihnen gute Geschäfte!

Ihr Dr. Stefan Frädrich

I. GÜNTER,
der innere Schweinehund,
LERNT
VERKAUFEN

1.
Günter,
der Verkaufsskeptiker

Günter, der innere Schweinehund

Kennst du Günter? Günter ist dein innerer Schweinehund. Er lebt in deinem Kopf und bewahrt dich vor allem Übel dieser Welt. Immer wenn du etwas Neues lernen oder dich mal anstrengen musst, ist Günter zur Stelle: »Lass das sein!«, sagt er dann oder »Mach das doch später!«, rät er dir. Und wenn du mal vor einer spannenden Herausforderung stehst, erklärt dir Günter gerne: »Das schaffst du sowieso nicht!« Eigentlich meint es Günter dabei nur gut mit dir. Er ist nämlich furchtbar faul. Und weil er denkt, dass du genauso schweinehundefaul bist wie er, will dich Günter mit seinen Ratschlägen vor unnützer Mühe beschützen. Ist das nicht nett von ihm?

Leider hält dich Günter damit aber oft von deinen Plänen ab. Du sammelst kaum neue Erfahrungen und lernst nichts Wichtiges dazu. Bald bist du so im Trott, dass du immer nur das Gleiche tust:

Du nimmst jeden Tag den gleichen Weg zur Arbeit, bestellst beim Italiener die immer gleiche Pizza und schaust dir andauernd die gleichen langweiligen Fernsehsendungen an. Dadurch ist dein Leben so, wie Günter es gerne haben will: sehr, sehr gemütlich!

Hilfe, etwas Neues!

Günter hasst Veränderungen. Doch das Leben verändert sich jeden Tag! Also bringt Günters Einstellung mit der Zeit ein paar Probleme mit sich: Was passiert, wenn du zur Fortbildung mal ein Seminar besuchen musst? Oder wenn ein Ortswechsel ansteht? Oder wenn dir dein Arzt zu einer anderen Lebensweise rät? Na klar, du sträubst dich dagegen, obwohl es vielleicht sein muss. Und warum? Weil Günter protestiert. Er sagt nämlich:»Wozu lernen? Du weißt doch schon alles!« oder»Warum umziehen? Hier kennst du dich doch so schön aus!« oder»Weshalb plötzlich Sport treiben? Bisher ging es auch ohne!«. Günter kann schon ganz schön lästig sein.

Trotzdem musst du manchmal etwas Neues lernen und gewohnte Ansichten überdenken: Vielleicht solltest du ja doch mal wieder joggen gehen? Oder hätte ein Umzug nicht auch seine Reize? Und in der Fortbildung könntest du sicher etwas Nützliches lernen, zum Beispiel wie man gut verkauft. Wolltest du nicht schon lange wissen, wie verkaufen funktioniert?

Verkaufen? Nein danke!

»Verkaufen?«, wettert Günter sofort drauflos.»Verkaufen heißt andere über den Tisch zu ziehen. Und Verkäufer sind schmierige Klinkenputzer, die wehrlose Kunden gegen die Wand quatschen.« Oje, da scheint Günter ja fiese Vorurteile zu haben! Ob er mal schlechte Erfahrungen gemacht hat? Oder plappert er einfach nach, was ihm andere vorgeplappert haben? Vielleicht sind seine Vorbilder ja sozialistische Wirtschaftsfeinde? Oder spießige Bildungsbürger? Oder misstrauische Geizkragen? Vom Verkaufen hat Günter jedenfalls keine Ahnung. Denn Verkaufen ist eine der wichtigsten Künste der Menschheit!

Solange Günter aber eine so negative Einstellung hat, wird es dir schwerfallen, verkaufen zu lernen. Besser also, wir erklären ihm zuerst, warum die Kunst des Verkaufens so wichtig ist. Dann motzt er nicht mehr herum, und du musst beim Verkaufen nicht ständig deinen inneren Schweinehund überwinden. Und wenn wir Günter ein wenig trainieren, wird er dir beim Verkaufen sogar helfen, anstatt dich zu behindern. Wenn man nämlich mit Günter zusammenarbeitet, geht einem alles viel leichter von der Hand!

Verkaufen – eine wichtige Kunst?

»Verkaufen soll also wichtig sein?«, zweifelt Günter. Na klar! Stell dir vor, du willst ein neues Fahrrad haben. In deiner Umgebung gibt es zwei Fahrradgeschäfte und beide bieten die gleichen Räder zum gleichen Preis an. Im ersten Geschäft schraubt ein wortkarger Angestellter an einem Sattel herum und übersieht dich einfach. Im zweiten Geschäft begrüßt man dich freundlich, serviert dir einen Kaffee und dann bekommst du eine super Beratung. In welchem Geschäft wirst du dein Fahrrad wohl kaufen? Natürlich im zweiten. Das ist Verkaufen! So einfach geht das.

»Verkaufen soll eine Kunst sein?«, fragt Günter weiter skeptisch. Aber ja! Nehmen wir an, du hättest dir ein Bein gebrochen und nach endlos langen Wochen nehmen dir zwei Ärzte den Gips ab. Der eine sagt todernst: »Sie haben noch längst nicht alles hinter sich! Jetzt schicke ich Sie erst mal zur Krankengymnastik. Sie müssen nämlich noch ein langes und anstrengendes Therapieprogramm absolvieren!« Der andere Arzt lächelt dich an und sagt: »Herzlichen Glückwunsch, Ihre Heilung klappt ja prima! Wenn Sie jetzt noch ein paar Mal Krankengymnastik machen, jagen Sie schon bald wieder wie ein junger Gott über den Sportplatz.« Welcher Arzt motiviert dich eher zur Krankengymnastik? Natürlich der zweite. Auch das ist Verkaufen. Keine Klinkenputzerei, kein Über-den-Tisch-Ziehen!

Verkaufen? Au ja!

»Fahrräder und Gipsbeine?«, lästert Günter. »Wie lächerlich!« Günter ist ein Sturkopf. Wenn er eine Meinung hat, verändert er sie nicht so schnell. Schade. Denn irgendwie scheint das Verkaufen ja überall vorzukommen: Im Fernsehen läuft eine Werbung nach der anderen, damit du die neuesten Waschmittel, Autos und Versicherungen kennenlernst. Im Supermarkt steht das bunte Regal mit den Süßigkeiten direkt neben der Kasse, damit dich deine Kinder daran erinnern, Schokolade einzukaufen. Und hast du dein Zeitungsabonnement einfach nur so oder hat man es dir mal irgendwie verkauft?

Auch vor anderen Lebensbereichen scheint das Verkaufen nicht Halt zu machen: Wenn der Politiker deine Stimme haben will, erzählt er dir Geschichten, die dir gut gefallen. Wenn du Überstunden machen musst, muntert dich dein Chef ein bisschen auf. Und wenn die lieben Kleinen mal später ins Bett gehen wollen, versprechen sie ihren Eltern dafür eine Gegenleistung. Man könnte fast behaupten, verkaufen wäre ein Naturgesetz: Die Vogelmännchen balzen um die Vogelweibchen, die bunten Blumen buhlen um die Bienen. Und stell dir mal vor, du suchst seit Ewigkeiten einen Partner und plötzlich steht dein Traumtyp direkt neben dir. Was solltest du jetzt tun? Richtig: dich so gut wie möglich verkaufen!

Kaufen macht Spaß

Und bist du selbst nicht auch gerne Kunde? Suchst du nach dem Pizzaservice lieber mühsam im Telefonbuch (so etwas gibt es tatsächlich immer noch!) oder nimmst du einfach die praktische Handy-App? Gehst du lieber zu dem Zahnarzt, der immer sofort drauflosbohrt, oder zu dem, der dir vorher alles gut erklärt und dich so nett berät? Und welchen Klempner lässt du lieber in deine Wohnung: den stummen Griesgram, den du tagelang nicht erreichst, oder den netten Kerl, der immer sofort am Telefon ist und so freundlich klingt? Ja, und manchmal müssen wir uns sogar selbst etwas verkaufen! Wann macht Günter denn das Fitness-Studio mehr Spaß: wenn du dich sinnlos herumquälst oder auf dem Weg zur Traumfigur?

Sicher ist dir auch schon aufgefallen, dass viele Menschen beim Einkaufen richtig Spaß haben. Privat kaufen sie neue Schuhe, schicke Autos, leckeres Essen oder teure Urlaube – und fürs Geschäft produktivere Maschinen, gute Fortbildungen, bessere Zulieferer oder moderne Bürogebäude. Man könnte fast sagen, es sei ein neues Zeitalter des Verkaufens angebrochen: immer neue Angebote, ständig sinkende Preise und bestens informierte Kunden. Keine guten Zeiten also für einen inneren Schweinehund, der nichts vom Verkaufen hält!

Ein guter Verkäufer

Günter ist stutzig geworden. So langsam dämmert ihm, dass seine Vorurteile auf sandigem Grund gebaut sind. Anscheinend ist das Verkaufen viel wichtiger, als er geglaubt hat – wichtig für Firma, Familie und Volk. Aber Schweinehunde geben selten zu, wenn sie im Unrecht sind. Sie ändern höchstens ihre Taktik: »Was für ein Glück, dass du das Verkaufen nicht extra lernen musst, denn schließlich bist du schon ein prima Verkäufer! Wenn einer gut verkaufen kann, dann du.« Ist er nicht ein kleiner Schweinehund, dieser Günter?

Lieber Günter, gute Verkäufer sind ehrlich zu sich selbst und haben eine positive innere Einstellung. Sie wollen sich immer weiter verbessern und suchen gerne nach Chancen und Herausforderungen. Dabei springen sie auch mal über ihren Schatten und probieren etwas Neues aus. Sie setzen sich Ziele und wollen diese Ziele auch erreichen. Und wenn es mal nicht so gut läuft, lassen sie sich nicht unterkriegen, sondern bleiben beharrlich und verbreiten Optimismus. Bist du wirklich sicher, dass du so ein guter Verkäufer bist?

Günter ist ein Problemsucher

Günter wird kleinlaut. Mit seiner inneren Einstellung hat er nämlich ein echtes Problem. Immer, wenn du einen Plan hast, findet Günter eine Ausrede. Und wenn du für ein Problem nach einer Lösung suchst, findet Günter in der Lösung das Problem. Du übernimmst gerne Verantwortung, Günter dagegen wälzt sie gerne auf andere ab. Du hältst vieles für schwierig, aber grundsätzlich für möglich. Günter hält manches für möglich, aber das meiste für zu schwierig. Deine Einstellung wird also immer zu einem Teil der Lösung, Günters Einstellung leider zum Teil des Problems.

»Okay, okay«, sagt Günter, »wenn du ein guter Verkäufer werden willst, sollte ich nicht andauernd herumstänkern. Aber wie verkauft man denn richtig? Ist das nicht furchtbar kompliziert und schwierig?« Aber nein. Ist es etwa kompliziert und schwierig, eine Schwarzwälder Kirschtorte zu backen? Nicht, wenn man dafür ein gutes Rezept hat. Beim Verkaufen ist es ähnlich: Denn wie das Backen ist auch das Verkaufen ein Prozess, den man in einzelne Schritte zerlegen kann. Wenn man die einzelnen Schritte kennt und versteht, wie sie zusammenspielen, ist alles ganz einfach. Dann kannst du sogar Vegetariern Salami verkaufen! (Oder es zumindest mal probieren ...)

Kundenwünsche

»Vegetariern Salami verkaufen? Du bist ein rücksichtsloser Geschäftemacher!« Günter hat leider recht. Immer wieder gibt es zwielichtige Verkäufertypen, die einem Dinge aufquatschen, die kein Mensch braucht: überteuerten Strom, ungesundes Essen und

wertlosen Schnickschnack. Also: Mach es besser! Du sollst nämlich niemandem etwas gegen seinen Willen andrehen, sondern immer nur das verkaufen, was dein Kunde gerne haben möchte und auch wirklich braucht.

»Nanu!«, wundert sich Günter. »Wenn man dem Kunden etwas verkauft, was er gerne haben möchte und wirklich braucht, dann zieht man ihn ja gar nicht über den Tisch, sondern man tut ihm einen Gefallen!« Genau, Günter. Und wenn man seinem Kunden einen Gefallen tut, macht Verkaufen Spaß und man hat dabei Erfolg. Also verkauft man die Salami besser nicht an Vegetarier, sondern an echte Wurstfreunde! Dazu braucht man nämlich keine faulen Tricks ...

Der Verkäufer – dein Freund und Helfer

Du verkaufst also gar nicht, um zu verkaufen. Verkaufen ist schließlich kein Selbstzweck. Du verkaufst, um anderen Menschen einen Gefallen zu tun! Wenn du Brötchen verkaufst, hilfst du beim Start in den Tag. Wenn du Benzin verkaufst, hilfst du beim Autofahren. (Zumindest bis wir alle Elektroautos haben.) Und wenn du Versicherungen verkaufst, hilfst du deinen Kunden dabei, sich sicherer zu fühlen. Du verkaufst genau das, was die Kunden haben wollen – und nicht das, was du gerade loswerden musst. Du gehst überall durch offene Türen und verdienst dabei dein Geld. Ist das nicht schön?

Beim Verkaufen geht es also gar nicht um dich und um deinen inneren Schweinehund. Beim Verkaufen geht es um deine Kunden und ihre Wünsche. Wenn dein Angebot zum Kunden passt, wird der Kunde bei dir kaufen. Und wenn nicht, dann kauft er eben woanders. Kaufen wird er aber auf jeden Fall! Also: Welches Angebot hast du für deine Kundschaft? Was verkaufst du eigentlich?

VERKAUFEN – was BEDEUTET das für SIE?

Der Beruf des Verkäufers hat nicht nur Freunde. Im Gegenteil: Viele sehen ihn sogar sehr skeptisch – was vor allem dann ein Problem wird, wenn man selbst im Verkauf tätig ist. Denn das negative Berufsbild färbt auf das eigene Selbstbild ab und sabotiert unterschwellig die Leistung. So entsteht nicht nur für Berufseinsteiger eine Herausforderung, sondern auch für allerlei Spezialisten, die Kunden zu Produkten zwar gerne inhaltlich beraten, sich aber mit dem Verkaufsfokus schwer tun.

Dabei lassen sich vermeintlich »negative« Attribute durchaus positiv betrachten! So findet man Verkäufer auf Kaltakquise vielleicht »nervig«, obwohl diese dafür eine gehörige Portion Mut brauchen. Oder man mag es für unsensibel halten, einen zurückhaltenden Kunden um einen Folgetermin zu bitten. Dabei stecken dahinter oft hohe Frustrationstoleranz und Erfahrung.

Listen Sie zunächst Ihre eigenen negativen Klischees und Vorurteile auf, die »typische Verkäufer« in Ihren Augen haben. Dann drehen Sie die Betrachtungsweise um: Haben die gefundenen Eigenschaften auch positive Seiten? Welche?

Was an Verkäufern nervt

Warum es Verkäufer draufhaben

Als Trainer begegnet einem immer wieder Skepsis: »Kann man verkaufen überhaupt lernen?«, »Das Verkäufer-Gen hat man, oder man hat es nicht!« und »Was sollen Fortbildungsveranstaltungen schon bringen? Davon setzt man sowieso nichts um!«. Jeder hat eine Meinung – oft eine unbegründete – und tut diese kund – oft erstaunlich destruktiv. Und ich bin immer wieder verwundert, welche Macht innere Schweinehunde über manche Menschen haben ... Lassen Sie mich daher klar Stellung beziehen zu den obigen drei häufigsten Einwänden:

1.) »Kann man verkaufen überhaupt lernen?«

Natürlich kann man! Verkaufen ist eine Tätigkeit, die eine Menge »Handwerkliches« benötigt: Wie tritt man mit anderen Menschen in Kontakt? Wie erfährt man, was den Kunden interessiert? Auf welche Weise präsentiert man die Vorteile des eigenen Produktes? Wie geht man mit Fragen, Skepsis, Widerständen, Reklamationen und sogar offener Ablehnung um? Wie motiviert man sich dauerhaft? In welcher Reihenfolge bietet man seine Produkte an? Welche Wortwahl bewirkt welche Reaktionen? Was kann man tun, um auf Kunden anziehend zu wirken und sie an sich zu binden?

Es gibt Tausende solcher quasi handwerklichen Fragen, die in der Summe zu Erfolg oder Misserfolg beim Verkauf führen! Und je mehr gute Antworten man kennt und anwendet, desto besser.

Ich selbst zum Beispiel habe das Verkaufen auch erst mal auf diese »handwerkliche« Weise lernen müssen, als ich vor einigen Jahren als Arzt aus der Medizin in die Wirtschaft gewechselt bin. Keinen Plan hatte ich! Aber je mehr »Werkzeuge« ich gelernt

hatte, desto besser bin ich geworden – so wie man besser wird, wenn man konsequent eine Fremdsprache lernt, das öffentliche Reden oder Minigolfspielen übt. Sehr viel davon ist schlicht Trainingssache!

Und begleitend zum Training kommt im Idealfall das Sammeln von Wissen dazu: Welche Techniken gibt es, die im Verkauf erfolgreich machen? Zum Glück müssen wir das Rad hier nicht neu erfinden: Kaum eine Fähigkeit – oder besser Fertigkeit! – ist im Kern über die Jahrhunderte so unverändert geblieben wie die des Verkaufens.

Dass sich dennoch manche dagegen sträuben, sich kontinuierlich fortzubilden, immer wieder neue Nuancen zu lernen, Bekanntes zu festigen und sich hier und da an Altbewährtes zu erinnern, ist in meinen Augen nicht unbedingt schlau.

Und dass einige sogar komplett abstreiten, dass man verkaufen lernen kann, ist mir unbegreiflich.

2.) »Das Verkäufer-Gen hat man, oder man hat es nicht!«

Ja und nein. Ja, es gibt sicherlich Menschen, die mit besseren Voraussetzungen starten. Solche, denen die Herzen schneller zufliegen als anderen, die besser mit dem Gegenüber umgehen und treffsicherer zum Abschluss kommen. Aber: Auch diese Wunderkinder tun im Kern nichts anderes, als eine ganze Menge guter Verhaltensweisen abzurufen, die ihnen unterm Strich Erfolge bringen.

Und diese Verhaltensweisen sind nicht angeboren, sondern gelernt! Das, was wir unter Talent verstehen, ist oft nichts anderes als die Summe sämtlicher Trainingserfahrungen in einem Gebiet – und trainieren können wir unser ganzes Leben lang. Warum also den Kopf in den Sand stecken und aufgeben, bevor wir überhaupt angefangen haben?

Also: Nein, es gibt das Verkäufer-Gen nicht! Vielleicht ist der eine besonders eloquent, der andere besonders mutig und der Dritte kennt besonders viele Produktdetails. Für sich alleine aber führen weder Eloquenz noch Mut, Wissen oder etliche andere einzelne »Talente« automatisch zum Verkaufserfolg. Sie müssen gezielt in den Dienst einer Sache gestellt werden, die bestimmten Prinzipien folgt, welche man als Verkäufer verstehen und verinnerlichen sollte.

Die »Talente« müssen wie Rohdiamanten geschliffen werden, wenn sie nicht stumpf bleiben sollen. Sonst könnte ja jeder Radiomoderator, Skispringer oder Akademiker von einem Tag auf den anderen zum Topverkäufer werden. Und wissen Sie was? Jeder Radiomoderator, Skispringer oder Akademiker KANN zum Topverkäufer werden! Nur eben nicht von einem Tag auf den anderen – dazwischen liegt eben das richtige Training. Und das Sammeln von Know-how.

3.) »Was sollen Fortbildungsveranstaltungen schon bringen? Davon setzt man sowieso nichts um!«

Seit Anfang der 2000er-Jahre lebe ich von Fortbildungsveranstaltungen und habe seitdem viele Tausende Menschen geschult: in offenen und geschlossenen Seminaren, Workshops, Fortbildungen, als gebuchter Trainer und als Veranstalter.

Und dennoch begegnen mir solche Sätze immer wieder, die in die tiefen Abgründe perfider Schweinehundelogik blicken lassen: Menschen würden sich nicht verändern können, sie würden passiv in den starren Systemen ihrer Firma und ihres Marktes feststecken, professionelle Weiterbildung sei teure Abzocke, die Umsetzung sei nie und nimmer dauerhaft möglich – und so weiter. Wahnsinn! Mit der gleichen Logik könnten Sie morgens im Bett liegen bleiben, weil Sie ohnehin schon wissen, dass irgendetwas im Laufe des Tages nicht so klappen wird, wie gewünscht ...

Dabei geht es im Kern doch um eine ganz andere Frage: Was WOLLEN Sie von den Impulsen einer Weiterbildung dauerhaft umsetzen? Das hat doch jeder selbst in der Hand, oder? Natürlich können wir Menschen uns verändern – das machen wir schließlich jeden Tag unseres Lebens! Natürlich müssen wir die Gegebenheiten unserer Märkte und Firmen berücksichtigen – nur wie wir auf sie reagieren, liegt in unserer Macht! Natürlich kosten Fortbildungen Geld – doch nehmen Sie auch nur eine einzige gute Idee mit und setzen diese konsequent um, kriegen Sie Ihre Investition zig-, hundert-, tausendfach zurück!

Natürlich sind viele Veranstaltungen wie die von meiner Firma GEDANKENtanken durchgeführten Rednernächte

(10 Redner pro Abend reden je maximal 20 Minuten über verschiedenste Themen: www.gedankentanken.com) keine hocheffektiven Trainings oder Coachings, bei denen Sie intensiv dauergeschult und persönlich betüddelt werden – nur braucht es das auch nicht immer: Oft genügt einfach eine gute Mischung schlauer Impulse, um uns zum Reflektieren anzuregen, gute Ideen aufzuschnappen oder Aha-Erlebnisse zu bewirken! Wer will schon dauernd einen Coach um sich herum haben?

Ich persönlich bin ein überzeugter Fortbildungs-Junkie: Ich FRESSE Vorträge, Seminare, Bücher, Hörbücher, Videos, gute Artikel und Podcasts förmlich! Und ganz egal, wie vertraut mir ein Terrain bereits ist: So gut wie immer ist mindestens ein guter Gedanke dabei, der mir ein neues Erkenntnistürchen öffnet, das mir irgendwo einen neuen Level erschließt. Und ich bin mir sicher: Ich werde mich bis zum Ende meines hoffentlich langen Lebens permanent fortbilden – auch wenn ich mich in einem Gebiet schon »auskenne«. Also: Danke, Dauerfortbildung! Du machst mich in der Summe zu dem, was ich bin. Und damit bin ich ziemlich zufrieden.

Also lesen Sie weiter! Das »Günter-Prinzip« hat gerade erst angefangen.

2. Produkt, Markt, MARKE und Marketing

Produkt-Knowhow: Was verkaufst du?

Also: Was verkaufst du? Babynahrung, Kfz-Gutachten oder Windkraftwerke? Eigentlich kann man alles verkaufen, solange es irgendjemand haben will. Doch wer seine Kunden nicht nur mit Waren beliefern, sondern sie auch gut beraten möchte, der sollte sich mit seinem Produkt gut auskennen. Also lerne dein Produkt aus dem Effeff kennen! Du musst alles draufhaben: technische Daten, Preise, Stärken, Schwächen, Neuerungen, Trends und so weiter.

Übrigens wissen viele Kunden schon bestens über dein Produkt Bescheid. Vielleicht haben sie sich im Internet schlau gemacht? Oder sie haben sich woanders beraten lassen? Möglicherweise sind sie besonders misstrauisch, weil sie mit Verkäufern schon schlechte Erfahrungen gemacht haben, und wollen nun eben alles ganz genau wissen. Wenn du dich also nicht so gut auskennst oder sogar etwas Falsches erzählst, kannst du das Verkaufen wahrscheinlich vergessen. Deshalb ran an die Details! Weißt du über dein Produkt wirklich schon genau Bescheid?

Marktforschung: Wer sind deine Kunden?

Du weißt nun also, was du verkaufst. Aber weißt du auch an wen? Zeit für ein bisschen Marktforschung: Wo ist eigentlich dein Markt? Also in welcher Branche bewegst du dich, und wer ist deine Kundschaft? Wer kann dein Produkt gut gebrauchen und wer nicht? Welche Kunden hast du schon und welche kannst du noch dazugewinnen? Welche Kunden lohnen sich und welche eher nicht?

Nehmen wir mal an, du möchtest Rasenmäher verkaufen. Wo hättest du wohl höhere Chancen, auf einen Kunden zu treffen: in einem schwäbischen Dorf oder in einer Großstadt im Rheinland? Natürlich im schwäbischen Dorf. Und wo fiele es dir leichter, ein Jahresabo für die Oper zu verkaufen? Natürlich in der rheinischen Großstadt. Du siehst schon: Nachdenken lohnt sich! Mach dir also ein möglichst genaues Bild von deinen Kunden. Hallo Günter, noch alles in Ordnung?

Corporate Identity: Wer bist du?

Du weißt nun, was du an wen verkaufst. Aber weißt du auch, wer du bist? »Natürlich weiß ich das! Ich bin Günter, dein innerer Schweinehund.« Nein, so war das nicht gemeint. Es geht um deine Geschäftsidentität: Bei welcher Firma arbeitest du? Wie nehmen euch die Kunden wahr? Welches Image habt ihr? Oder bist du selbstständig? Hat deine Firma einen pfiffigen Namen, der gut klingt, leicht zu

merken und kaum zu verwechseln ist? Wie soll dein Geschäft nach außen wirken? Seriös, konservativ und solide? Oder innovativ, modern und locker?

Deine Geschäftsidentität sollte natürlich auch nach etwas aussehen. Am besten lässt du also von einem guten Grafikdesigner ein schickes Logo und einen passenden Schriftzug entwerfen. Selbermachen ist weniger ratsam. Günter mag dich zwar für einen begnadeten Künstler halten, aber mal ehrlich: Hast du seit der Schulzeit je wieder ein schönes Bild zu Papier gebracht? Besser also, du überlässt das Design den Profis – schließlich sollen deine Kunden kein Mitleid mit dir bekommen.

Corporate Design: Wie siehst du aus?

Du brauchst auch professionelle Briefbögen und edle Visitenkarten. Achte dabei auf einheitliche Schriften und Farben – daran kann man dich leicht erkennen. Und schreib überall deine Kontaktdaten drauf: die genaue Anschrift, Telefon- und (falls du noch eine hast) Faxnummer, Webseite und E-Mail-Adresse, Facebook-Seite und YouTube-Kanal.

Außerdem brauchst du einen guten Internetauftritt. Darauf erklärst du klipp und klar, was du zu bieten hast: Ferienwohnungen, IT-Dienstleistungen, Gartenbaugeräte ... Schreib es auf! Deine Webseite sollte schön übersichtlich und mobilefähig sein. Sie sollte Informationen über dich selbst enthalten und vielleicht sogar ein Foto von dir zeigen. Außerdem sollte die Seite immer auf dem neuesten Stand sein, dein Logo und deine typischen Farben zeigen und sich ganz leicht mit Suchmaschinen finden lassen. Am besten lässt du also auch deine Internetseite von Profis erstellen. Und schwupp: Schon ist deine Geschäftsidentität fertig!

Marketing: Wie vermarktest du dich?

Du hast etwas Gutes zu bieten. Und du weißt, wer du bist und welche Kundschaft du haben willst. Nun müssen auch deine potenziellen Kunden von dir erfahren, denn sonst kann niemand bei dir kaufen. Erst muss man säen, dann kann man ernten. Und erst muss man sich vermarkten, dann kann man verkaufen. Beim Marketing denkst du dich in deine Kunden hinein: Wie erfahren sie, was du Schönes für sie hast? Und wie bringst du sie dazu, bei dir einzukaufen? Marketing ist also denken im Kopf des Kunden.

»Marketing ...«, grummelt Günter. »Und wie soll das gehen? Das ist bestimmt furchtbar kompliziert!« Keine Sorge: Marketing ist zwar eine richtige Wissenschaft, aber du brauchst kein Wissenschaftler zu werden, um richtiges Marketing zu machen. Denn in den nächsten Kapiteln bekommst du ein paar Tipps, wie du dich auch als Nichtfachmann prima vermarkten kannst. Wenn du einige davon umsetzt, läuft das Geschäft bald wie von selbst. Du kannst dich ja trotzdem mal ab und zu von Fachleuten beraten lassen. Vielleicht engagierst du auch eine gute Agentur!

Broschüren und Anzeigen: Zeig dich!

Wie sollen deine Kunden von dir erfahren? Indem du dich ihnen zeigst! Und neben der Online-Welt gibt es auch eine »echte« Welt da draußen, der du auch physisch etwas bieten solltest: Mach dir also ein schönes, großes Ladenschild und eine professionelle Werbebroschüre, in der du beschreibst, was du deinen Kunden anbietest – ähnlich wie auf der Internetseite. Nun legst du die Broschüren dort aus, wo deine potenzielle Kundschaft öfter hingeht: in die Fleischerei, zum Arzt oder in den Show-Room eines befreundeten Unternehmens. Vielleicht lässt du die Broschüren ja auch als Extraeinleger mit der Zeitung verteilen? Ganz klassisch also. Je nach Zielgruppe kann das auch heute noch sehr interessant sein.

Apropos Zeitung: Was lesen deine Kunden wohl gerne? Tageszeitung, Wochenblatt oder Branchenjournal? Dann schalte dort Zeitungsanzeigen! Denk dir eine Überschrift und einen Text aus oder einen guten Spruch und dann schnell rein damit ins Blatt! Du kannst deine Anzeigen natürlich auch illustrieren – am besten farbig und mit guten Bildern. Und irgendwo muss wieder dein schönes Logo stehen. Schalte deine Anzeigen übrigens immer regelmäßig und nicht nur sporadisch! So können sich deine Kunden nämlich immer wieder an dich erinnern.

Werbung ohne Grenzen

Du kannst deine Werbung auch auf Plakate und Poster, Postkarten oder Fahnen drucken. Oder Werbebanden und Schilder aufhängen. Und wie wäre es mit bedruckten Kugelschreibern, Baseball-Kappen, T-Shirts, Aufklebern oder Bierdeckeln? Im Radio und Fernsehen könntest du sogar Werbespots laufen lassen. Oder du vertreibst einen Katalog mit all deinen Produkten. Und verteilst Gutscheine, Rabattkärtchen und Bestellformulare. Vielleicht kannst du sogar mit einer Geld-zurück-Garantie werben?

Du kannst aber auch ein wenig PR machen. »PR« ist Englisch, heißt »Public Relations« und bedeutet übersetzt in etwa »Öffentlichkeitsarbeit«. PR ist keine Werbung. Bei Werbung redest du nämlich über dich selbst, während du bei PR andere über dich reden lässt – zum Beispiel in einem Zeitungsartikel oder Radiobeitrag. Kennst du vielleicht einen Journalisten? Dann bitte ihn doch mal, über dich zu berichten! Möglicherweise braucht er gerade eine gute Story und findet deinen Job spannend? Oder biete einer Zeitung an, zu deinem Thema mal selbst einen Fachartikel zu schreiben! Vielleicht bekommst du auf diese Weise sogar eine eigene Kolumne? Schon bald wird man dich überall kennen!

Networking: viele gute Freunde

Sicher hast du auch viele Freunde und Bekannte, die du schon lange nicht mehr gehört oder gesehen hast? Das kannst du dir zunutze machen: Ruf doch mal jeden einzelnen von ihnen an! Erzähl ihnen, was du verkaufst, und bitte sie, dich an ihre Freunde und Bekannten weiterzuempfehlen. Selbstverständlich tust du das Gleiche auch für sie, denn eine Hand wäscht schließlich die andere. So kannst du nette alte Kontakte aufleben lassen und ganz nebenbei ein bisschen arbeiten. Schon bald wird ein Kunde zu dir kommen, weil dich ein alter Freund empfohlen hat.

Um ein paar Ecken herum kennt man noch mehr Menschen. Schreib doch mal alle Berufe auf, die dir einfallen. Und dann überleg dir, wen du kennst, der einen dieser Berufe ausübt. Deine Liste wird sich schnell füllen: Andreas ist Arzt, Beate ist Bürokauffrau und Christophs Cousin ist Controller. Und jetzt wiederhole deine Telefonaktion – schon bald hast du eine ganze Lawine losgetreten!

Und wenn du neue Geschäftskontakte knüpfen möchtest, solltest du natürlich fleißig bei Businessplattformen wie XING oder LinkedIn mitmachen.

Kommunikations-revolution
»Social MEDIA«

»Ja, spinnen die denn?!«, schimpfte mein Vater während des Mittagessens außer sich vor Empörung. »Eines sage ich euch: Da mache ich nicht mit! Nicht mit mir!« Stein des Anstoßes: Sein Arbeitgeber hatte beschlossen, dass jeder im Management einen Computer bekommt – und damit aktiv zu arbeiten hat.

Mein Vater war damals 40 Jahre alt – ein Alter, in dem man die wirklich wichtigen Dinge im Leben bereits gelernt hat. (So meinte er damals zumindest.) Veränderung? Fortbildung? Unnötig! Er hatte ein Wissensplateau erreicht, von dem aus er bequem die nächsten Jahrzehnte würde bestreiten können. Außerdem war er jobbedingt ohnehin ständig weltweit unterwegs. Wie sollte ihn da ein Computer unterstützen? Nun, kurz darauf brachte er kleinlaut seinen ersten Laptop mit nach Hause.

Social Media – gute Sache, oder nicht?

Ich erinnere mich oft an diese kleine Episode. Denn kaum ein Thema ploppt in meinen Führungsseminaren heute ähnlich häufig auf wie »Social Media«. Und dann sitzen (»Hallo, Papa!«) gestandene Unternehmer, Führungskräfte, Vertriebler, Personaler, Selbstständige, Künstler oder Akademiker vor mir, die sich wehren wie kleine Kinder: »Nichts für uns!«, »Gefährliche Entwicklung!«, »Dafür ist das Marketing zuständig!« oder »Wer soll sich auch noch darum kümmern?«. Sprich: Eine Horde innerer Schweinehunde verteidigt ihre Komfortzonen – und konstruktive Macher mutieren zu Bremsern, Bewahrern, Bedenkenträgern.

Der Rest der Gruppe gähnt dann meist oder schüttelt peinlich berührt den Kopf. Manchmal lästert auch jemand zeitgleich bei Facebook, per Smartphone. Andere machen parallel bei Xing ein wenig Business. Schließlich gilt immer noch: Time is money. »Selbst schuld, wenn manche nicht schnallen, was heute Sache ist!« Ja, es wird viel diskutiert heutzutage: In TV-Talkshows schüren »seriöse« Professoren diffuse Ängste. Sie füttern die technisch oft immer noch unbedarfte Babyboomer-Generation mit Munition gegen eine Entwicklung, die für Jüngere so normal ist wie Zähneputzen: Das Netz ist längst ein fester Bestandteil deren Lebens. Die Welt ist vernetzt, Informationen sind frei – na und? Gab es tatsächlich mal Proteste gegen Volkszählungen!?

Richtig bizarr wird es dann im Job: Da versickern die Millionen der Großen in nutzlosem Marketing, während pfiffige Kleine längst zum Nulltarif Millionen erreichen – per YouTube. Da brüsten sich Unternehmen, ihre Angestellten »im Griff« zu haben, weil diese während der

Arbeitszeit nicht ins Internet dürfen – und wundern sich, warum sie keine qualifizierten Leute mehr bekommen. »Vielleicht kriegt das der nächste Chef in den Griff? Der jetzige geht in drei Jahren in Rente.« Da bekommen große Vertriebsmannschaften kaum noch Nachwuchs, weil die Geschäftsführung einen blinden Fleck hat: »Nein, bei uns macht man Vertrieb noch richtig: von Mensch zu Mensch!« Wobei die Geschäftsführung offensichtlich noch zu lernen hat, dass es im Social Web genau darum geht: um Kontakte von Mensch zu Mensch.

Lassen Sie uns also feststellen: Es geht heute längst nicht mehr darum, ob Social Media gut ist oder schlecht. Social Media ist. Wer hingegen bald nicht mehr sein wird, sind alle diejenigen, die weiterhin wie kleine Kinder bocken und sich der Realität verschließen. Auch wenn diese Realität an Orten stattfindet, die man aktiv aufsuchen muss, um sie zu verstehen.

Jahrzehnte später ...

Übrigens: Jahrzehnte später bat mich mein Vater, ihm Facebook zu erklären. Mittlerweile in Rente, leider chronisch krank und mit weit weniger Sozialkon-

takten als in seiner aktiven Zeit, war ihm jede Abwechslung recht. Wir meldeten also seinen Account an. Doch bevor ich ihm erklären konnte, wie er »Freunde« findet, schlug ihm das System eine ganze Reihe möglicher Kontakte vor: alles Namen seiner weltweit verstreuten jahrelangen Geschäftspartner.

Ungläubig staunend klickte er einen nach dem anderen durch: »Das ist tatsächlich der XY! Auf dessen Hochzeit war ich damals!« Oder: »Wahnsinn! Das ist der YX! Mit dem habe ich früher immer ...« Und so weiter. Offenbar hatten alle zuvor bereits bei Facebook nach seinem Namen gesucht, sodass sich mein Vater nun binnen Minuten vernetzen konnte – mit »seinen Jungs und Mädels« aus Singapur, Brasilien, Südafrika. Mit Tränen in den Augen verbrachte er die nächsten Stunden vor dem Computer und dockte wieder dort an, wo ihn Rente und Krankheit herausgerissen hatte: mitten in seinem Leben.

Ich wünsche auch Ihnen, dass Sie ohne Vorurteile in Ihr Leben lassen, was dort hingehört. Und ich wünsche Ihnen, dass Sie mit den Ecken und Kanten umzugehen lernen. Schließlich geht es im Kern – wie immer – nur um eines: um Menschen.

Noch mehr Networking

Nun noch ein paar Ideen für Freunde »echter« zwischenmensch-
licher Kontakte: Warst du schon mal auf einem Netzwerker-Tref-
fen? Die werden oft von Verbänden, Firmen, Vereinen oder sogar
Behörden organisiert. Dort laufen lauter Leute herum, die fleißig
nach Geschäftskontakten suchen und ihre Visitenkarten austauschen. So lernst du neue Kunden kennen oder Multiplikatoren, die
für Mundpropaganda sorgen. Sozusagen das Real-life-Pendant zu
XING und Co. (Vielleicht zahlst du deinen Netzwerkkontakten,
Freunden und Bekannten ja eine kleine Provision, wenn sie dir
einen Geschäftskontakt vermitteln? So werden sie dir noch lieber
helfen wollen.)

Außerdem kannst du auf Messen und Kongresse gehen. Dort findet man neue Kunden nämlich besonders leicht – schließlich will
jeder gerne Geschäfte machen. Vielleicht lernst du wichtige Leute sogar persönlich kennen: Einkaufsleiter, Geschäftsführer oder
Chefsekretärinnen?

Auch im Fitnessclub, beim Parteitreffen oder auf einem Festbankett
ist man oft zur richtigen Zeit am richtigen Ort ... Und bist du eigentlich schon Mitglied in einem Berufs- oder Interessenverband?
Dann frag dort nach, wie du an neue Kontakte kommst!

Werbeideen ohne Ende

Du kannst auf deinem Messestand sogar eine kleine Verkaufsshow
inszenieren – am besten mit viel Tamtam drumherum: mit spannenden Spielen, guter Musik und einem Clown für die Kids. Vielleicht baust du deinen Stand auch mal in der Fußgängerzone auf?
Oder im Einkaufszentrum? Oder auf dem Marktplatz? Und für deine wichtigsten Kunden veranstaltest du von Zeit zu Zeit spezielle

Informationsabende, an denen du deine Produkte erklären und nebenbei Kontakte pflegen kannst.

Sammle immer möglichst viele Adressen! So kannst du deine Werbung viel gezielter verschicken – vielleicht per Newsletter, Brief oder SMS? Und immer, wenn es bei dir etwas Neues gibt, erzählst du es gleich deinen Kunden weiter. So bleiben sie stets auf dem Laufenden. Achte aber beim Schreiben darauf, dass dich deine Kunden auch verstehen können: Schreib möglichst einfach, klar und unterhaltsam! Und kann man deinen Newsletter eigentlich schon auf deiner Webseite bestellen? Übrigens: An Adressensammlungen kommst du auch über Berufsverbände oder Agenturen heran.

Einführung ins
ONLINE-
Marketing

Willkommen in der Welt des Online-Marketings! Hier geht es darum, Kunden im Internet zu finden. Denn seien wir ehrlich: Irgendwie tummeln wir uns da doch alle, oder?

Bezahlte Anzeigen schalten

Der Klassiker von Online-Werbung ist das Schalten zielgruppengenauer Anzeigen. Vor allem auf Social-Media-Seiten klappt das gut. Das Prinzip ist einfach: Wenn Sie Ihre Zielkunden genau definiert haben, können Sie Ihre Werbung zum Beispiel bei Facebook oder Google genau denen anzeigen lassen, die zur Zielgruppe gehören und von Ihren Produkten profitieren (sollen) –

denn die Googles und Facebooks dieser Welt wissen dank Big Data ganz genau, wer da durchs Internet surft. Bezahlt wird entweder pro gezeigter Anzeige oder je Klick darauf.

Es entstehen Marktplätze für Werbung, die – im Gegensatz zur relativ unscharfen und gießkannenartigen Werbung per Zeitungsanzeige – genau messen, welche Anzeige sich wie lohnt: Schalten Sie Ihre Werbung zum Beispiel für günstige Massenprodukte wie Socken, Seife oder USB-Sticks, müssen Sie relativ viel bezahlen, um viele Menschen zu erreichen und sich besser zu platzieren als Ihre Mitbewerber. Ob Ihre Marge dabei stimmt, hängt von der werbebedingten Verkaufsmenge ab.

Schalten Sie Ihre Anzeigen hingegen für Nischen- oder Hochpreisprodukte, kann es lukrativer werden: Ihre Zielgruppe lässt sich besser eingrenzen, es tummeln sich vermutlich weniger Mitbewerber im Markt und die Rentabilität kann sehr hoch sein. Vorausgesetzt natürlich, dass Ihnen mögliche Kunden vertrauen – vor allem bei hochpreisigen Produkten. Sonst geben Sie zwar Geld aus, um Kunden auf Ihre Webseite zu locken, schaffen es aber nicht, diese zum Kauf zu bewegen.

Traffic und Conversion

Die beiden Online-Marketing-Zauberwörter lauten nun Traffic und Conversion: Also wie viel »Verkehr« können Sie auf Ihr Angebot leiten? Und wie viele Verkehrsteilnehmer konvertieren ihren Besuch auch in einen Produktkauf?

Klar: Ideal ist möglichst viel Traffic bei hoher Conversion.

Erfolgreich werden Sie einerseits, indem Sie genau messen, welche Ihrer Webseitenbesucher woher kommen und sich wo wie lange aufhalten. Wo klicken sie hin? Wo wieder weg? Und dann justieren Sie die Parameter immer wieder neu und verbessern sie stets weiter. Das ist eine ziemliche Fummelei für Profis im Online-Marketing oder für ambitionierte Hobby-Tüftler mit guten Programmen.

Content macht Kunden zu Fans

Außerdem werden Sie erfolgreich, indem Sie Ihre Kunden zu Fans machen. Und das geht heute vergleichsweise einfach, indem Sie Spartenkanäle schaf-

fen, in welchen Sie kostenfrei Informationen zur Verfügung stellen, Möglichkeit zum Austausch geben und sich persönlich und nahbar zeigen.

Je mehr gute Inhalte Sie zur Verfügung stellen, desto kompetenter werden Sie wahrgenommen und desto mehr Vertrauen fassen Ihre potenziellen Kunden.

Facebook und YouTube

Der Klassiker eines solchen Kanals ist eine Unternehmensseite bei Facebook. Hier stellen Sie immer wieder neuen Content ein, der für Ihre Fans attraktiv ist und sie dazu bringt, Ihre Seite zu liken oder zu abonnieren. Und schwupp: Schon erhalten Ihre potenziellen Kunden eine Nachricht, sobald Sie mal wieder eine neue Info eingestellt haben. Und weil Sie das natürlich fleißig und regelmäßig tun, festigt sich die Beziehung zu Ihren Fans, was die Wahrscheinlichkeit erhöht, dass diese auch bald tatsächlich zu Kunden werden ... Übrigens können Sie bei Facebook sogar Ihre eigenen Live-Sendungen streamen!

Ein weiterer beliebter Social-Media-Kanal ist YouTube: Hier können Sie selbst produzierte Videos einstellen und ebenfalls Fans generieren. Zeigen Sie sich der Welt und diskutieren Sie Ihre Produkte und Ideen! Sie werden so gewissermaßen zu einem echten kleinen TV-Sender, der mit überschaubarem technischem Aufwand (zur Not tut es die Kamera Ihres Smartphones und das vorinstallierte Video-Schnittprogramm) Großes leisten und viele Menschen erreichen kann.

Podcasts und Webinare

Apropos Sender: Auch Ihren eigenen kleinen Radiosender können Sie im Netz jederzeit starten. Denn für Ihren eigenen Podcast brauchen Sie ebenfalls kaum teures Equipment: Im Prinzip tun es die Diktierfunktion Ihres Smartphones, ein Freeware-Schnittprogramm aus dem Netz und ein schöner Jingle für Anfang und Ende Ihrer Sendungen – und schon produzieren Sie Ihre eigene kleine Radioshow! Wenn Sie diese dann noch in beliebten Podcast-Portalen (wie zum Beispiel iTunes) anmelden, können Sie aus dem Stand heraus Tausende Hörer erreichen!

Ebenfalls sehr charmant sind Webinare, die man heute auch gerne Online-Seminare nennt. Hierbei machen Sie gewissermaßen Ihre eigene Live-TV-Sendung per Webcam und Mikrofon vom Laptop oder stationären Rechner aus und präsentieren Ihren Kunden Ihre Ideen. Das wirkt meist angenehm hemdsärmelig und »echt« – und vertieft so das Vertrauen Ihrer Kunden in Ihr Angebot.

Newsletter und E-Mail-Marketing

Eine besonders dauerhafte und tragfähige Beziehung zu Ihren Kunden bauen Sie mit regelmäßigen Newslettern auf, in denen Sie aktuelle Themen zu Trends, wichtigen Ereignissen oder Erkenntnissen aus Ihrer professionellen Sicht erläutern und Ihren Kunden somit ständigen Mehrwert liefern: »Endlich kommt wieder der Newsletter vom XYZ, da steht immer etwas Spannendes drin und man lernt was!« Sie zeigen so stets Ihre Expertise und der Kunde fasst beziehungsweise behält sein Vertrauen zu Ihnen.

Natürlich können Sie auch feste E-Mail-Sequenzen verschicken, in denen Sie Themen systematisch erläutern: »Die sieben Geheimnisse erfolgreicher Gründer«, »In fünf Schritten zum Gitarren-Gott« oder »Die drei Ebenen der finanziellen Absicherung«. Meldet sich Ihr Kunde für eine solche Sequenz an, führen Sie ihn Schritt für Schritt in das jeweilige Thema hinein.

Sie ahnen schon: Nun wird es etwas komplizierter. Denn mit schlau aufgebauten E-Mail-Sequenzen können Sie Ihren Kunden nicht nur echten Nutzen schaffen, sondern auch hervorragende automatisierte Verkaufssysteme aufbauen, die Ihre Kunden gezielt informieren und gegebenenfalls sogar gleich den Kauf eintüten – ohne dass Sie Ihren Kunden persönlich getroffen haben müssen.

Angenommen etwa, Sie seien Gitarrenlehrer und möchten quasi automatisch nur solche Kunden gewinnen, die Sie und Ihren Stil wirklich mögen. Dann bieten Sie Ihren Kunden besagten Kurs »In fünf Schritten zum Gitarren-Gott« umsonst an, der einfach aus einer Sequenz vorbereiteter E-Mails besteht, in welchen Sie in kleinen Videosequenzen die fünf Schritte erklären und auf der Gitarre vormachen.

Ein intelligentes E-Mail-Marketing-System kann nun etwa feststellen, ob und wann Ihre E-Mail-Empfänger die Mails gelesen haben – und darauf reagieren: Mail 1 gelesen? Morgen Mail 2 verschicken! Mail 1 nicht gelesen? Mit dem Versand der nächsten Mail warten, gegebenenfalls eine Erinnerung schicken.

Arbeitet sich Ihr potenzieller Kunde nun rasch durch alle Mails und klickt dabei auch brav alle Videos an, was ein intelligentes System erfassen kann, ist es wahrscheinlicher, dass der Kunde Sie mag. Bald können Sie ihm das erste Produktangebot schicken – zum Beispiel ebenfalls eine automatisierte E-Mail-Sequenz: »In fünf Schritten alle Akkorde lernen für 39 Euro«. Und der Kunde denkt sich: »Wenn dieser Kurs

auch so gut ist wie der erste, lohnt sich der Kauf!«

So lassen sich auf intelligente Weise vollautomatisierte Verkaufssysteme schaffen.

Neukunden-Funnel

Was sich so vor allem verbessert, ist die Architektur des Verkaufsprozesses: Statt gießkannenartig potenzielle Kunden mit allen Angeboten auf einmal zu nerven, erhalten nur wirklich Interessierte zielgenaue Angebote. Sie verkaufen an Fans. Man kann dies mit einem Trichter (neudeutsch: »Funnel«) vergleichen. Die obere Öffnung ist breit, es passen viele potenzielle Neukunden hinein. Nach unten wird er immer schmaler, die Kunden werden informierter und kaufbereiter.

Auch die Preise können steigen, je tiefer der Kunde in den Funnel kommt: zunächst das »Gitarren-Gott«-Umsonst-Programm zum Heißmachen, dann der niedrigpreisige Kurs für 39 Euro, später dann ein Abonnement für wöchentliche Gitarrentutorials für 20 Euro monatlich (also 240 jährlich) und dann natürlich der persönliche Coaching-Termin oder Seminare beim Gitarren-Großmeister himself – zu wirklich stolzen Preisen. Vielleicht betreibt der Gitarren-Groß-meister sogar ein Franchise-Modell, in welchem andere Gitarrenlehrer unter seinem Namen Gitarrenkurse geben dürfen – gegen angemessene Prozente vom Umsatz natürlich.

Lead-Magneten und Retargeting

Muster des Trichters klar? Im Prinzip geht es darum, oben viele potenzielle Kunden hineinzubekommen und zu selektieren, um immer spezifischer und hochpreisiger zu verkaufen.

Kurse wie »Die sieben Geheimnisse erfolgreicher Gründer«, »In fünf Schritten zum Gitarren-Gott« oder »Die drei Ebenen der finanziellen Absicherung« dienen dabei als sogenannte Lead-Magneten. Sie sollen Kunden auf den Anbieter aufmerksam machen, Kontaktdaten generieren, Kompetenz beweisen, Vertrauen aufbauen – und die eigentlichen Verkäufe vorbereiten.

Lead-Magneten können viele Formen haben: PDF-Dokumente zum gratis Download, E-Mail-Sequenzen, Testzugänge zu Online-Foren, Audiodateien, physische Produktproben, die per Post kommen, egal – Hauptsache, der Kunde gelangt in den Trichter hinein und hinterlässt seine Daten, damit er in die Liste potenzieller Kunden aufgenommen werden kann. Für ein Produkt aus dem Portfolio interessiert er sich ja schon mal. So erhält er auch in Zukunft immer wieder Informationen und Angebote. Wenn er sich heute noch nicht tiefer in den Trichter bewegt, dann vielleicht morgen.

Solche Lead-Magneten werden typischerweise über Online-Anzeigen beworben, etwa auf Ihren Social-Media-Kanälen oder beim Lesen der Online-Zeitung. Sicher haben Sie schon öfter festgestellt, wie Sie bestimmte Anzeigen beim Surfen sogar regelrecht zu verfolgen scheinen. Das System dahinter nennt sich Retargeting. Ihr Besuch auf einer bestimmten Webseite, einem

bestimmten Angebot oder Shop wird registriert, Ihr Computer dabei markiert und – schwupp! – schiebt sich die für Sie passende Werbung wie von Zauberhand immer wieder in Ihr Bewusstsein.

Natürlich ist es auch enorm praktisch, große Social-Media-Verteiler zu haben: Wer seinen 100 000 Facebook-Fans einen neuen Lead-Magneten zeigt, muss weniger Werbung für völlig Unbekannte schalten.

Ein Lead-Magnet mit dem der Autor dieses Textes (also ich) übrigens gerne arbeitet, sind SMS-Nummern. Nach Vorträgen oder Seminaren stelle ich den Teilnehmern gerne meine Präsentation zur Verfügung – und zwar sofort per E-Mail. Voraussetzung: Sie schicken mir ihre E-Mail-Adresse an eine ganz bestimmte vorbereitete SMS-Nummer, die sie bei der Veranstaltung erfahren. So erhalte ich Mailadressen und Telefonnummern. Außerdem weiß ich, um welche Seminargruppe es sich handelt, und kann sie gezielt in weitere Funnels leiten: in den kostenfreien Basiskurs für Glück und Erfolg, für Expertenpositionierung, für Leadership und so weiter – was auch immer gut zur Gruppe passt.

Landing-Page, Opt-in und Danke-Landing-Page

Idealerweise werden die einzelnen Produkte dabei stets auf einer ganz separaten »Seite« beworben, der sogenannten Landing-Page, deren einziger Sinn und Zweck die Präsentation genau dieses einen Eingangs in den Trichter ist: eine ganze Seite mit dem Ziel, den potenziellen Neukunden dazu zu bringen, sich in den Funnel einzutragen, das sogenannte Opt-in: »Schreib bitte hier die E-Mail-Adresse rein, an die wir dir den Kurs zum Gitarren-Gott schicken dürfen.«

Daraufhin erhält der Kunde eine Mail, in welcher er bestätigen muss, dass er auch tatsächlich weitere Mails erhalten darf, das so genannte Double-Opt-in. Es soll ja niemand gegen seinen Willen mit lästiger Werbung zugeschüttet werden.

Danach landet der Kunde auf einer Danke-Seite: »Danke, dass Sie sich für den Gitarren-Gott-Kurs entscheiden haben! Super Sache!«

Ein solch günstiges Angebot, welches Kunden auf teurere Produkte vorbereiten soll, nennt man auch »Tripwire«. Sie sind eine große psychologische Verkaufshilfe: Hat man bereits bei einem Anbieter Geld ausgegeben (und sei es nur ein kleiner Betrag), steigt die Wahrscheinlichkeit, es wieder zu tun. Zumal der Anbieter nun bereits die persönlichen Zahlungsdaten im System hat, was die Kaufhürde fürs nächste Mal verringert ...

Aufwärmphase und Hauptangebot(e)

Nachdem der potenzielle Neukunde also im System ist, erhält er (wie oben beschrieben) ein wenig Content zum Aufwärmen, typischerweise eine E-Mail-Sequenz mit drei bis fünf Mails, in denen der Anbieter wertvolle Inhalte »verschenkt« und dadurch zeigt, was er draufhat.

Günstiger Spontankauf

Schlaue Verkäufer testen bereits hier am Eingang zum Trichter, ob der potenzielle Kunde wirklich Interesse hat – mit einem Angebot zum günstigen Spontankauf: »Buche JETZT SOFORT den Zusatzkurs, wie du mit nur fünf Schritten alle Akkorde lernst! Anstatt 39 Euro NUR JETZT für nur 19 Euro!« Vielleicht lässt sich der Weg durch den Funnel ja abkürzen?

Ist die Kompetenz unter Beweis gestellt, hat der Kunde Vertrauen aufgebaut. Nun kann das eigentliche Angebot kommen: fürs (teurere) Hauptprodukt beziehungsweise für weitere Produkte.

An dieser Stelle im Funnel sind auch erste persönliche Kontakte mit dem

Verkäufer sinnvoll, zum Beispiel bei einem (Telefon-)Gespräch, für das der Kunde nun ausreichend vorinformiert und interessiert ist.

Auch in dieser Stufe lassen sich noch wesentliche Teile des Verkaufs»gesprächs« automatisieren, zum Beispiel durch weitere Videos, die der Kunde erhält. Oder sogar durch automatisierte Webinare: Hierbei scheint der Anbieter zu einer bestimmten Uhrzeit für vorinformierte Interessenten ein Online-Seminar zu halten, in welchem er sein Wissen weitergibt (mit dem Ziel, das Produkt zu verkaufen). Allerdings findet dieses Online-Webinar nicht live statt, sondern ist eine Aufzeichnung, die immer wieder gesendet wird und nur so erscheint, als sei sie live.

Sie bemerken: Wer all diese Werkzeuge des Online-Marketings beherrscht und klug anwendet, kann je für Anzeigen ausgegebenem Euro mehrere 100 Prozent Gewinn machen.

REFLEXION

Beantworten Sie die folgenden Fragen so ehrlich
wie möglich!

*Welche der obigen Methoden und Techniken des Online-
Marketings nutzen Sie bereits?*

Welche nutzen Sie (noch) nicht?

Warum (noch) nicht?

*Welchen Nutzen könnten diese Methoden für den Verkauf
Ihrer Produkte haben?*

*Wie viele Kunden und wie viel Umsatz verlieren Sie
schätzungsweise, wenn Sie sich nicht der vorgestellten
Werkzeuge bedienen?*

Wo finden Sie die Kompetenz, diese Werkzeuge zu nutzen?

*Was müssten Sie noch tun, um besseres Online-Marketing
zu machen?*

Welche Hürden gibt es dafür noch?

Wie möchten Sie diese Hürden konkret überwinden?

Dein Marketing-Plan

Wahrscheinlich hast du mittlerweile einige Ideen bekommen, wie du für dich werben kannst. Du siehst: Deiner Fantasie sind keine Grenzen gesetzt. Am besten setzt du dich mal in aller Ruhe hin und schreibst alle Möglichkeiten auf. Vielleicht fällt sogar Günter etwas ein? Übrigens kannst du auch von deiner Konkurrenz etwas abgucken. Man muss das Rad ja nicht immer neu erfinden ...

Wenn du eine Liste mit passenden Werbeideen erstellt hast, überleg dir, welche du davon realisieren kannst! Rechne dir aus, was dich die einzelnen Ideen kosten würden, und dann vergleich die Kosten mit dem Nutzen, den du erwartest! Nun entscheidest du dich für ein paar Ideen und machst dir deinen ganz persönlichen Marketing-Plan. Diesen Plan arbeitest du nun einfach ab. Schon bald brummt deine Hütte! Und wenn du deine neuen Kunden immer schön fragst, wie sie auf dich aufmerksam geworden sind, kannst du dein Marketing danach ausrichten und überflüssige Werbung in Zukunft streichen.

3. Die gute BEZIEHUNG zum KUNDEN

Gleich geht's los!

Jetzt hast du so viel Marketing gemacht, dass schon bald dein erster Kunde vor dir steht. Günter ist das nicht ganz geheuer. »Na prima!«, meckert er zynisch, »nun bist du zwar im Schweinsgalopp zum Marketing-Experten geworden, aber du hast noch keinen blassen Schimmer, wie man richtig verkauft!« Warum macht sich Günter nur solche Sorgen? Manchmal sind Schweinehunde richtige Angsthasen.

»Angst?«, Günter protestiert. »Ich habe keine Angst! Aber gute Verkäufer sind sympathisch, offen und locker«, erklärt er. »Sie sind redegewandt und werden schnell mit fremden Menschen warm. Sie können andere begeistern und bekommen am Ende immer, was sie haben wollen. Gute Verkäufer sind ganz anders als du!« Verkäufer scheinen ja wirklich wahre Übermenschen zu sein. Ob Günter da nicht ein bisschen übertreibt? Vielleicht ist Günter ja ein wenig schüchtern und hat Angst, sich zu blamieren? Aber keine Panik! Natürlich brauchen Verkäufer viele gute Eigenschaften und Fähigkeiten – aber die kann man alle lernen. Und: Nobody is perfect! Nicht einmal Verkäufer!

Ein bisschen Vertrauen

Vergiss das Verkaufen erst einmal – schließlich willst du niemandem etwas gegen seinen Willen andrehen. Vielmehr kannst du deinen Kunden dabei helfen, ihre Wünsche zu erfüllen: Also betrachte Kunden nicht als Opfer, denen du Geld aus der Tasche ziehst, sondern sieh sie als ganz normale Menschen, denen du einen Gefallen tust.

Aber Vorsicht: Auch Kunden haben einen misstrauischen inneren Schweinehund. Und auch der hält Verkäufer manchmal für aufdringliche Klinkenputzer und hat Angst davor, an der Nase herumgeführt zu werden. Bevor du also mit dem Verkaufen anfängst, sollte dich dein Kunde erst mal kennenlernen. Dann wird dir sein innerer Schweinehund vertrauen, und du kannst dem Kunden in aller Ruhe zeigen, was du Schönes für ihn hast.

Eine gute Beziehung

Dein Kunde will dich kennenlernen. Also bau eine gute Beziehung zu ihm auf! »Eine Beziehung?«, stänkert Günter. »Was soll das denn jetzt? Glaubst du nicht, dass du ein wenig übertreibst?« Keine Sorge, Günter! Eine gute Beziehung bedeutet nicht gleich eine tiefe Freundschaft oder gar eine amouröse Liaison. Eine gute Beziehung ist die Voraussetzung dafür, dass Menschen überhaupt miteinander klarkommen. Bei einer guten Beziehung können sich die inneren Schweinehunde zweier Menschen friedlich beschnuppern, ohne zu kläffen oder gar zuzuschnappen. Klar?

»Aber bei den meisten Leuten bin ich doch friedlich«, erklärt Günter. »Ich mag unsere nette Nachbarin, den properen Postboten und die lahme Dame von der Kinokasse, weil sie dich immer so freundlich anlächelt. Haben wir zu all denen eine gute Beziehung?« Genau, Günter! Wir haben zu all den Menschen eine gute Beziehung, die wir nett finden. Dabei ist es ganz egal, wie gut man sich wirklich kennt. Eine gute Beziehung kann man sogar zu einem Wildfremden aufbauen – ganz schnell und einfach. Und eben auch zu einem Kunden.

Eine gute Atmosphäre

»Und wie baut man eine gute Beziehung auf?«, will Günter wissen. Ganz einfach: indem man dafür sorgt, dass sich die inneren Schweinehunde von Käufer und Verkäufer friedlich beschnuppern können – am besten in einer Atmosphäre, in der man sich wohlfühlt. Also: Wie ist die Atmosphäre dort, wo du verkaufst?

Verkaufst du in deinem Büro? Dann sollte es schön sauber und aufgeräumt sein und niemand sollte euch stören können. Hoffentlich hast du dein Handy ausgeschaltet und alle Anrufe zum Kollegen weitergeleitet? Oder verkaufst du in einem Laden? Dann sollte der Verkaufsraum harmonisch und geschmackvoll eingerichtet sein – natürlich auch mit stimmiger Farbgestaltung –, und es sollte angenehm ruhig sein oder leise Musik laufen. Oder bist du vielleicht auf einem Messestand? Dann sollte dein Kunde bequem sitzen können und etwas zu essen und zu trinken bekommen. Vergiss nicht: Je wohler sich innere Schweinehunde fühlen, desto besser klappt später das Verkaufen.

Deine äußere Erscheinung

Nachdem du deine Umgebung inspiziert hast, wirfst du nun einen prüfenden Blick auf dich selbst. Wie siehst du aus? Machst du eigentlich einen guten Eindruck? Du weißt ja: Für einen guten ersten Eindruck bekommt man keine zweite Chance!

Also: Wie bist du gekleidet? Hoffentlich stehen dir deine Klamotten gut und sind halbwegs modern, sauber und frisch gewaschen. Deine Kleidung sollte außerdem zur Umgebung passen: in der Bank einen Anzug oder ein Kostüm und in der Werkstatt einen Blaumann. Am besten wäre es, wenn du dich immer so ähnlich anziehen würdest, wie deine Kundschaft, denn je ähnlicher man sich ist, desto zutraulicher werden innere Schweinehunde. Wenn dein Kunde also eine Krawatte trägt, solltest du als Mann auch eine tragen – und wenn er ohne daherkommt, brauchst auch du keine. Aber hast du auch schöne Schuhe an? Und bist du körperlich fit und immer gut frisiert? Trägst du ein gutes Parfüm oder Aftershave? Sind deine Zähne geputzt und achtest du auf einen frischen Atem? Hast du saubere Hände und gepflegte Fingernägel? Und hältst du auch nichts in der Hand, was stören könnte – zum Beispiel dein Handy oder gar eine stinkende Zigarette? Dann ist ja alles bestens! Der Kunden-Schweinehund wird dich gerne mögen.

Deine innere Erscheinung

Aber nicht nur deine äußere Erscheinung ist wichtig, sondern auch deine innere. »Was soll denn das jetzt?«, meckert Günter. »Was für eine innere Erscheinung?« Ganz einfach: Deine innere Erscheinung ist das Gefühl, das du anderen Menschen von deinem inneren Wesen vermittelst. Was kann man spüren, wenn man vor dir steht?

Wirkst du freundlich, offen und ausgeglichen? Achtest du auf gute Umgangsformen und bist du immer höflich? Nimmst du dir für andere Menschen gerne Zeit und bist dabei pünktlich, verlässlich und konzentriert? Wirkst du selbstsicher, herzlich und natürlich? Schaust du deinem Gegenüber in die Augen? Lächelst du gerne und verbreitest du eine gute Stimmung? Achtest du auf eine angenehme Stimme und Sprache oder sprichst du vielleicht zu laut oder zu leise, zu schnell oder zu langsam? Können sich andere Menschen in deiner Anwesenheit wohlfühlen? Nimmst du sie ernst und gibst ihnen das Gefühl, wichtig zu sein? Bist du dabei vielleicht sogar ein wenig locker und leger? Prima! Dann kann ja fast nichts mehr schiefgehen.

Der Kunde, das unbekannte Wesen

Du hast nun ein wenig Nabelschau betrieben und deine Erscheinung perfektioniert. Jetzt wird es Zeit, dich deinem Kunden zuzuwenden: Gleich wirst du einen neuen Menschen kennenlernen – einen Menschen mit eigenen Erfahrungen, eigenen Ansichten und einem ganz eigenen inneren Schweinehund. Also vergiss mal Günter und dich selbst und konzentriere dich nur auf dein Gegenüber! Wer ist dieser Mensch?

Schätze deinen potenziellen Kunden ein wenig ein! Wirkt er geschäftig und zielstrebig oder schlendert er eher gemütlich daher? Schaut er dir in die Augen oder guckt er an dir vorbei? Lächelt er entspannt oder macht er ein ernstes Gesicht? Wirkt er insgesamt eher offen, sicher und freundlich? Oder verschlossen, unsicher und unterkühlt? Kleidet er sich modisch oder lieber praktisch? Kommt er ganz alleine oder in Begleitung? Also: Welche Signale sendet dein Kunde aus? Vielleicht kannst du sogar schon etwas über ihn in Erfahrung bringen, bevor du ihn persönlich triffst – zum Beispiel übers Internet. Gute Verkäufer bereiten sich auf wichtige Kunden nämlich immer gut vor und recherchieren gerne und viel. Mach dir also ein ungefähres Bild, aber bau keine Vorurteile auf! Oft sind Menschen nämlich ganz anders, als sie zunächst scheinen. Und dann sprichst du deinen Kunden einfach an!

Hallo, lieber Kunde!

»Wie bitte? Bist du wahnsinnig?« Günter scheint jetzt wirklich empört zu sein. »Du kannst doch einen wildfremden Menschen nicht einfach so ansprechen! Was ist denn, wenn du ihm zu aufdringlich bist? Oder wenn er dich nicht mag? Dann kannst du das Verkaufen gleich vergessen. Also warte doch erst mal ab!« Typisch Günter. Er hat Schwellenangst. Dabei kannst du etwas lernen, wenn du dich neuen Erfahrungen stellst – denn Wachstum ist immer da, wo etwas Neues kommt. Und vielleicht ist dein Kunde ja zu schüchtern, um dich von sich aus anzusprechen? Also kümmere dich um ihn – schließlich muss sich jeder mal überwinden! Kannst du dir vorstellen, wie viele gute Geschäfte schon geplatzt sind, nur weil zwei innere Schweinehunde zu schüchtern waren?

Also los! Schau deinem Kunden freundlich in die Augen und lächle dabei. Steh aufrecht, halte den Kopf ganz leicht schräg und deine Hände etwas geöffnet. All das bedeutet nämlich: Mein Schweinehund ist nett und tut dir nix Böses. Dein Gegenüber wird das sofort bemerken und sein innerer Schweinehund wird brav mit dem Schwanz wedeln. Dann begrüßt du deinen Kunden einfach. Du sagst »Guten Morgen!« oder »Guten Tag!« oder einfach nur »Hallo!«. Wetten, dass ihr schnell einen guten Draht zueinander bekommt?

Stell dich vor

Du hast deinen Kunden begrüßt. Jetzt achtest du auf seine Reaktion. In den meisten Fällen wird er automatisch zurückgrüßen, also auch »Guten Morgen!« oder »Guten Tag!« oder einfach nur »Hallo!« sagen. Er wird deinen Blickkontakt erwidern und dich ebenfalls freundlich anlächeln. Dann ist alles bestens – ihr habt eine gemeinsame Frequenz gefunden! Jetzt kannst du dich vorstellen.

Sag deinen Namen und achte darauf, dass man ihn gut versteht! Wenn du einen komplizierten Namen hast, sprichst du am besten langsam und verständlich, damit man nicht gleich nachfragen muss. Dann nennst du deine Funktion und Stellung im Unternehmen: »Mein Name ist Stefan Schnipsel, und ich bin Ihr Kundenberater.« Oder: »Mein Name ist Franziska Fröhlich, und ich bin hier die Geschäftsführerin.« Am besten gibst du dem Kunden nun auch die Hand. Achte dabei auf einen wohldosierten Händedruck – nicht zu stark und nicht zu schwach! Und pass auf, dass du dem Kunden nicht zu nahe auf die Pelle rückst! Alles, was näher ist als eine Armlänge, empfindet man schnell als unangenehm. Natürlich solltest du auch nicht zu weit weg stehen. Und dann biete dem Kunden deine Hilfe an!

Komische Kunden

Manche Kunden reagieren etwas komisch: Sie schauen mürrisch an dir vorbei, nuscheln ihr »Hallo!« nur widerwillig oder grüßen dich erst gar nicht zurück. Meistens steckt ihr innerer Schweinehund dahinter. Der ist nämlich misstrauisch, schüchtern oder gerade schlecht gelaunt und will in Ruhe gelassen werden. Also nimm es nicht persönlich, sondern biete trotzdem deine Hilfe an. Aber dann halte dich zurück und warte ab! Würdest du dem Kunden nun ein Verkaufsgespräch aufzwingen, wäre das zu penetrant. Du würdest damit nur seinen inneren Schweinehund ärgern, und dein Kunde wäre schnell wieder weg.

»Mürrische Kunden und zickige Schweinehunde?«, mosert Günter. »Na das kann ja heiter werden ...« Moment! Warst du nicht auch schon mal schlecht gelaunt, schüchtern oder misstrauisch? Warum also sollte es deinen Kunden anders gehen? Besser, Günter zeigt ein bisschen Respekt und Nachsicht. Schließlich geht es um Menschen. Und Menschen dürfen ruhig sein, wie Menschen eben sind: nämlich menschlich!

König Kunde!

»Respekt und Nachsicht ...« Günter grübelt. »Warum eigentlich? Wenn der Kunde miese Laune hat, soll er dich doch damit in Ruhe lassen!« Günter hat es noch nicht begriffen: Hier geht es nicht um dich und deine persönlichen Ansichten, sondern um deine Kunden. Deine Kunden wollen nämlich, dass du ihnen einen Gefallen tust. Dafür geben sie dir Geld, und mit diesem Geld wird dein Gehalt bezahlt. So einfach ist das.

Also meckere nicht herum! Besser, du erinnerst dich daran, dass dir dein

Kunde vertrauen soll. Und fürs Vertrauen braucht ihr eine gute Beziehung, die man natürlich besonders schnell und gut aufbauen kann, wenn sich dein Kunde bei dir wohlfühlt – gleichgültig, ob er zunächst gut oder schlecht gelaunt ist. Also stell dich nicht selbst in den Mittelpunkt, sondern denk in erster Linie an deinen Kunden! Mach dir klar, dass du eine Firma vertrittst, die keine hochnäsigen inneren Schweinehunde mag – denn die meisten Kunden verliert man durch Unfreundlichkeit, Desinteresse und Arroganz. Wenn du also unbedingt immer im Mittelpunkt stehen oder dich wichtig machen musst, suchst du dir besser einen anderen Job. Am besten einen ohne Kundenkontakte.

Ein Schweinehund taut auf

Manchmal braucht dein Kunde ein bisschen Zeit, um aufzutauen. Mach dir deswegen keine Gedanken, sondern sei einfach freundlich! Je freundlicher du bist, desto schneller kann sich sein innerer Schweinehund an dich gewöhnen. Und wenn du merkst, dass dein Kunde langsam deinen Kontakt sucht, dann sprich mit ihm! Oft ist es dabei eleganter, nicht gleich mit dem Verkaufsgespräch zu starten, sondern mit einem kleinen Small Talk.

»Small Talk?« Günter will schon wieder meckern. »Belangloses Geplapper? Quatschen wie beim Frisör? Nicht mit mir!« Schade, Günter. Denn jeder Mensch lernt andere erst mal gerne kennen, bevor er ihnen vertraut. Auch du. Und bei einer lockeren persönlichen Unterhaltung geht das besonders schnell und unkompliziert. Erst die Unterhaltung, dann die Beziehung. Erst die Beziehung, dann das Verkaufen. Alles klar? Wenn du natürlich merkst, dass dein Kunde gleich zur Sache kommen will, dann halte dich nicht mit Small Talk auf! Dann musst du rasch zum Punkt kommen, damit die Beziehung stimmt.

Small Talk

»Worüber soll man denn mit einem wildfremden Menschen plaudern?«, fragt sich Günter. »Ob du auch gleich das richtige Thema findest?« Keine Sorge: Das Thema ist zunächst ganz egal! Denn es geht nicht darum, eine geistreiche Konversation in Gang zu bringen, sondern euren inneren Schweinehunden beim gegenseitigen Beschnuppern zu helfen. Die beiden wollen nämlich zunächst nur zwei Dinge voneinander wissen: Klingt der andere nett? Und kann man ihm vertrauen?

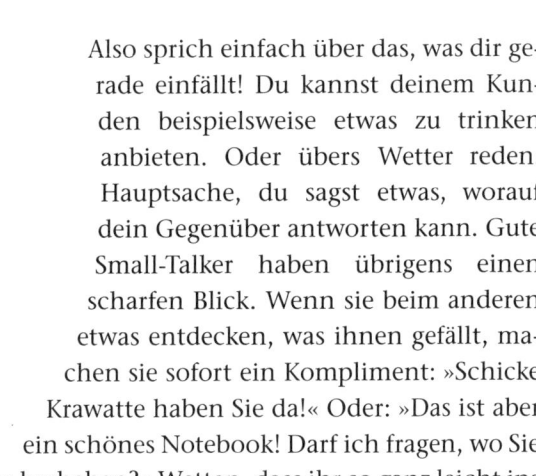

Also sprich einfach über das, was dir gerade einfällt! Du kannst deinem Kunden beispielsweise etwas zu trinken anbieten. Oder übers Wetter reden. Hauptsache, du sagst etwas, worauf dein Gegenüber antworten kann. Gute Small-Talker haben übrigens einen scharfen Blick. Wenn sie beim anderen etwas entdecken, was ihnen gefällt, machen sie sofort ein Kompliment: »Schicke Krawatte haben Sie da!« Oder: »Das ist aber ein schönes Notebook! Darf ich fragen, wo Sie es herhaben?« Wetten, dass ihr so ganz leicht ins Plaudern kommt?

Gute Gesprächsthemen

Du wirst sehen: Wenn eure Unterhaltung mal in Gang gekommen ist, klappt es auch mit der Beziehung! Am besten sprecht ihr über etwas, was euch beide interessiert – zum Beispiel über eure Branche. Wenn ihr kein gemeinsames Thema findet, dann redet doch über das Lieblingsthema deines Kunden – schließlich geht es vor allem um seinen inneren Schweinehund. Damit du dich über viele Themen unterhalten kannst, solltest du immer wissen, was in der Welt gerade los ist. Liest du Zeitung? Siehst du fern? Und hast du eine gute Allgemeinbildung? Dann ist ja alles bestens!

Übrigens: Falls dir mal ein Kunde unsympathisch ist, lass es dir nicht anmerken! Innere Schweinehunde sind nämlich sehr feinfühlig und reagieren schnell empfindlich. Besser also, du konzentrierst dich auf das, was dir am Gegenüber gut gefällt. Vielleicht auf sein neues Auto? Die schicken Schuhe? Oder seinen super Jahresumsatz? Du kannst dir auch eure Gemeinsamkeiten anschauen: dieselbe Messe oder gemeinsame Bekannte? Ein netter Mensch also, dein Gegenüber! Schon bald wird das Eis zwischen euch schmelzen und eure inneren Schweinehunde können sich anfreunden.

Die Kunst des Zuhörens

Die meisten Menschen reden gerne über sich selbst. Sie erzählen von ihrer Arbeit, ihren Kindern und ihrem Auto. Wenn man ihnen dabei gut zuhört, fühlen sie sich wohl. Und je mehr sie sprechen können, desto besser geht es ihnen. Sie fühlen sich rundum verstanden, obwohl man selbst kaum ein Wort spricht. Aber so kann man jede Menge Spannendes erfahren.

Also lass deinen Kunden von sich erzählen! Nachdem er ein wenig aufgetaut ist, wird er ganz von selbst damit anfangen. Und dann hörst du geduldig und aufmerksam zu. Solange der andere spricht, solltest du ihn nicht unterbrechen, sonst bringst du seine Gedanken durcheinander und ärgerst ihn. Zwischen den Sätzen fasst du ab und zu mal zusammen, was dein Kunde gesagt hat, und stellst eine Rückfrage – das zeigt nämlich, dass du auch mitdenkst. Schau ihm dabei oft in die Augen, sag »aha« und »ja« und nicke ab und zu bestätigend! Pass aber auf, dass es nicht so erscheint, als würdest du deinen Gesprächspartner aushorchen! Dann ist er nämlich ganz schnell wieder still.

Vorsicht, Labergefahr!

Ihr seid nun mitten im Gespräch und dein Kunde findet dich nett. Schon bald kannst du ihm etwas verkaufen. Aber Vorsicht: Manche Verkäufer gebärden sich schon nach drei Sätzen so vertraulich, dass es unangenehm wird! Sie tun dann so, als wäre der neue Kunde ein alter Kumpel, obwohl man bisher gerade mal die Hände geschüttelt hat. Kein Wunder also, dass der Kunde bald die Flucht ergreift. Achte deshalb immer ein bisschen auf die richtige Distanz – selbst wenn du dein Gegenüber sehr nett findest!

Andere Verkäufer denken, dass sie ihre Kunden unterhalten müssen. Also quatschen sie ohne Punkt und Komma. Sie reden einem die Ohren blutig und wundern sich dann, dass sie trotzdem nichts verkaufen. Dabei will der arme Kunde schon längst nichts

mehr hören, hat auf Durchzug gestellt und will dem Verkäufer eine Maulsperre verpassen. Also halte dich auch beim Sprechen zurück! Überlass deinem Kunden etwa zwei Drittel eurer Gesprächszeit, hör ihm gut zu und rede selbst nur ein Drittel! Damit hast du die Labergefahr sicher gebannt. Nur am Anfang eines Gesprächs solltest du über dich selbst erzählen – so kann dich dein Kunde nämlich kennenlernen, und sein innerer Schweinehund wird zutraulich.

Namen und Meinungen

Die erste und wichtigste Information über deinen Kunden ist sein Name. Diesen solltest du richtig verstehen und dir gut merken. So kannst du dein Gegenüber immer wieder persönlich ansprechen. Das wird ihm schmeicheln, und er wird dich dafür mögen. Aber übertreib es nicht! Wenn man jemanden zu oft mit seinem Namen anspricht, wirkt das schnell unterwürfig und schleimig – ein guter Mittelweg ist am besten.

Und fang bitte nicht das Diskutieren an! Niemand vergrault andere Menschen schneller als übereifrige Besserwisser, die gerne belehren oder ermahnen. Also lass deinen Kunden seine eigene Meinung haben – er soll sich bei dir wohlfühlen und nicht dumm vorkommen. Denn beim Verkaufen geht es nicht ums Rechthaben, sondern um ein erfolgreiches Geschäft. Das ist dann erreicht, wenn dein Kunde bei dir kauft. Also lass dein Ego an der Leine und zeig Respekt! Man muss ja nicht immer derselben Meinung sein, und du brauchst niemandem etwas zu beweisen.

Verschiedene Kundentypen? Quatsch!

Manche Verkäufer teilen ihre Kunden gerne in verschiedene Menschentypen ein: zum Beispiel in Schwätzer, Zögerer, Arrogante, Pedanten oder Willensschwache. Und dann wollen sie bei jedem Typ eine spezielle Gesprächstechnik anwenden, um die Kunden zum Kauf zu bewegen. Doch je mehr du andere Menschen in Schubladen steckst, desto unsympathischer findet dich ihr innerer Schweinehund – und das macht nicht nur das Verkaufen schwierig ... Also führt das Schubladendenken am Ziel vorbei!

Besser also, du bist für andere Menschen grundsätzlich offen. Akzeptiere jeden so, wie er tatsächlich ist, und nicht, wie er nach irgendeiner Theorie sein sollte! Es gibt keine speziellen Kundentypen, sondern nur jede Menge Individuen – und kein Individuum will in eine Schublade gesteckt werden. Du brauchst dir also keine komplizierten Gedanken zu machen und bekommst trotzdem ein viel feineres Gespür für dein Gegenüber, als sich manch unsensibler Kästchendenker je vorstellen kann. Behandele jeden einfach so, wie er selbst gerne behandelt werden will. Und ganz nebenbei: So verkaufst du auch viel besser.

Das INSIGHTS-Persönlichkeitsmodell

Bei aller Wertschätzung von Individualität und Vorurteilsfreiheit gibt es dennoch Modelle und Methoden, die einzelne Menschen treffend beschreiben und dabei helfen, ihre persönlichen Eigenarten zu erkennen und besser mit ihnen zu kommunizieren. In der Praxis sehr beliebt ist das Insights-Modell, weil es leicht verständlich, diagnostisch erstaunlich treffsicher und sofort anwendbar ist. Wobei hier gleich mahnend angemerkt sei: Es ist eine Kunst, Schubladen zu benutzen, aber diese auch offen zu lassen. Wir müssen stets beachten, dass ein Modell nur ein Modell ist und keine Realität. Ein Modell will Individuen nur beschreiben, nicht definieren.

Extraversion versus Introversion

Rein optisch basiert das Insights-Modell auf vier Quadranten eines Kreises, die gewissermaßen von einer Nord-Süd- und Ost-West-Achse durchschnitten werden. Auf jeder dieser Achsen liegen zwei gegensätzliche Persönlichkeitsbeziehungsweise Verhaltenspole: Extraversion versus Introversion und Denker versus Fühler.

Beginnen wir mit der Ost-West-Achse: Ganz rechts, sozusagen im äußersten Osten, sind die Menschen sehr extravertiert. Das heißt, sie gewinnen ihre Energie vor allem durch Interaktion in der Außenwelt. Sie verbinden sich gerne mit anderen Menschen, sind gesprächig, involviert, begeisterungsfähig, enthusiastisch, ausdrucksstark, handlungsorientiert und denken ein breites Spektrum von Gedanken. Dabei nehmen sie die Welt intuitiv wahr: Sie denken global und konzeptionell, sind ideenreich und vielseitig, sind zukunftsorientiert und suchen nach Möglichkeiten. Ihr Fokus richtet sich am liebsten auf Vorstellungen von der Zukunft.

Ganz links auf der Achse sind die Menschen sehr introvertiert. Das heißt, sie gewinnen ihre Energie vor allem von innen heraus, während sie die laute Außenwelt dabei eher stört. Sie sind ruhig, besonnen, reserviert, vorsichtig, reflektierend und denken statt in die Breite lieber in die Tiefe. Sie nehmen die Welt eher sensorisch wahr: Introvertierte leben im Hier und Jetzt, sie sind praktisch, präzise, faktenorientiert und lieben Sicherheit und Beständigkeit. Sie fokussieren sich am liebsten auf die heutige Realität statt auf die vage Zukunft.

Jeder Mensch findet sich irgendwo auf dieser Achse wieder: eher auf der rechten Seite, im Bereich der Mitte oder eher links. Die Ausprägungen von Extra- beziehungsweise Introversion sind individuell unterschiedlich. Und natürlich gibt es dabei kein richtig oder falsch. Jeder ist gut so, wie er ist.

Wo in der Achse finden Sie sich wieder? Eher östlich oder eher westlich?

Denker versus Fühler

Auch entlang der Nord-Süd-Achse verändern sich die Merkmalsausprägungen zweier unterschiedlicher Prototypen: der Denker und der Fühler. Ganz oben auf der Achse findet sich der streng auf Aufgaben fokussierte Denker. Er fragt sich, was zu tun ist – und handelt entsprechend. Er entscheidet also mit dem Kopf und zieht seine Entscheidungen durch – notfalls mit emotionalem Flurschaden.

Der Fühler ist ganz unten auf der Achse. Er fokussiert sich nicht auf anstehende Aufgaben, sondern auf die Beziehung zu anderen Menschen. Er entscheidet mit dem Herzen und erscheint Denkern oft übermäßig emotional, ja oft sogar wirr.

66

Wo in der Achse finden Sie sich hier? Eher nördlich oder eher südlich?

Vier Quadranten, vier Typen

Verbinden Sie nun Ihre Positionen auf den Achsen miteinander, zeigt sich, zu welchem Quadranten Sie gehören:

- Sind Sie extravertierter Denker, also oben rechts? Dann sind Sie ein eher unpersönlicher, objektiver und wetteifernder Typ. Sie sind fordernd, entschlossen, entschieden, zielgerichtet, willensstark und sachorientiert. Gemäß der Insights-Typologie entsprechen die einem »roten« Typus.
- Oder sind Sie ein extravertierter Fühler, also unten rechts? Dann sind Sie eher persönlich, engagiert, umgänglich, ausdrucksstark, dynamisch, offen, überzeugend und enthusiastisch. Sie entsprechen dem »gelben« Typus.
- Oder sind Sie eher der introvertierte Fühler, also finden sich links unten wieder? Dann sind Sie eher informell, achtsam, mitfühlend, vertrauensvoll, ermutigend, geduldig, freundlich und entspannt. Sie sind ein »grüner« Typus.

- Und wenn Sie sich im linken oberen Quadranten finden, erkennen Sie sich als ein introvertierter Denker. Sie sind ein besonnener und korrekter Typ, eher vorsichtig, präzise, hinterfragend und analytisch. Sie entsprechen dem »blauen« Typus.

Grundtypen und Mischtypen

Na? Haben Sie Ihren Grundtyp herausgefunden? Hoffentlich fühlen Sie sich schon mal tendenziell gut beschrieben. Wobei einschränkend zu sagen ist: Natürlich wird das Modell immer komplexer, je tiefer man sich hineindenkt und je genauer man sich testet. So entstehen in der nächsten Komplexitätsstufe schon acht Typen, da es zwischen den Grundtypen Mischformen gibt. Sollten Sie also in Ihrer Selbsteinschätzung sehr nahe an einer Achse gelegen haben, finden Sie sich wahrscheinlich in einem Mischtypus wieder:

- Der »blau-rote Reformer« handelt logisch, abwägend und systematisch. Er entdeckt Unstimmigkeiten und geht Probleme aktiv an.
- Der »rote Direktor« handelt entschieden, übernimmt die Kontrolle und liefert Kraft und Energie.

- Der »rot-gelbe Motivator« hat Ideen, kann sie visualisieren, sieht das »große Ganze«, entwickelt neue Möglichkeiten und beschreitet neue Wege.
- Der »gelbe Inspirator« unterstützt, hält alle im sozialen Netzwerk zusammen, ergreift gerne die Initiative und begeistert andere.
- Der »gelb-grüne Berater« hat Gespür und Verständnis für andere Menschen, ist hilfsbereit und akzeptiert Entscheidungen.
- Der »grüne Unterstützer« akzeptiert neue Ideen, ist einsichtig und verfügt über gute Menschenkenntnis.
- Der »grün-blaue Koordinator« kennt die Fakten, hat hohen Sachverstand und kümmert sich um Details und Organisation.
- Der »blaue Beobachter« behält alles im Blick, erkennt und konkretisiert Probleme und geht den Dingen auf den Grund.

Aber auch das ist natürlich noch eine sehr grobe Einteilung. Die echten Insights-Tests sind mittlerweile computerunterstützt und basieren auf den Ergebnissen Hunderttausender Testpersonen. Obwohl der Selbsttest nur ein paar Minuten dauert, beschreibt er überraschend treffend, wie der Einzelne tickt. Denn aus den vier Grundtypen und acht Mischtypen leitet der Test insgesamt 60 Typen ab, samt individueller Stärken und Schwächen.

Vorsicht: Wie »tickt« mein »Gegenüber«?

Allzu tief können wir hier natürlich nicht in die Insights-Systematik eintauchen. Aber da es ja hier schließlich ums Thema Verkaufen geht – und somit um zwischenmenschliche Kommunikation – kann schon das simple Vier-Typen-Modell eine große Hilfe sein. Denn: Es zeigt, wie unterschiedlich Menschen sind. Und vor allem: Es erlaubt aufgrund der vier Dimensionen einen Perspektivenwechsel in die Sichtweisen, Denk- und Verhaltensstile anderer Menschen.

Im Prinzip gilt: Je ähnlicher sich Menschen sind, desto besser kommen sie miteinander klar. Ein Extravertierter wird keine Schwierigkeiten haben, mit anderen Extravertierten zu kommunizieren. Mit Introvertierten hingegen mitunter schon, denn die können ihm wie von einem anderen Stern erscheinen. Entsprechend verhält es sich bei Denkern und Fühlern.

Besonders herausfordernd ist es bei einander gegenüberliegenden Quadranten: Der »Rote« wird vom »Grünen« für aggressiv, beherrschend, antreibend, intolerant und anmaßend gehalten, der »Grüne« hingegen vom »Roten« für fügsam, gleichgültig, stur, abhängig oder beleidigt. Klar, der »Rote« ist eben ein extravertierter Denker, der »Grüne« ein introvertierter Fühler. Und der »Gelbe« wird vom »Blauen« für voreilig, hektisch, überdreht, flatterhaft und oberflächlich gehalten, während der »Gelbe« den »Blauen« als reserviert, steif, kalt, misstrauisch und unentschlossen empfindet. Es trifft eben extravertierter Fühler auf introvertieren Denker.

Wenn aber beide Seiten verstehen, wie die jeweils gegenüberliegenden Typen ticken, lässt es sich besser miteinander kommunizieren. Es gilt das Prinzip: Wichtig ist nicht, was gesagt wird, sondern nur, was ankommt. Insbesondere wenn es ums Verkaufen geht, ist das Verständnis hier für diese Mechanismen sehr wichtig.

»Rote« Kunden

»Rote« Kunden erkennt man an ihrem forschen, direkten Auftreten. Der »Rote« ist selbstbewusst, straight, kommt gleich zur Sache. Er spricht mit eher lauter, fester Stimme. Was er sagt, gilt. Klar: Er will ja etwas Konkretes – und das möglichst auf schnellstem Wege.

Insofern sollten Sie mit »roten« Kunden entsprechend kommunizieren: Antworten Sie auf seine Fragen direkt und prägnant, labern Sie nicht um den

heißen Brei herum. Halten Sie sich nicht mit weitschweifigen Hintergrundinformationen auf, kommen Sie zur Sache: Was ist zu tun, nicht warum. Betonen Sie Resultate, vor allem solche, die dem »Roten« persönlich nützen. Stellen Sie Alternativen vor, aber lassen Sie sie den »Roten« frei bewerten. Reden Sie nicht einfach drauflos, sondern strukturieren

Sie Ihre Gedanken logisch und fassen Sie Ergebnisse knapp zusammen.

Auf keinen Fall sollten Sie allzu weich und unentschlossen auftreten, dann nimmt Sie der »Rote« nicht ernst. Auch sollten Sie nicht übertrieben freundlich sein, und Sie sollten Probleme betonen, statt unangemessen zu verallgemeinern. Zu viel Detailverliebtheit mögen »Rote« genauso wenig wie oberflächliches Schwatzen. Treffen Sie keine Aussagen, die Sie nicht belegen können, und nehmen Sie »Roten« vor allem keine Entscheidungen ab.

oder Außergewöhnliche an Ihrem Produkt – so etwas lieben »Gelbe«. Betonen Sie Referenzen von anderen Kunden und Experten. Seien Sie offen,

»Gelbe« Kunden

»Gelbe« Kunden treten gerne dynamisch, eloquent, eifrig, begeisternd, mitteilsam und etwas laut auf. Sie sind ebenfalls selbstbewusst und suchen den schnellen persönlichen Kontakt. Im Denken sind sie oft sprunghaft, wechseln schnell die Themen und lassen sich leicht ablenken. Sie treffen schnelle Entscheidungen, die sie aber gerne genauso schnell wieder verwerfen, weil sie eine vermeintlich bessere Alternative gefunden haben.

Deshalb unterstreichen Sie bei »gelben« Kunden das Neue, Besondere

herzlich, freundlich und zeigen Sie Begeisterung. Hören Sie aufmerksam zu und investieren Sie die nötige Zeit, um eine Beziehung aufzubauen.

Versuchen Sie hingegen nicht, das Gespräch zu beherrschen, es ist für »Gelbe« zu anstrengend, fremden Gedanken zu folgen. Aus dem gleichen Grund sollten Sie nicht zu viel oder zu lange am Stück sprechen. Weisen Sie auch keinesfalls Ideen oder Vorschläge eines »gelben« Kunden strikt zurück. Und seien Sie nicht kurz angebunden, kalt oder verschlossen.

»Grüne« Kunden

»Grüne« Kunden treten leise, ruhig und freundlich auf. Sie wirken mitunter etwas unsicher, was an ihrer Zurückhaltung liegt. Treten sie mit anderen in Kontakt, beginnen sie Sätze oft mit einer Entschuldigung: »Es tut mir leid, dass ich störe, aber ...« Sie hören viel und gerne zu und erscheinen nachdenklich, vernünftig und hilfsbereit.

Bauen Sie im Umgang mit »grünen« Kunden auf jeden Fall eine gute persönliche Beziehung auf. Zeigen Sie Geduld, um ihre Ziele und Wünsche herauszufinden. Betonen Sie, wie Sie mit Ihrem Kunden gemeinsam Schritt für Schritt zum Ziel gelangen. Sprechen Sie über Service und Verlässlichkeit, seien Sie aufrichtig und ehrlich, hören Sie auf-merksam zu und sprechen Sie leise und entspannt.

Treten Sie auf keinen Fall »rot« auf, also zu forsch, direkt, laut und bestimmend. Geben Sie nicht zu schnell Gas, lassen Sie den Dingen Zeit, sich zu entwickeln. Und lassen Sie keine wichtigen Details aus, denn das verunsichert »Grüne«, weil sie Angst haben, falsche Entscheidungen zu treffen.

»Blaue« Kunden

»Blaue« Kunden erkennen Sie an Ihrer Genauigkeit, Korrektheit und emotionalen Zurückhaltung. Sie erscheinen stets überlegt und kontrolliert, mitunter auch kleinlich, perfektionistisch und distanziert. Sie sprechen tendenziell leise, drücken gerne komplexe Gedanken aus und verlieren sich leicht in Details. Sie sind sehr analytisch und wirken unentschlossen. Bevor sie etwas kaufen, sammeln sie bereits zuvor wichtige Produktinformationen, weshalb Sie als Verkäufer unbedingt fachkundig sein müssen, um vom »blauen« Kunden ernstgenommen zu werden.

Verwenden Sie für »blaue« Kunden also viel Datenmaterial wie vergleichende Statistiken, Fachartikel oder Studien –

je genauer, desto besser. Seien Sie stets faktenorientiert und logisch. Konzentrieren Sie sich auf Details. Klären Sie Einwände gründlich und ausgiebig. Unterstreichen Sie Qualität, Verlässlichkeit und Sicherheit. Und vor allem: Seien Sie auch selbst bestens organisiert – ein schludriger Typ ist für »blaue« Kunden alles andere als vertrauenerweckend.

Seien Sie keinesfalls nachlässig im Beantworten der Fragen des »Blauen«, die will er nämlich ganz genau geklärt haben. Versuchen Sie weder zu schnell zum Abschluss zu kommen, noch treten Sie ihm zu nahe, bevor Sie ihn wirklich gut kennen. Privates sollte zunächst mal privat bleiben. Seien Sie auch bei persönlichen Gesten zurückhaltend wie etwa bei Berührungen, die

sind dem »Blauen« meist unangenehm. Sprechen Sie nicht laut, treten Sie nicht dominant auf und versuchen Sie auch

nicht, ihn zu beschwatzen oder ihn mit übertriebener Freundlichkeit zu manipulieren.

REFLE**X**ION

WELCHER TYP SIND SIE?
WELCHER DIE ANDEREN?

Denken Sie mal nach:

Welcher Typ entspricht Ihnen am ehesten?

Mit welchen Typen haben Sie im Alltag zu tun?
In welchen Situationen?

Mit wem verstehen Sie sich am besten?
Mit wem am schlechtesten?

Besteht da ein Zusammenhang mit der Insights-Typologie?
Welcher?

In welche Kommunikationsfallen geraten Sie häufig?

Wie lassen sie sich zukünftig umgehen?

Welche Ihrer wichtigsten Kunden entsprechen welchen
Typen?

Wie müssen Sie Ihre Kommunikation anpassen, um besser
zu verkaufen?

Die Körpersprache

Du weißt ja: Menschen kommunizieren nicht nur mit Worten, sondern auch durch ihre Stimme, Gestik und Mimik. Also kommunizieren Menschen eigentlich immer – selbst dann, wenn sie gar nichts sagen wollen. Man kann sozusagen nicht nicht kommunizieren. Und oft verrät der Körper sogar mehr als die gesprochenen Worte. Also achte nicht nur darauf, was dein Kunde sagt, sondern auch, wie er es sagt! Welche Körperhaltung hat er? Wie bewegt er sich? Und wie ist sein Gesichtsausdruck, wie sein Blick? Vielleicht verrät dir das alles, was er gerade denkt!

Übrigens: Wenn du dich deinem Kunden anpasst – und zwar in Stimme, Gestik und Mimik –, dann wirst du dich noch besser mit ihm verstehen! Wenn er zum Beispiel ernst schaut, sich energisch bewegt und laut spricht, dann mach es ihm einfach nach: Schau genauso ernst, beweg dich energisch und sprich laut! Und wenn sich dein Kunde ruhig zurücklehnt, zufrieden lächelt und leise spricht, lehnst auch du dich zurück, lächelst und sprichst leise. Eure inneren Schweinehunde erkennen die Ähnlichkeit und finden einander sympathisch. So bauen gute Verkäufer zu den unterschiedlichsten Menschen ganz schnell eine Beziehung auf. Sie stellen sich auf ihr Gegenüber ein und halten sich selbst zurück – sie drücken niemandem ihre Persönlichkeit auf.

4. Das
VERKAUFSGESPRÄCH

Jetzt geht's los!

Jetzt kennst du den Kunden, und der Kunde kennt dich. Ihr habt geplaudert, und eure inneren Schweinehunde konnten einen guten Draht zueinander bekommen. Dein Kunde fühlt sich wohl und vertraut dir. Das Verkaufen kann jetzt also losgehen. »Endlich!«, freut sich Günter. »Das wurde aber auch Zeit.« Er wedelt vor lauter Vorfreude mit seinem Ringelschwanz. Hättest du das gedacht?

»Aber warum kaufen Menschen überhaupt ein?«, fragt Günter nun. Eine gute Frage! Meistens begründen wir unsere Einkäufe ja mit Logik, Geld und Vernunft: Wir brauchen dringend neue Schuhe, das Drei-Gänge-Menü hat so viele Vitamine und der sparsame Turbodiesel ein gutes Preis-Leistungs-Verhältnis ... Aber stimmt das überhaupt? Kaufen wir nicht auch ein, damit wir mit den Schuhen besser aussehen? Oder weil uns das Essen Appetit macht? Und ist der Turbodiesel nicht ziemlich schnell und heiß begehrt? Also warum kaufen wir wirklich ein?

Gefühle, Wünsche, Träume

»Worauf willst du hinaus?«, fragt Günter. »Willst du etwa behaupten, dass Kaufen gar nicht so viel mit Logik, Geld und Vernunft zu tun hat?« Ganz genau! Er ist schon eine Leuchte, dieser Schweine-hund. In Wirklichkeit kaufen wir nämlich, um unsere Bedürfnisse zu befriedigen. Die Schuhe sollen uns attraktiver machen, das Essen soll lecker schmecken und mit dem Auto wollen wir ein wenig protzen. In Gedanken malen wir uns dann eine schönere Zukunft aus und unser Bauch entscheidet sich zum Kauf. Jetzt brauchen wir nur noch einen triftigen Grund, damit wir den Kauf vor unserem Gewissen rechtfertigen können: einen dringenden Bedarf, unseren schlechten Vitaminhaushalt oder das günstige Preis-Leistungs-Verhältnis. Und dann erst kaufen wir, was wir längst schon haben wollten.

Meistens kaufen wir also, weil unser Gefühl es will. Und hinterher konstruieren wir dafür rational klingende Erklärungen. Also hat das Verkaufen weniger mit dem Verstand zu tun als vielmehr mit Emotionen, Wünschen und Träumen – mit subtilen Kräften also, auf die unsere Logik scheinbar nur wenig Einfluss hat.

Ein bisschen Magie

»Dann weiß ich jetzt, warum viele so glücklich aussehen, wenn sie einkaufen!« Günter freut sich. »Das kommt daher, dass sie ihren Kauf in Gedanken schon mal genießen.« Ganz genau, Günter! Und dein Job als Verkäufer ist es nun, diese Vorfreude gezielt entstehen zu lassen.

Manchmal scheint von einem Produkt ein magischer, unsichtbarer Sog auszugehen, dem man sich kaum entziehen kann – man will es unbedingt haben! So ein Sog entsteht immer dann, wenn ein paar Dinge zusammenkommen: Das Produkt ist gut und man braucht es. Der Verkäufer ist nett und man fühlt sich wohl. Wenn jetzt noch die Gelegenheit günstig ist, gibt es kein Halten mehr: Man will nur noch kaufen, kaufen, kaufen! Du brauchst deinem Kunden also gar nichts mühsam aufzudrücken – besser, du lässt einen magischen Sog entstehen ...

Zauberei mit ein paar Fragen

»Du willst einen magischen Sog entstehen lassen?« Günter schmunzelt. »Willst du etwa zaubern lernen?« Sozusagen. Ein guter Verkäufer verkauft das, was der Kunde gerne haben will. Um aber zu erfahren, was er haben will, muss man ihn zuerst danach fragen. Nur dann kann man ihm das verkaufen, was ihn magisch anzieht und seinen Bedürfnissen entspricht. Und Abrakadabra: Der Verkäufer hat gezaubert. Bevor du also zu verkaufen anfängst, stellst du dem Kunden erst ein paar Fragen: Was führt ihn zu dir, und was möchte er haben? Was interessiert ihn am meisten, was genau versteht er darunter und warum ist ihm das so wichtig? Du grenzt seine Motive und Bedürfnisse ein und hilfst deinem Kunden, genau das zu bekommen, was er haben will. Je mehr du fragst, desto besser verkaufst du.

Am besten fragst du zuerst, ob du ein paar Fragen stellen darfst. Und dann stellst du offene Fragen und keine geschlossenen. Offene Fragen beginnen meist mit den Worten wie, was oder warum. Darauf kann dein Kunde nämlich ausführlich antworten und sagt nicht nur »Ja« oder »Nein«. Also frag auch nicht »Kann ich Ihnen helfen?«, sondern »Wie kann ich Ihnen helfen?« oder »Was kann ich für Sie tun?«. Übrigens solltest du dem Kunden für seine Antwort auch immer genügend Zeit lassen und ihm aufmerksam zuhören. Alles klar, großer Zauberer? Möge die Macht mit dir sein!

Erst die Diagnose, dann die Therapie

»So viele Fragen!«, wundert sich Günter. »Ist das nicht zu aufdringlich?« Ganz im Gegenteil! Wechseln wir mal die Perspektive und du bist jetzt der Kunde: Stell dir vor, du brauchst einen neuen Fotoapparat. Du gehst in ein Geschäft und der Verkäufer mustert dich nur kurz. Dann geht er schnurstracks zum Regal, holt eine bestimmte Kamera heraus und behauptet, das Modell wäre für dich genau richtig. Wie reagierst du? Wahrscheinlich gehst du gleich wieder. Vielleicht gibt es im nächsten Geschäft ja eine noch bessere Kamera?

Im nächsten Geschäft lächelt dich der Verkäufer freundlich an und begrüßt dich. Dann stellt er dir ein paar wichtige Fragen: Wie kann er dir helfen? Wofür brauchst du die Kamera? Wie teuer darf sie sein? Und welche Größe soll sie haben? Jetzt holt er ein paar passende Modelle hervor und erklärt dir die feinen Unterschiede – du brauchst dich nur noch zu entscheiden. Und was machst du jetzt? Du kaufst dir eine neue Kamera! Vielleicht nimmst du sogar das gleiche Modell, wie im ersten Geschäft. Aber jetzt hast du ein gutes Gefühl dabei, denn du konntest erklären, was du brauchst, und du wurdest gut beraten. Es ist fast so wie beim Arzt: Der soll uns auch erst ein paar Fragen stellen, bevor er uns Tabletten in die Hand drückt. Also erst die Diagnose, dann die Therapie!

VERKAUFEN
ist wie ein FLIRT
in fünf Phasen

Was hat verkaufen mit flirten zu tun? Dass es dabei im Prinzip um sehr ähnliche Annäherungs- und Beziehungsmechanismen geht, ist mir das erste Mal aufgefallen, als Thilo Baum und ich »Günter lernt flirten« geschrieben haben. Denn dabei haben wir die typischen fünf Phasen definiert, die Menschen beim Flirten durchlaufen, um einander nahezukommen:

1. **Phase der gesellschaftlichen Nähe**
2. **Phase der persönlichen Nähe**
3. **Phase der vertrauten Nähe**
4. **Phase der zärtlichen Nähe**
5. **Phase der intimen Nähe**

Und wissen Sie was? Diese Phasen kann man eins zu eins auf den Prozess des Verkaufens und die Mechanismen hinter einer langfristigen Kundenbindung übertragen.

Gehen wir die fünf Nähe-Phasen mal beim Flirten durch. Um überhaupt miteinander in Kontakt treten zu können, muss man sich zuvor in gesellschaftlicher Nähe befinden: im gleichen Raum, auf der gleichen Party, meinetwegen auch auf derselben Online-Plattform. Dann erst kann Phase zwei folgen, die persönliche Nähe, und zwar, wenn man zum »Flirtobjekt« einen Draht aufgebaut (anschauen und anlächeln zum Beispiel) und ein paar Ja-Signale empfangen hat (zurückschauen, zurücklächeln). Ohne Ja-Signale hingegen (wegschauen, kein Lächeln) wird es schwierig mit der Phase zwei. Und kommen vom Gegenüber sogar deutliche Nein-Signale (sich abwenden, genervter Blick), können wir die Phase zwei vergessen: Unser Möchtegern-Flirt findet uns weniger ansprechend als erhofft – oder hat gerade ganz andere Prioritäten.

Ja- und Nein-Signale beachten

Was also tun? Klare Sache: Erhalten wir vom Gegenüber Ja-Signale, sollten wir mutig den Schritt zur Phase zwei in Angriff nehmen und unser Flirtobjekt einfach ansprechen – wir sind willkommen. Was genau wir dabei sagen, ist weit weniger wichtig, als dass wir überhaupt unseren Mund aufkriegen. Ziel ist schließlich ein persönlicher Kontakt. Würden wir stattdessen mutlos zögern, ginge der Schuss vielleicht nach hinten los: Wer zu schüchtern ist, verpasst Chancen.

Ganz anders hingegen, wenn vom Gegenüber deutliche Nein-Signale kommen: In den allermeisten Fällen werden wir es dann kaum in die persönliche Nähe-Phase schaffen – das Interesse ist zu einseitig. Sehr wahrscheinlich zeigt uns die / der andere weiter die kalte Schulter oder würgt uns bald ab. Egal, was wir sagen.

Und was, wenn die Zeichen unseres Flirtpartners schwer zu lesen sind, also einem Vielleicht-Signal entsprechen? Dann sollten wir testen: »Darf ich dich ansprechen?« Kommt nun ein Nein-Signal, wissen wir, wie wir zu reagieren haben: erst mal bleiben, wo wir sind. Sich aufdrängen ist uncool. Und kommt ein Ja-Signal, wäre es schade gewesen, wenn wir nicht gefragt hätten ...

Na, sehen Sie schon die Parallelen zum Verkauf? Hand aufs Herz: Ist es hier nicht ganz ähnlich? Zum Beispiel geht es auch hierbei im Kern um die alte Frage: »Willst du mit mir geh'n? Bitte ankreuzen: ja, nein, vielleicht«. Und: Merken wir nicht oft schon zu Gesprächsbeginn beziehungsweise davor, ob wir beim Kunden willkommen sind? Durch sein Interesse an uns, sein Engagement bei der Kontaktaufnahme, seine Körpersprache, seine Suche nach einem Produkt genau wie dem unsrigen – oder eben einem ganz anderen.

Freilich können wir im Falle einer offensichtlichen Ablehnung unser Einwandbehandlungsarsenal abfeuern – aber was erreichen wir dadurch oft? Dass sich unser Gegenüber kognitiv einmauert: »Nein, blöder Verkäufer, jetzt erst recht nicht! Und zwar aus folgenden Gründen: ...« Andererseits: Kennen wir nicht alle die Situationen, in denen sich Kunden offensichtlich nach einem guten Verkäufer sehnen, höchst eindeutige Signale aussenden – und trotzdem vom Verkäufer ignoriert werden? Sei es im Kaufhaus, auf Messen, in langjährigen Businesspartnerschaften oder schlechten Hotlines: Ignoriert der Verkäufer die Avancen des Kunden, bleibt die Beziehung stecken. Oft schon in Phase eins.

Easy von Phase zu Phase

Aber weiter mit dem Flirtprozess: Nehmen wir an, die persönliche Nähe läuft für beide Seiten angenehm, senden wieder beide Ja-Signale aus: ein lebendiges Gespräch, gute Themen, eine aneinander interessierte Atmosphäre. Was nun?

Klar: in Phase drei eintreten, in die vertraute Nähe! Jetzt heißt es: Raus aus dem langweiligen Umfeld der ursprünglichen gesellschaftlichen Nähe, rein in die individuell gestaltete Zweisamkeit! Es geht zum Kaffeetrinken, Pizzaessen, ins Kino oder sogar schon auf die Wohnzimmercouch. Warum auch nicht? Schließlich ist die gegenseitige Sympathie offensichtlich.

Anders hingegen, wenn das Gespräch stockt oder die Frequenz verrauscht, also wenn sich Nein-Signale häufen. Hier nun einen Abend im Restaurant anzubieten, provoziert bestenfalls Notlügen. Die Beziehung verharrt in Phase zwei oder springt zurück in Phase eins.

Wenn Phase drei vielversprechend abläuft und sich beim näheren Beschnuppern immer weitere Ja-Signale häufen (gleiche Interessen und Neigungen, immer persönlicher werdende Themen, ein angenehmes Prickeln), ist bald Phase vier angesagt: die zärtliche Nähe.

Springt der Funke in Phase drei hingegen nicht überzeugend über (Nein-Signale: private Themen umgehen, schnell nach Hause müssen, sich verkrampft fühlen), wäre es blödsinnig, das Knutschen anfangen zu wollen (okay, in früheren Jahren habe ich manchmal diesen Ausweg probiert – es endete aber nie wirklich befriedigend ...).

Und wenn es in Phase vier immer noch gut läuft (Berührungen, Umarmungen, Küsse und Co. – allerdings noch angemessen keusch oberhalb der Gürtellinie), folgt hierauf die Phase fünf, die intime Nähe, wobei ich nun nicht näher auf pikante Details eingehen möchte.

Läuft es hingegen in Phase vier nicht so gut, tut man gut daran, nicht weiter zu drängen. Vielleicht öffnet sich die Türe ein andermal.

Drei Voraussetzungen für erfolgreiche Flirtabschlüsse

Welche Erkenntnis gewinnen wir daraus? Dass es problemlos möglich ist, Phase fünf zu erreichen – solange folgende drei Voraussetzungen stimmen:

1. Wir müssen ALLE Phasen durchlaufen.
2. Wir müssen alle Phasen in der richtigen Reihenfolge durchlaufen.
3. Wir müssen in jeder Phase auf Ja- und Nein-Signale achten.

Phasen zu überspringen, geht meist nach hinten los: So führt es etwa zu Irritationen, ein »Flirtobjekt« ohne vorherige Annäherung einfach so anzusprechen und gleich zum Essen einzuladen. In Einzelfällen mag das funktionieren, aber nur dann, wenn so klare Ja-Signale kommen, dass die Phasen eins und zwei im Eiltempo durchlaufen werden

können. Nein, meist müssen sich innere Schweinehunde erst einmal beschnuppern und gut riechen können. Geschieht das nicht, weil einer drängt, folgt ein Korb – selbst dann, wenn man sich eigentlich gut riechen könnte.

Ganz wichtig: Die Reihenfolge der Phasen lautet eins, zwei, drei, vier, fünf. So mancher Flirt ist schon schiefgegangen, weil ER direkt nach dem ersten Blick schon mental in Phase fünf ist, ja ihm sogar schon ein Speichelfaden aus dem Mundwinkel tropft, während SIE sich noch überlegt, ob sie ihn überhaupt in Phase zwei vorlassen soll.

Die Oberkatastrophe wäre, Signale zu übersehen. Denn: Erst ein paar klare Ja-Signale berechtigen zum Weitergehen in die nächste Phase. Wer zu früh weiter will, wirkt aufdringlich – und provoziert ein Nein. Und wer sogar trotz klarer Nein-Signale weiter drückt, provoziert das Pfefferspray.

Die beiden größten Flirtfehler

Damit gleich zu den beiden größten Flirtfehlern:

1. In die nächste Phase drücken, obwohl klare Nein-Signale kommen.
2. In der derzeitigen Phase verharren, obwohl klare Ja-Signale kommen.

Also: Bei Nein-Signalen heißt es »Stopp!« – wir dürfen noch nicht weiter. Am besten hinterfragen wir, ob wir und wie wir unsere Anziehungskraft erhöhen können. Kriegen wir das nicht gebacken, können wir die Progression in Phase fünf vergessen. Kommen hingegen klare Ja-Signale, dürfen wir nicht schüchtern sein und auf einen noch besseren Moment warten. JETZT ist Handeln angesagt!

Verkaufen wie ein Flirtprofi

Die Analogie zum Verkaufen dürfte nun klar sein: Betrachten wir die Kontaktaufnahme mit unserem Kunden als den Übergang von Phase eins zu zwei.

- Phase eins entspricht dem Marketing, welches eine gefühlte Nähe aufbaut. Wer ist der Anbieter? Wofür steht er? Welche Produkte interessieren? Wo bekommt man sie? Das Marketing ist sozusagen die Verkaufsvorbereitung. Ohne Phase eins keine Kontaktaufnahme.
- Phase zwei ist das erste Gespräch, die erste Mail, das erste Telefonat,

die erste Informationsbroschüre, der erste automatisierte Informations-Funnel oder der Erstkontakt auf einer Messe.

- Phase drei hingegen ist die Bedarfsanalyse, in welcher der Verkäufer den Kunden und seine Wünsche kennenlernt.
- Phase vier ist die Verhandlungs-phase – hier geht es um kunden-orientierte Produktpräsentation, Preiskalkulation, Aufzeigen der Vorteile, Einwandbehandlung, das letzte Abwägen und das Prüfen der Vertrauenswürdigkeit.
- Phase fünf ist der Abschluss selbst – der Akt des (hoffentlich genussvollen) Kaufens, die Ab-wicklung von Vertragsunterschrift, Waren- und Geldübergabe.

Natürlich könnten wir hier noch Phase sechs kreieren, das Nachspiel: War der Kunde zufrieden? Geht noch ein Upsel-ling? Sieht man sich wieder? Nur an der Stelle, an der man um Empfehlungen bittet, beginnt die Analogie mit dem Flirten zu hinken ...

Und wie beim Flirten heißt auch es beim Verkaufen: Man muss ALLE Phasen durchlaufen, bevor man abschließt – und zwar in der richtigen Reihenfolge.

Wer Phasen überspringen will, wird sich mit dem Erfolg schwertun.

In jeder Phase aber heißt es: Achte auf die Signale des Kunden! Stimmt die Atmosphäre? Will er oder will er nicht? Welche Informationen benötigt er, was muss gegeben sein, um in die nächste Phase überzugehen? Nur wer die Signale richtig zu lesen weiß, kann langfristige Kundenbeziehungen auf-bauen.

Wer hingegen zum Abschluss drängt, obwohl der Kunde kein Interesse oder sogar Desinteresse zeigt, braucht sich nicht zu wundern, wenn der Kunde flüchtet. Und wer sich nicht traut, den Abschluss voranzutreiben, obwohl lauter Ja-Signale kommen, braucht sich nicht zu wundern, wenn sich der Kunde seine Befriedigung woanders holt.

»Stefan, eigentlich bist du ja ein netter Kerl, aber ...«

Folgende kleine Geschichte zeigt, wie man sich das Verkaufen (Flirten) be-sonders einfach machen kann: Vor vielen Jahren war ich von meinem Job als Arzt in der Klinik so frustriert, dass ich das Angebot eines Freundes meiner

Eltern annahm, der einen Nachfolger für seinen mittelständischen Textilhandel suchte – und mir einen Job in der Geschäftsleitung anbot mit dem Ziel, perspektivisch das Unternehmen zu übernehmen. Ich nahm an. Und ich erlebte meine ersten Gehversuche im Verkauf.

Wir verkauften Dekorationstextilien. Und als wir eines Tages gemeinsam zu einigen Großkunden fuhren, die jeweils kilometerweise Stoff einkaufen sollten, gingen wir in der Vorbereitung unser Angebot durch: Die Stoffe Nummer eins und zwei waren unsere Favoriten, die restlichen waren zwar okay, aber weit weniger schön.

Der erste Kunde war begeistert: »Wunderschöne Stoffe! Vor allem die Nummer drei und die Nummer fünf!« Ich begann schon zu widersprechen (»Ehrlich gesagt, finden wir die Nummer eins und zwei besser«), als mir mein Chef in die Parade fuhr und dem Kunden bestätigte: »Da haben Sie recht! Nummer drei und fünf sind besonders schön!«

Ich war irritiert: Wollte mein Chef seinen Kunden denn wirklich die hässlicheren Stoffe verkaufen? Das war doch nicht in Ordnung! Er bat mich, ihm einfach nur beim Verkaufen zuzuschauen und mich für den Verlauf des weiteres Tages zurückzuhalten. Ich willigte ein.

Und was soll ich sagen? Der Tag war frustrierend! Kein einziger Kunde fand die Nummern eins und zwei so schön wie wir. Zwar verkauften wir wie erwartet viel Ware, allerdings nicht unsere optischen Favoriten. Am Abend saßen wir schweigend im Auto. Ich fuhr und starrte frustriert auf die Straße. Mein Chef schaute mich von Zeit zu Zeit schmunzelnd an. Dann brach er das Schweigen und sagte einen Satz, der sich bis heute unauslöschlich in mein Hirn gebrannt hat: »Stefan, du bist ja eigentlich ein ganz netter Kerl. Aber wenn du auch ein guter Verkäufer werden willst, dann hör jetzt bitte genau zu, und merk dir Folgendes:

1. Dein Job als Verkäufer ist es nicht, den Kunden unbedingt das Produkt zu verkaufen, welches du selbst am besten findest.
2. Dein Job als Verkäufer ist es, den Kunden zu fragen, was er haben will.
3. Hör ihm gut zu, wenn er es dir erzählt!

4. Unterbrich oder korrigiere ihn dabei auch nicht!
5. Und dann verkauf ihm einfach, was er haben will.«

Bähm! Ich hatte das Gefühl, von Wladimir Klitschko mitten auf die Nase getroffen worden zu sein.

So! Einfach! War! Es!

Bis zu diesem Abend war mir nie wirklich klar gewesen, dass ich tatsächlich dazu neigte, ständig zu diskutieren und anderen meine Meinung aufdrücken zu wollen. Im Verkauf (und beim Flirten genauso wie in Beziehungen) eine ganz schlechte Idee ...

In diesem Sinne: Gute Geschäfte! Oder besser: Gute Verkaufsflirts!

Ein Kunde auf Entdeckungsreise

Dein Kunde konnte dir also seine Wünsche anvertrauen. Jetzt hofft er, dass du etwas Passendes für ihn hast. Und tatsächlich: Du weißt genau, was ihm gefallen könnte. Also schickst du ihn nun auf eine kleine Entdeckungsreise – eine Entdeckungsreise durch dein Produkt. Denn wenn der Kunde die Vorzüge deines Produktes kennenlernt, wird der magische Sog entstehen. Am besten machst du den Kauf also zu einem echten Erlebnis!

Vielleicht inszenierst du ja eine kleine Verkaufsshow? Zum Beispiel mit moderner Präsentationstechnik: mit Laptop, Beamer und ein bisschen Musik. Oder du verpackst das Produkt besonders schick? So erscheint es gleich doppelt so wertvoll! Falls ihr übrigens an einem Tisch sitzt, dann sitzt ihr am besten über Eck. So könnt ihr euch nämlich gemeinsam anschauen, was du dem Kunden zeigen willst – ganz locker und ohne allzu intensiven Blickkontakt. Und achte darauf, dass wirklich alle anwesenden Kunden deine Präsentation gut sehen können! Ach ja: Und halte deine Hände oberhalb der Tischkante ...

Wichtige Argumente

Konzentriere dich jetzt auf dein Produkt: Was hast du für deinen Kunden? Was ist das Besondere daran? Worin unterscheidet es sich von vergleichbaren Produkten? Und wie wird es dem Kunden nutzen? Am besten sortierst du deine Verkaufsargumente in der richtigen Reihenfolge: Zuerst ein wichtiges Argument, dann die weniger wichtigen. Und das wichtigste Argument nennst du am Schluss. Wenn du dich so gut vorbereitet hast, kannst du sogar unter Zeitdruck verkaufen – zum Beispiel bei einem kurzen Gespräch im Aufzug.

Sprich übrigens immer so, dass sich dein Kunde wichtig fühlt! Nenn ab und zu seinen Namen, und sprich in der Sie-Form anstatt in der Ich-Form: Also sag nicht »Ich zeige Ihnen ...«, sondern »Hier sehen Sie ...«. Und anstatt »Das ist etwas ganz Besonderes ...«, sagst du »Sie bekommen etwas ganz Besonderes ...«. Schon bald will dein Kunde das Produkt haben. Und er ist auch gerne bereit, dafür einen guten Preis zu bezahlen.

Vorsicht, Fachidioten!

Schlechte Verkäufer werfen gerne mit Fachausdrücken um sich: »Diese Digitalkamera hat einen 3-fach optischen Zoom bei 5,1 Millionen Pixel!« So mag sich der Verkäufer zwar für besonders kompetent und schlau halten, aber er übersieht leider, dass Kunden keinen unverständlichen Techniktext hören wollen, sondern einfach nur einen Fotoapparat brauchen – zum Beispiel, um bei einer Hochzeit fotografieren zu können. Und wenn der Verkäufer Fachchinesisch redet, verstehen die Kunden nur Bahnhof. Also schnell ins nächste Geschäft!

Deshalb Vorsicht mit Fachausdrücken! Am besten präsentierst du den Nutzen immer aus der Sicht des Kunden. Und dabei hilft dir die Drei-Schritte-Technik. Erster Schritt: Was hast du zu bieten? »Diese Kamera hat einen 3-fach optischen Zoom.« Zweiter Schritt: Was bedeutet das? »Damit können Sie entfernte Objekte näher heranholen.« Dritter Schritt: Was nützt das? »So können Sie sogar jemanden fotografieren, obwohl er weit weg steht!« Du sprichst in den Worten des Kunden, und er versteht genau, was du ihm sagen willst.

Der goldene KREIS im VERKAUF

Vom international renommierten Wirtschaftsexperten Simon Sinek stammt folgendes sehr anschauliches Modell, um Kunden von einem Produkt zu überzeugen, das er »goldenen Kreis« nennt. Sein TED-Talk hierzu wurde millionenfach angeschaut: Sinek zeichnet drei einer Zielscheibe ähnelnde Kreise. Der kleinste Kreis ist in der Mitte. In ihm steht »Wozu«. Der mittlere Kreis umschließt den kleinsten. Er ist mit »Wie« bezeichnet. Der größte Kreis läuft um beide anderen herum. Er beschreibt das »Was« eines Produkts oder Angebots.

Simon Sinek erklärt, dass die meisten Organisationen zwar wissen, was sie anbieten (äußerer Kreis: Was?) und vielleicht noch was sie von anderen unterscheidet (mittlerer Kreis: Wie?). Den Sinn ihrer Organisation hingegen (innerer Kreis: Wozu?) haben sie nur selten auf dem Schirm – und sind somit kaum in der Lage, zu inspirieren und somit Kunden zu gewinnen.

Nun demonstriert Simon Sinek das am Beispiel der Firma Apple. Wäre Apple wie alle anderen, würden sie im goldenen Kreis von außen nach innen verkaufen, also zunächst die Was- und Wie-Fragen herausstellen und das Wozu ignorieren: »Wir machen großartige Computer. Sie sind schön designed und intuitiv zu benutzen. Willst du einen kaufen?« Na ja ...

Argumentiert man hingegen von innen nach außen, klingt es ganz anders: »In allem, was wir tun, fordern wir den Status quo heraus. Wir glauben daran, dass es wichtig ist, die Dinge anders zu machen. Das tun wir, indem wir unsere Produkte schön designen und sehr benutzerfreundlich gestalten. Wir machen großartige Computer. Willst du einen kaufen?« Na klar!

REFLEXION

DER GOLDENE KREIS IHRER PRODUKTE

Überlegen Sie, wie der goldene Kreis Ihrer Produkte aussieht!

Mit welchen Argumenten wollen Sie Ihre Kunden überzeugen?

Sind diese auf der Was-, Wie- oder Wozu-Ebene?

Definieren Sie den Sinn Ihrer Produkte!

Formulieren Sie daraus griffige Formulierungen, um sie Ihren Kunden zu präsentieren.

Beginnen Sie jedes Verkaufsgespräch mit der Sinn-Ebene: Wozu gibt es Sie und Ihre Produkte?

Dann gehen Sie auf die Wie-Ebene: Worin sind Sie besser als Ihre Mitbewerber?

Nun erst benennen Sie einzelne Merkmale.

Die Macht von Bildern

Die reinen Fakten klingen oft ein bisschen langweilig. Also sprich auch in Bildern und Metaphern: »Sie sehen in diesem Kleid aus wie ein Filmstar!« Oder: »Sie werden dieses Navigationssystem bald schätzen wie einen guten Freund!« So erzeugst du im Kopf deines Kunden eine schöne Vorstellung, und er freut sich darauf, dein Produkt zu benutzen. Zahlen drückst du übrigens am besten in einfachen Vergleichen aus: »Dieser Vertrag kostet Sie gerade mal so wenig wie Ihre tägliche Zeitung!«

Achte auch genau auf die Sprache deines Kunden! Welche Worte verwendet er häufig? Wie drückt er sich aus? Und dann passt du deine Sprache an seine an: Er will einen Sportwagen kaufen und spricht dauernd von »scharfen Geschossen«? Dann biete ihm unbedingt ein »scharfes Geschoss« an! Dabei malst du in den schönsten Farben aus, was er bald zu erwarten hat: viel Spaß beim Gasgeben und die neidischen Blicke der Nachbarn. Der magische Sog hat begonnen.

Ein Funke springt über

Mit ein wenig Körpersprache kannst du deine Überzeugungskraft sogar noch steigern. Also konzentriere dich nicht nur auf deine Worte, sondern setz auch Mimik und Gestik ein! Zeig ihm, wie begeistert du von deinem Produkt bist! Lächle, staune, freue dich! Überzeuge ihn mit lebendigen Bewegungen und harmonischen Gesten! Bring dabei deinen ganzen Körper ein! Dein Kunde wird schnell merken, dass du etwas wirklich Besonderes für ihn hast. Und weil du selbst so begeistert bist, kann diese Begeisterung nun überspringen – denn wenn man für etwas wirklich brennt, kann man damit auch andere entzünden.

Aber Vorsicht: Wir glauben ja gerne, dass wir uns immer gut verständlich machen – vor allem bei so viel Hingabe. Und dann sind wir überrascht, wenn unser Gegenüber etwas ganz anderes hört und versteht, als wir eigentlich meinen. Also vergewissere dich zwischendurch, ob dich dein Kunde auch richtig verstanden hat: Lass ihn Zwischenfragen stellen! Wenn ihm etwas noch nicht klar ist, erklärst du es ihm geduldig. Und wenn du mal einen Monolog hältst, holst du dir zwischendurch immer wieder kleine Bestätigungen: »Nicht wahr?«, »Sehen Sie das auch so?« oder einfach nur »Oder?«. So kann dir dein Kunde besser zustimmen.

Aber, aber

Wo du gerade so schön beim Verzaubern bist: Achte immer auf deine Formulierungen! Günter neigt leider dazu, einfach draufloszuplappern. Dabei kann man sein Gegenüber mit einem unbedachten Wort sehr schnell verärgern. Zum Beispiel mit dem Wort »aber«.

»Aber was soll denn an ›aber‹ so schlimm sein?«, fragt Günter. Ganz einfach: Dieses Wörtchen signalisiert einen Widerspruch. Du bist anderer Meinung als dein Kunde. So fühlt sich sein empfindlicher Schweinehund schnell bevormundet oder sogar angegriffen. Er hört dann nämlich: »Aber, aber! Du dummer Kunde hast ja gar keine Ahnung!« Und nun wird er nicht mehr auf deine Argumente achten, sondern ausprobieren, welcher Schweinehund der stärkere ist. So wird das Verkaufen schwierig. Anstatt »aber« sagst du also besser »und auf der anderen Seite« oder »man kann es auch so sehen, dass ...« oder einfach nur »und«! So lässt du die Meinung des anderen gelten und kannst zudem deine eigene erklären. Es kommt kein Konflikt auf, und eure inneren Schweinehunde konzentrieren sich auf Argumente.

Die Zauberkraft der Worte

Jedes Wort ruft in uns ein bestimmtes Gefühl hervor. Wenn wir zum Beispiel das Wort »Frühling« hören, fühlen wir uns besser als beim Wort »Nieselregen«. Sogar gleiche Dinge kann man unterschiedlich ausdrücken: So sagt man entweder »Balg« oder »Wonneproppen«. Auch hier rufen unterschiedliche Wörter unterschiedliche Gefühle hervor. Diesen Effekt kannst du dir beim Verkaufen zunutze machen. Verwende nur Worte, die ein schönes Gefühl auslösen!

Sag also nicht »billig«, sondern »preiswert«! Sag nicht »später«, sondern »sofort«! Und sag nicht »ich wäre«, »könnte«, »hätte« und »würde«, sondern »ich bin«, »kann«, »habe« und »werde«! Verwende lauter Zauberworte! Zum Beispiel »ja«, »gerne«, »natürlich«, »absolut«, »hervorragend«, »prima«, »genial«, »richtig«, »super«, »selbstverständlich«, »ausgezeichnet«, »fantastisch«, »danke«, »bitte« und so weiter. Und die »Konkurrenten« sind deine »Mitbewerber«, die »Kosten« eine »Investition« und das »Problem« wird zur »Aufgabe«. Du meinst genau das Gleiche, drückst es aber viel schöner aus. Du (be)zauberst mit deinen Worten.

Der feine Unterschied

Auch in ganzen Sätzen können kleine Unterschiede in der Formulierung eine große Wirkung haben:»Ich habe mich nicht richtig ausgedrückt« klingt besser als »Sie haben mich nicht richtig verstanden«. Oder »Bitte verstehen Sie mich richtig!« klingt besser als »Verstehen Sie mich nicht falsch!«. Und »Bitte denken Sie daran!« ist viel netter als »Vergessen Sie das nicht!«. Formuliere also immer positiv und stell deinen Kunden in den Mittelpunkt! Du kannst dich dabei auch ruhig selbst ein wenig in Zweifel ziehen: »Habe ich Ihren Namen richtig verstanden?« anstelle von »Ich habe Ihren Namen nicht verstanden«. Am schlimmsten wäre aber wohl »Sie haben Ihren Namen so undeutlich ausgesprochen, dass ich ihn nicht verstehen konnte« ...

Behauptungen solltest du übrigens geschickt in Fragen verpacken: »Wissen Sie, wie viele Steuern Sie mit diesem Vertrag sparen können?« Oder: »Ist Ihnen schon aufgefallen, wie modern diese Jacke ist?« Du behauptest damit, die Jacke sei modern, obwohl du eigentlich danach fragst, ob dem Kunden das schon aufgefallen ist. So gibt es keine Zweifel: Die Jacke muss also modern sein! Und weil du sonst meistens offene Fragen stellst, fällt deinem Gegenüber gar nicht auf, dass du ihn diesmal gar nichts fragst, sondern etwas behauptest. Weißt du, wie geschickt das ist?

Ja, ja, ja!

Sogar von ganz kurzen Worten kann eine magische Zauberkraft ausgehen. Zum Beispiel vom Wörtchen »ja«! Immer, wenn sich innere Schweinehunde eine leckere Pizza, einen gemütlichen Fernsehabend oder eine entspannende Massage vorstellen, denken sie »Ja, ja, ja!« und sie freuen sich. Also kannst du das Wort »ja« verwenden, um ein gutes Gefühl auszulösen – vor allem beim Verkaufen.

Lass deinen Kunden also möglichst oft »ja« sagen oder denken! Zum Beispiel behaupte etwas, worauf man eigentlich nur »ja« sagen kann: »Der Preis ist wichtig« oder »Die Qualität muss stimmen«. Oder stell einfach ein paar passende Suggestivfragen: »Suchen Sie nach einem günstigen Preis und hoher Qualität?« Oder: »Möchten Sie etwas ganz Tolles haben?« Ja, natürlich! So machst du eine Klammer auf, die du nun elegant wieder schließen kannst: »Dann habe ich genau das Richtige für Sie!« Und weil dein Kunde jetzt schon in »Ja-Stimmung« ist, wird er dir gespannt zuhören und weiterhin gerne zustimmen.

Verkaufen am Telefon

Oft kann man seine Kunden nicht persönlich treffen. Also muss man sie anrufen und das Verkaufsgespräch am Telefon führen. »Am Telefon? Nicht mit mir!«, protestiert Günter. »Ich weiß zwar jetzt, wie man Marketing macht, eine Beziehung aufbaut und ein Produkt präsentiert. Aber fremde Menschen anzurufen, um ihnen am Telefon etwas zu verkaufen, geht mir zu weit!« Hat da wieder jemand Schwellenangst? Mensch, Günter!

Auch am Telefon sollst du natürlich niemanden über den Tisch ziehen. Vielmehr rufst du den Kunden an, um ihn schlauer zu machen und ihm zu helfen. Also nur keine Hemmungen: Nimm dir einen Block Papier und einen Stift! Dann schnapp dir das Telefon und wähle die Nummer deines Kunden – am besten natürlich dann, wenn dein Kunde gerade Zeit für dich hat und du ihn mit deinem Anruf nicht unnötig ärgerst. Sobald er sich gemeldet hat, schreibst du seinen Namen auf, damit du ihn nicht vergisst. Und dann geht es los: »Guten Tag, Herr Sonne! Mein Name ist Max Mond und ich bin Ihr Kundenberater bei der Firma Himmel AG. Unser Telefonat hat folgenden Grund: Wir sind spezialisiert auf Wind und Wetter, das heißt, Sie bekommen eine maßgeschneiderte Lösung für ... Ihre

Vorteile hierbei sind ...« Natürlich ersetzt du »Himmel« durch euren Firmennamen und »...« durch deine Verkaufsargumente. Wetten, dass dir dein Kunde jetzt zuhören will?

Der Gesprächseinstieg am Telefon

Natürlich hast du dich aufs Telefonat gut vorbereitet. Du hast dir alle Argumente aufgeschrieben und deine Begrüßung auswendig gelernt. Du sitzt bequem oder du stehst aufrecht, lächelst freundlich und hast viel Bewegungsfreiheit – sogar durchs Telefon spürt man nämlich deine Gestik und Mimik. Vielleicht stellst du dich dabei vor einen Spiegel? So kannst du dein Auftreten prima kontrollieren. Achte darauf, dass du angenehm klingst und deutlich sprichst! Pass dein Sprechtempo an die Sprechgeschwindigkeit deines Gesprächspartner an, und moduliere ab und zu deine Stimmlage! Und natürlich konzentrierst du dich auf das Telefonat und lässt alle Nebentätigkeiten bleiben.

Zu Gesprächsbeginn solltest du übrigens keine unnützen Fragen stellen, wie »Haben Sie einen Moment Zeit?« oder »Störe ich gerade?«. Wenn dein Kunde keine Zeit für dich hat, wird er es dir sagen – du brauchst es ihm nicht extra nahezulegen. Frag auch nicht gleich: »Hätten Sie vielleicht Interesse an meinem Produkt?« Wie soll dein Kunde denn wissen, ob er an etwas Interesse hat, von dem du noch gar nichts erzählen konntest? Vorsicht mit Verlegenheitsfragen und Floskeln:»Wie geht es Ihnen?« – »Gut, danke! Nur habe ich gerade keine Zeit für ein Telefonat.«

Der TIM-TAXIS-Gesprächseinstieg

Ein wahrer Großmeister telefonischer Kaltakquise ist der bekannte Verkaufs- und Verhandlungsexperte Tim Taxis. Um Ablehnung in telefonischen Akquisegesprächen zu vermeiden, empfiehlt er folgende Sequenz bei Telefonaten mit Entscheidern:

1. Entscheider geht ans Telefon: »Ja, hier Müller-Meier-Schulze.«
2. Sie: »Guten Tag, Herr Müller-Meier-Schulze, mein Name ist Günter Schweinehund von der Firma Keks. Grüß' Sie!« – Pause, um ebenfalls eine Begrüßung zu ermöglichen.
3. Entscheider: »Guten Tag.«
4. Sie: »Herr Müller-Meier-Schulze, darf ich gleich zum Punkt kommen?« – Der Entscheider bemerkt wohlwollend, dass ihm keine Zeit gestohlen werden soll.
5. Entscheider: »Ja, gerne.«
6. Sie: »Wir möchten Ihr zusätzlicher Kantinenlieferant werden. Aber nur, wenn es für Sie wirklich Sinn macht. Dazu habe ich eine kurze Frage.« – Der Entscheider hat es mit einem selbstbewussten Profi zu tun, der nur sinnvolle Geschäfte machen will. Dafür braucht er ein paar kurze Infos, die nicht wehtun.
7. Entscheider: »Ja, bitte.«
8. Sie: »Herr Müller-Meier-Schulze, wenn Sie an das Angebot in Ihrer Kantine denken, was ist Ihnen da wichtig? Worauf genau kommt es Ihnen an?« Oder: »Wenn Sie an einen neuen Lieferanten für Ihre Kantine denken, was muss dieser Partner können, damit es sich für Sie lohnt?« – Der Entscheider nennt nun einen bestimmten Aspekt, oft einen bislang noch nicht erfüllten.
9. Sie: »Und worauf kommt es Ihnen noch an?« Oder Sie vertiefen diesen Aspekt: »Wenn Sie sagen ... was wünschen Sie sich denn genau?« – Auch hier wiederum ist die Perspektive des Entscheiders gefragt, der in einen Einkaufsprozess geleitet wird, statt ihm einen Verkaufsprozess aufzudrücken.

REFLEXION

IHR EIGENER GESPRÄCHS-EINSTIEG

Hand aufs Herz:

Was bedeutet die Sequenz von Tim Taxis für Ihren Gesprächseinstieg am Telefon?

Welche Formulierung können Sie verwenden?

An welcher Stelle kommt bislang häufig Widerspruch?

Wie umgehen Sie ihn zukünftig?

Der Telefonprofi

Du hattest einen guten Gesprächseinstieg, und jetzt legst du los: Stell dein Produkt und seinen Nutzen vor, und sprich dabei wieder bildhaft in Metaphern, Visionen und Vergleichen! So entsteht der magische Sog sogar am Telefon. Und wenn dein Kunde etwas sagen will, hörst du ihm gut zu und machst dir Notizen. Notiere einfach alles, was wichtig sein könnte: Einwände, Namen, Fachausdrücke und Argumente. So kannst du später leicht darauf zurückgreifen.

Manchmal stellt sich heraus, dass dir dein Gesprächspartner selbst nicht weiterhelfen kann. Dann frag sofort nach dem richtigen Ansprechpartner! Notiere dir den Namen, und lass dich dann durchstellen! Wenn das nicht geht, kündige einen späteren Anruf an, und frag nach einem günstigen Zeitpunkt dafür! Wenn du einen Kunden übrigens das erste Mal anrufst, solltest du dich auf keinen Fall zurückrufen lassen, sonst versucht man vielleicht, dich abzuwimmeln. Nimm das aber nicht persönlich – schließlich kennt dich dein Kunde noch gar nicht! Und wenn man dich nicht zu deinem Gesprächspartner durchstellen will, greifst du einfach in die Trickkiste: »Verstehe ich Sie richtig? Sie entscheiden in Ihrer Firma selbst über ...?« So wirst du ganz schnell mit der richtigen Person sprechen.

5. Probleme?
PRIMA!

Wenn der Kunde nicht kaufen will

Wenn dein Kunde nichts kaufen will, kann das verschiedene Gründe haben: Vielleicht sprichst du ja immer noch mit der falschen Person? Möglicherweise macht sich dein Gegenüber nur wichtig und die Entscheidung trifft ein ganz anderer? Du solltest also elegant nachfragen: »Wie wird die Entscheidung denn genau getroffen?« So erfährst du, wer wirklich das Sagen hat. Und weil man eine Treppe am besten von oben kehrt, wendest du dich nun an die wirklichen Entscheider. Übrigens sollte man auch immer ein gutes Verhältnis zu (Chef-)Sekretärinnen haben. Denn meistens sind sie sehr nett, und sie können einem beim Treppensteigen helfen ...

Vielleicht hat dein Kunde auch gerade kein Budget? Oder ihm gefällt dein Produkt nicht? Oder dein Mitbewerber ist günstiger? Wie auch immer: Sei nicht traurig, sondern sieh es nüchtern. Ablehnung ist völlig normal. Manchmal soll es eben nicht sein – du willst schließlich niemanden zu etwas zwingen, was er nicht haben will. Frag aber trotzdem genau nach den Gründen! Vielleicht lässt sich ja doch noch etwas machen? Zum Beispiel wenn dein Kunde ein Einkaufsprofi ist.

Der Einkaufs-Profi

Wenn dein Kunde nicht gleich kaufen will, ist Günter schnell traurig. Dabei verfolgt der Kunde mit seiner Absage vielleicht eine Taktik? Es könnte ja sein, dass du es mit einem Einkaufsprofi zu tun hast, der dich absichtlich ein wenig zappeln lässt.
Vielleicht um dich später im Preis zu drücken?
Oder um irgendeinen anderen Bonus herauszuholen? Oder auch einfach nur,
weil es seinem inneren Schweinehund Spaß macht, wenn du ein
wenig in der Luft hängst? Also
gib nicht gleich auf!

»Ein Einkaufsprofi? Was ist
denn das?« Günter runzelt
die Stirn. Ganz einfach: Ein
Einkaufsprofi weiß genau,
was er braucht, was er haben
will und was er dafür ausgeben
möchte. Und bevor du ihm überhaupt dein Angebot machen darfst,
hat er sich längst über dich und dein Produkt schlaugemacht – denn er ist kritisch und
lässt sich nicht gerne beeinflussen. Daher kennt er auch
die üblichen Preise und Qualitäten und hat neben dir noch mindestens einen weiteren Anbieter im Rennen. Er kann also genau
vergleichen und sich eine fundierte Meinung bilden. Und weil der
Profi gerne ein Pokerface aufsetzt, lässt er dich nie wissen, wer in
seiner Gunst gerade vorne liegt: du oder dein(e) Mitbewerber. Beste
Voraussetzungen also, um weiter am Ball zu bleiben!

Der INFORMIERTE Kunde

Im Unterschied zu den Kunden früherer Zeiten, lassen sich heute die meisten Produktinformationen im Internet nachlesen. Viele Kunden sind bereits bestens über das gewünschte Produkt informiert, bevor sie überhaupt mit einem Verkäufer zusammentreffen.

Das hebt die Anforderungen an professionelle Verkäufer: Sie sind heute eher Partner des Kunden in den Modalitäten des Einkaufsprozesses als Produktpräsentatoren, die Kunden zum Kauf animieren sollen. Insofern geht es heute zumeist darum, sich den individuellen Anforderungen des Kunden zu widmen. Der kann sich ohnehin bereits vorstellen zu kaufen, sobald ein Kontakt zum Verkäufer besteht – sonst bestünde der Kontakt meist überhaupt nicht.

Das bedeutet: Die Aufgabe des Verkäufers besteht heute vor allem darin, möglichst viele künstlichen Einkaufshürden zu entfernen, die den individuellen Bedürfnissen des Kunden zuwiderlaufen. Sobald etwas zu umständlich ist, zu lange dauert, nicht intuitiv genug abläuft oder den Kunden gar ärgert, ist er schnell wieder fort. Woanders sind die Verkäufer eben pfiffiger!

Die Fähigkeiten und Kommunikationswerkzeuge des Verkäufers sind heute also noch viel wichtiger als zu Zeiten geringerer Markttransparenz! Ein schönes Bonmot sagt: Wir verlieren heute keine Kunden an bessere Produkte, sondern an bessere Verkäufer.

REFLEXION

Hand aufs Herz: Beantworten Sie folgende Fragen
so ehrlich wie möglich!

*Welche Möglichkeiten haben Ihre Kunden, sich über Ihr
Produkt zu informieren?*

Nutzen Sie selbst diese Möglichkeiten auch?

*Kam es bereits einmal vor, dass ein potenzieller Kunde mehr
über Ihr Produkt wusste als Sie?*

Wie kann so etwas passieren?

Was tun Sie, damit das nicht wieder geschieht?

Nicht unterkriegen lassen!

Lass dich nicht unterkriegen! Bei irgendwem muss dein Kunde schließlich kaufen – also warum nicht bei dir? Und wenn dir ein Kunde mal sehr kritisch erscheint, ist er bestimmt auch deiner Konkurrenz gegenüber kritisch. Weil aber jeder nur mit Wasser kocht – auch deine Mitbewerber –, kann jeder beim Verkaufen Fehler machen. Also ist es ganz egal, wenn es zwischenzeitlich mal nicht so gut läuft: Was zählt, ist nur das Ergebnis! Steck daher nicht den Kopf in den Sand, sondern frag deinen Kunden, warum er noch zögert! Hör ihm gut zu und denk dich dann in seine Position hinein! Und zeig dafür Verständnis: Schließlich muss der Wurm dem Fisch schmecken und nicht dem Angler!

Stell jetzt aber auf keinen Fall negativ formulierte Fragen, die wie Feststellungen klingen: »Sie haben also wirklich kein Interesse?« Dein Kunde würde sich nur selbst einmauern: »Genau. Ich habe wirklich kein Interesse!« So könntest du wirklich, wirklich, wirklich nichts mehr verkaufen. Heute nicht und morgen auch nicht.

Eine Frage der Motivation?

Manche Kunden müssen erst eine Weile überlegen, bevor sie sich zum Kauf entscheiden. Deshalb ist es schade, wenn Günters Motivation zu früh schlapp macht. Obwohl noch gar nichts verloren ist, will Günter schon aufgeben – und dein Kunde kauft vielleicht woanders. »Woher nimmst du nur deinen Optimismus?«, wundert sich Günter. »Wer soll dich denn motivieren, wenn dein Kunde nicht kauft? Dein Chef wird bestimmt sauer sein!« – Typisch innerer Schweinehund!

Innere Schweinehunde wollen für jede kleine Anstrengung immer gleich belohnt werden. Also muss man ihnen gut zureden und sie ab und zu mal streicheln, damit sie motiviert sind. Aber sobald sie ihre Belohnung bekommen haben oder mal eine etwas größere Schwierigkeit auftaucht, geben sie sofort wieder auf: Sie legen sich faul auf die Couch und warten auf eine noch größere Belohnung, damit sie wieder einen Grund sehen, sich ein bisschen anzustrengen. Leider wirken solche Belohnungen aber immer nur kurzfristig, und schon bald bewegen sich innere Schweinehunde überhaupt nicht mehr! Trotz aller Lobhudelei.

Motivation von außen

Manche Menschen brauchen also zur Motivation immer einen äußeren Anreiz: ein Dankeschön, ein dickes Lob oder irgendein ein anderes Bonbon – sonst rührt ihr innerer Schweinehund keine Pfote. Andere Menschen dagegen brauchen oft einen Tritt in den Hintern. Erst unter Druck können sie sich zur Arbeit aufraffen. Und egal ob Kunde, Chef oder Terminkalender: Irgendwer wird den Druck schon machen. Ganz anders ist das bei erfolgreichen Menschen: Sie lassen sich nicht von anderen motivieren, sondern sie motivieren sich selbst! »Sich selbst motivieren?« Günter schaut ungläubig. »Wie soll das denn gehen?« Ganz einfach: mit den richtigen Zielen!

»Ziele?«, wundert sich Günter. »Wieso Ziele?« Weil Ziele bestimmen, in welche Richtung man geht! Denn erst wenn man etwas Bestimmtes erreichen will, kann man sich zielstrebig darauf zubewegen, und man ist selbst dann noch motiviert, wenn es mal etwas schwieriger wird. Also: Was willst du beim Verkaufen erreichen? Willst du einen bestimmten Umsatz schaffen? Oder bald befördert werden? Oder willst du in aller Ruhe von neun bis fünf arbeiten und jeden Monat dein Geld aufs Konto kriegen? Wie dem auch sei, wichtig ist, dass du dir deine Ziele klarmachst! Apropos: Welche Ziele hat eigentlich deine Firma? Und passen die Ziele deiner Firma auch zu deinen eigenen Zielen?

Deine Ziele

Ohne Ziele weiß dein innerer Schweinehund nicht, warum er arbeiten soll. Also liegst du faul herum und bist ständig deprimiert – du führst ein ödes Leben ohne Plan. Und falls Günter zwar arbeitet, aber dabei ständig nur herummotzt, passen deine Ziele vielleicht nicht zu dir. Also such dir bessere Ziele! Vielleicht brauchst du sogar einen anderen Job, der dir mehr Spaß macht!?

Gute Ziele sollten übrigens realistisch sein und sich irgendwie messen lassen können. Nur so kannst du sie nämlich verwirklichen und weißt auch immer, wie du gerade im Rennen liegst. Außerdem sollten gute Ziele möglichst groß und schön sein, und man sollte sie nur langfristig erreichen können: die Marktführerschaft, finanzielle Sicherheit oder das perfekte Produkt. Denn je größer das Ziel ist und je besser es zu dir passt, desto stärker wird dein Drang werden, das Ziel auch zu erreichen. Stell dir deine Ziele deshalb auch immer möglichst bildhaft vor! Wie schön wird es wohl sein, wenn du endlich angekommen bist? Und falls du mal Angst vor der eigenen Courage hast, dann sprich dir Mut zu: »Günter, das schaffst du schon!« Lob dich für das, was du gut gemacht hast, und sei nicht allzu streng mit dir, wenn etwas danebenging – beim nächsten Mal wird es schon klappen!

Der ZIELE-KOMPASS

Haben Sie denn schon einmal Ziele erreicht? Oder bereits welche verfehlt? (Verfehlen Sie sie vielleicht sogar immer?) Dann denken Sie jetzt mal an ein Ziel, das zu erreichen Ihnen immer wieder schwerfällt. Und dann folgen Sie bitte vorurteilsfrei meinen nächsten Ausführungen.

Der gute alte Kompass

Wissen Sie noch, was ein Kompass ist? Die Älteren werden sich erinnern: Das sind die Dinger, bevor es Navis gab. Nun sagen Motivationsfuzzies wie ich immer, man solle sich Ziele setzen, damit man immer genau weiß, wo es langgeht. Die Kompassnadel zeigt in Richtung Ziel und wir haben eine Orientierung unterwegs.

Einfaches Beispiel: Haben Sie schon mal eine Diät gemacht? Dann könnte Ihr Ziel dabei sein: »Fünf Kilo müssen runter!« Minus fünf Kilo, das ist also Ihre Kompassnadel. Ganz ehrlich: Macht so etwas Spaß? Nein? Warum nicht? Weil man sich ständig am Riemen reißen muss: »Kein Bier! Keine Pizza! Keine Pommes! Kein Kuchen!« Und die Pizza sagt: »Iss mich!« Sie haben eine heftige Zeit. Sie würden Kindern am liebsten ihr Eis klauen. Doch Sie sind diszipliniert – und irgendwann am Ziel. Minus fünf Kilo. Geschafft. Und was ist jetzt das Nächste, was passiert? Die Pizza sagt immer noch »Iss mich!«, und Sie sagen »Okay! Endlich wieder normal essen«. Und dann? Fünf Kilo runter, sechs Kilo rauf, hallo Jo-jo-Effekt. Auch benannt nach Joschka Fischer ...

Sie haben dank der Kompassnadel Ihr Ziel erreicht – und dabei Ihr eigentliches verfehlt: Kein normaler Mensch will abnehmen! Kein normaler Mensch will sich das Leben durch Zahlen vorschreiben lassen! Wir wollen schlank sein, uns gut fühlen, gut aussehen.

Gewohnheiten sind stärker als Ziele

Doch was müssen wir dafür tun? Uns Gewohnheiten beibringen, die uns ein schlankes Leben bescheren: weniger Süßkram, mehr Gemüse, mehr Wasser statt Limo oder Bier. Regelmäßig Sport machen – und zwar dauerhaft. Diese Art zu leben muss unsere zweite Natur werden. Dann erreichen wir unser Zielgewicht – ohne es vorher zwangsläufig definiert haben zu müssen!

Daher, Achtung, was wäre, wenn es neben den Zielen eine zweite Kompassnadel gäbe, die uns Orientierung gibt: nämlich unsere Gewohnheiten, Strukturen, Routinen? Nennen wir die mal unseren »Weg«. Also was ist, wenn die Weg-Kompassnadel in eine andere Richtung zeigt als die Ziel-Kompassnadel? Welche gewinnt langfristig? Klar: Die Ziele haben keine Chance. Vielleicht laufen wir mal kurzzeitig in ihre Richtung. Dann aber gewinnen die Gewohnheiten. Also scheint das mit den Zielen nicht zwangsläufig zu funktionieren. Man erreicht sie meist nur, wenn sie entlang des Weges stehen, den wir ohnehin gehen ...

Unter solchen Umständen aber braucht man Ziele nicht einmal! Sie werden nebenbei erreicht. Und hinterher tut man gerne so, als habe man absichtsvoll gehandelt. Kennen Sie sicher auch aus anderen Bereichen Ihres Lebens: aus dem Sportverein, der Familie, Ihrer Firma. Wer sich Gewohnheiten in den Weg stellt, hat in der Regel keine Chance. Aber trotzdem wird immer irgendetwas erreicht. Irgendetwas, das man ohnehin erreicht hätte.

108

Die dritte Kompassnadel: der Sinn

Wie geht es besser? Indem man zuerst über eine dritte Kompassnadel nachdenkt, die noch wichtiger ist als Weg und Ziel: der Sinn dessen, was wir tun oder tun wollen! Denn wir Menschen sind sinngetriebene Wesen. Wir müssen verstehen, wozu wir etwas tun sollen, wenn wir es wirklich langfristig tun wollen. Und wir müssen uns mit diesem Sinn identifizieren.

Wenn der Sinn hingegen noch mal in eine ganz neue, also dritte Richtung geht, sind Chaos und Konflikte perfekt. Sollen Sie nun hierhin, dorthin oder dahin? Der Kompass wird unbrauchbar.

Zur Diät zurück. Ziel: minus fünf Kilo. Weg: fressen, was reingeht. Weil Sinn: »Ich bin halt ein Genussmensch.« Sorry, das geht so nicht zusammen.

- Wenn überhaupt, muss man zuerst über den Sinn nachdenken: »Ich will mich gut fühlen, schlanker sein und trotzdem genießen.«
- Dann überlegt man sich, wie das praktisch in eine dauerhafte Gewohnheit zu packen ist, also den Prozess, den Weg: »Ich esse mehr hiervon als davon, darf aber prinzipiell alles essen.«
- Nun sind langfristig gute Ergebnisse erreichbar, also langfristige gute Ziele, keine kurzfristigen schlechten, die sofort wieder ins Gegenteil umschlagen.

Verstehen Sie? Alle drei Kompassnadeln müssen in ein und dieselbe Richtung zeigen! Dann erreichen Sie Ihre Ziele. Alles fängt aber beim Sinn an: Er ist die wichtigste der drei Kompassnadeln. Dann folgt der Weg und am Ende schließlich das Ziel.

REFLE**X**ION

IHRE EIGENEN ZIELE

Gehen Sie doch mal in Ruhe Ihre wichtigsten derzeitigen Projekte durch – und sortieren Sie sie nach Sinn, Weg und Zielen:

Was steht derzeit an im Job, in der Familie, beim Thema Gesundheit, in Finanzsachen und so weiter?

Wozu wollen Sie tun, was zu tun ist?

Welche Gewohnheiten und Abläufe sollten Sie also entwickeln? Und welche Ziele können Sie daraus ableiten?

Analog machen Sie es nun beim Thema Verkaufen:

Was für Verkaufsziele stehen an? Passen diese auch zum Zielekompass?

Was ist der eigentliche Sinn Ihres Unternehmens? Worin bringen Sie die Menschheit weiter? Wozu gibt es Ihre Produkte? Wer profitiert davon? Wie?

Welche Prozesse und Gewohnheiten sollten Sie entwickeln, um diesem Sinn bestmöglich zu dienen? Was für ein Mensch müssen Sie dafür werden? Was für eine Organisationsform wäre hilfreich?

Welche konkreten Handlungsschritte folgen daraus? Welche Ziele können Sie entlang des Weges erreichen?

Die richtige Strategie

Wenn deine Ziele klar sind, brauchst du nun eine Strategie, wie du sie möglichst gut erreichst. Mach dir also einen Plan: Was willst du bis wann schaffen? Dein Plan sollte nicht zu lasch sein, dich aber auch nicht überfordern – die besten Leistungen bringt man nämlich, wenn man seine Kräfte gut einteilt. Und dann fang einfach mit der Arbeit an: Beweg dich Schritt für Schritt auf dein großes Ziel zu und konzentriere dich dabei immer nur auf die Aufgabe direkt vor dir! So hast du lauter kleine Zwischenerfolge, über die du dich immer wieder freuen kannst. Du fühlst dich prima, kommst deinem Ziel jeden Tag näher und brauchst weder Lob noch Tadel – du bist dein eigener Chef. Und selbst, wenn es mal nicht so gut läuft: Solange die Richtung stimmt, ist der Weg dein Ziel.

Übrigens: Manche Schweinehunde beten einem immer vor, was man alles tun sollte, tun könnte oder tun müsste. Und dann vergessen sie gerne, ihren großen Worten Taten folgen zu lassen. Wie dumm! Denn oft werden Gedanken zu Worten, Worte zu Taten und Taten zur Gewohnheit. Deshalb haben deine Gedanken viel Macht über dich. Also achte darauf, was du denkst! Und wenn du deine Gedanken in Worte fasst, dann sag nur, was du meinst, meine, was du sagst, und mach, was du gesagt hast! So wirst du auch wirklich alles tun, was du tun sollst, tun kannst und tun musst. Alles klar, Günter?

Probleme? Her damit!

Schlechte Verkäufer jammern gerne über äußere Umstände: die dummen Kunden, das miese Horoskop oder die schwache Konjunktur. Gute Verkäufer suchen lieber bei sich selbst nach Fehlern: Ist mein Service gut? Stimmt der Preis noch? Ist die Qualität in Ordnung? Und dann wollen sie sich so schnell wie möglich verbessern.

Denn es bringt nichts, auf bessere Zeiten zu warten: Die Schnellen besiegen die Langsamen und die Kreativen die Verharrenden. Das war schon immer so und wird auch immer so bleiben. Denn alles im Leben verändert sich – ständig! Und wir Menschen sind entweder unbeweglich, beweglich oder wir bewegen uns. Aber nur wer sich bewegt, kann auf Veränderungen reagieren, sich anpassen und Neues lernen. Es kommt also nicht darauf an, wie gut du bist, sondern darauf, wie gut du sein willst. Entwickle dich deshalb ständig weiter!

Du siehst schon: Deine innere Einstellung ist sehr wichtig. Denn während sich die einen gerne als Hürdensucher betätigen, wollen die anderen lieber Pfadfinder sein. So tragen sie dazu bei, Probleme zu lösen, anstatt zu einem Teil der Probleme zu werden. Das verschafft ihnen Erfolge, die wiederum weitere Erfolge nach sich ziehen – alles als Resultat deiner Einstellung!

Einwände? Danke!

Oft ist es sogar gut, wenn nicht alles zu glatt läuft – zum Beispiel, wenn dein Kunde Einwände hat: »Lieber Verkäufer, mit einer Sache bin ich noch nicht einverstanden ...« Wenn Einwände nämlich berechtigt sind, kannst du auf sie reagieren und dich verbessern: »Lieber Kunde, vielen Dank für Ihren Hinweis!« Und wenn sie falsch sind, kannst du die Einwände entkräften: »Lieber Kunde, gut dass Sie das ansprechen ...« Es wäre viel schlimmer, wenn dein Kunde einfach sagen würde »Ich überlege es mir ...« und dann nie wiederkäme! So aber teilt er dir ehrlich seine Bedenken mit. Also will er zwar kaufen, braucht aber vorher noch Informationen oder etwas Zeit. Nimm deswegen Einwände niemals persönlich! Sie können dir nur helfen.

Am besten spielst du vor dem Kauf in Gedanken schon mal alle Gesprächssituationen durch. Was passiert bei dieser und jener Gesprächswendung? Wie wirst du reagieren? Was wirst du sagen? Und dann findest du Lösungen für die häufigsten Einwände: kein Interesse, keine Zeit, kein Geld. Oder fallen Günter noch andere Einwände ein?

Der sanfte Widerspruch

Auch wenn du anderer Meinung bist als dein Kunde, solltest du ihm nicht allzu heftig widersprechen. Am besten kompensierst du seine Einwände in drei Schritten. Erster Schritt: Zeig Verständnis! Bestätige deinen Kunden oder lobe ihn sogar! »Gut, dass Sie das ansprechen. Ich verstehe Ihre Bedenken voll und ganz.« Zweiter Schritt: Leite elegant zu deiner Antwort über und begründe sie! »Und auf der anderen Seite haben Sie sicher schon bemerkt, dass ...« Dritter Schritt: Hol dir für dein Gegenargument eine Bestätigung! »Sehen Sie das nicht auch so?«

Du kannst Einwände auch mit ein paar Rhetorikkniffen abfedern: »Gut, dass Sie das ansprechen. Gerade weil es so ist, kann man auf der anderen Seite ...« Oder: »Sehen Sie, genau das wollte ich gerade ansprechen. Nur wenige wissen nämlich, dass man auch ...« Und dann kommen deine Gegenargumente. Manche Einwände sind sogar nur Scheineinwände, weil der Kunde gar nicht kaufen will. Also fragst du ihn einfach: »Was schlagen Sie stattdessen vor?« Und kritische Punkte solltest du ganz von selbst ansprechen. So merkt dein Kunde nämlich, dass du es ehrlich mit ihm meinst.

ÜberZEUGEN

oder

ÜberREDEN?

Oft machen wir ja den Fehler, andere zu unserer Ansicht überreden zu wollen. Schlauer aber wäre es, zu überzeugen.

Wo liegt der Unterschied?

- Beim Überreden will man dem anderen seine Meinung überstülpen, die Kommunikation ist im Kern ichbezogen: »Ich will, dass du XY genauso siehst wie ich!« Und dann wundert man sich, wenn das der andere nicht will ...
- Beim Überzeugen hingegen geht es darum, dass sich ein anderer »von sich aus« einer Meinung anschließt. Im Kern geht es also um die Sichtweise des zu Überzeugenden: »Du kannst XY auch so sehen, dass ... Folgende Gründe sprechen dafür: erstens, zweitens, drittens, ...«

Womit wir auch schon bei einem der wesentlichen Unterschiede zwischen überreden und überzeugen wären: den Gründen, sich einer Meinung anzuschließen. Diese sind beim Überzeugen nämlich viel wichtiger.

Wichtige Frage: Aus welchem Grund?

Ein Beispiel: Sie stehen am Postschalter in der Schlange. Da drängelt sich ein junger Mann vorbei mit den Worten: »Entschuldigung, darf ich? Vielen Dank.« Wie geht es Ihnen dabei? Vermutlich fragen Sie sich, was dem Kerl einfällt. Schließlich müssen Sie ja auch anstehen.

Nun Variante zwei: Der junge Mann drängelt sich wieder an Ihnen vorbei.

Nur begründet er es dieses Mal: »Entschuldigung, darf ich? Meine Mittagspause ist gleich vorbei.« Was denken Sie nun? Vermutlich: »Der Kerl hat es eilig, also drücke ich mal ein Auge zu.« Sie arrangieren sich damit, ja, Sie fühlen sich sogar ein wenig besser als zuvor, weil Sie einem anderen Menschen geholfen haben. Sie sind überzeugt.

Merken Sie den Unterschied? Allein die Nennung eines Grundes genügt zumeist, damit wir uns einer anderen Position anschließen (wollen). Lustig dabei: Es ist sogar ziemlich egal, ob wir den Grund wirklich nachvollziehen können! Im Falle des Dränglers hätten es alle möglichen »Gründe« sein können, um uns friedlich beiseitetreten zu lassen: »Entschuldigung, darf ich? Mein Strumpf hat ein Loch.« Oder: »Ich bin Lehramtsstudent.« Oder: »Der Tag ist wunderschön.« Unsere Reaktion wäre bestenfalls ein »Hä? Was hat der gesagt?« gewesen. Aber wir hätten ihn brav vorbeigelassen. Wir hätten darauf vertraut, dass seine Gründe für ihn sehr wichtig sind – egal, ob wir sie nachvollziehen können oder nicht. Wir wären immer noch überzeugt.

Die liebe Konkurrenz

Günter hält sich gerne für den Mittelpunkt der Welt. Dabei kauft dein Kunde vielleicht lieber woanders? Zum Beispiel bei deiner Konkurrenz. »Konkurrenz? Pfui Teufel!« Günter ärgert sich. Am liebsten hätte er alle Kunden der Welt nur für dich allein. Dabei ist deine Konkurrenz möglicherweise billiger, besser oder netter als du. Also warum nur bei dir einkaufen? Auch wenn es Günter gerne hätte: Der Mittelpunkt der Welt bist du wirklich nicht.

Du hast also Konkurrenz? Dann nimm es sportlich: Möge der Bessere gewinnen! Am besten bringst du alles Wichtige über deinen Mitbewerber – »Konkurrent« hört sich so despektierlich an – in Erfahrung: Ist er billiger, besser oder netter als du? Oder hat er gute Beziehungen in die Chefetagen? Nun, das kann man alles ändern: »Wir haben schon einen festen Lieferanten.« – »Wie würde Ihr Lieferant wohl reagieren, wenn Sie ein noch besseres Angebot bekämen?« – »Er würde vielleicht seinen Preis senken oder uns noch mehr anbieten.« – »Sehen Sie, dann darf ich Ihnen jetzt bestimmt mein Angebot unterbreiten?« Übrigens: Mach deine Mitbewerber vor den Kunden niemals schlecht! Das ist nicht fair und macht dich unsympathisch.

Es lebe die KONKURRENZ!

Manche Menschen fürchten sich ja vor Konkurrenz. Und liegen damit ziemlich daneben. Denn:

- Entweder brauchen wir uns nicht zu fürchten, weil wir selbst gut sind. Dann ist der vermeintliche Konkurrent eher ein legitimer Mitbewerber, mit dem wir gemeinsam hohe Standards definieren, uns gegenseitig weiterbringen können und dem eigenen Markt guttun.
- Oder aber die Konkurrenz ist besser als wir, sodass wir darin statt eines eingebildeten Feindes eher ein Feedback sehen sollten – der Mitbewerber zeigt uns, was wir noch zu tun haben, um nach oben zu kommen. Er zwingt uns dazu, uns weiterzuentwickeln. Und demnach ist nicht unser Konkurrent schuld, dass wir (noch) zu schlecht sind. Wir sind es selbst, die in der Pflicht stehen – auch wenn diese Erkenntnis nicht immer angenehm ist.
- Möglichkeit Nummer drei ist natürlich, dass wir besser sind als unsere »Konkurrenten«. Dazu weiter unten mehr.

Insofern freue ich mich über »Konkurrenz«. Ich sehe sie als Möglichkeit und Anlass zum eigenen Wachstum. Und ich bin überzeugt: Sie sollten das auch tun! (Und ich hoffe, die meisten von Ihnen tun es bereits!?)

Selbstbewusstsein und Überflussmentalität

Freilich aber brauchen wir für so eine konstruktive Sichtweise zwei Voraussetzungen: Einerseits benötigen wir genügend Selbstbewusstsein, um den

Tatsachen ins Auge sehen zu wollen und zu können. Wir müssen uns unserer selbst bewusst sein wollen: Sind wir wirklich so gut, wie wir denken? Wo sind wir besser und wo schlechter als die anderen?

Für ein solches Selbstbewusstsein sind ein paar Voraussetzungen hilfreich: etwa bereits ein paar Erfahrungen gemacht zu haben (auch mit schmerzlichen Niederlagen). Oder über die grundsätzliche Bereitschaft zur Selbstreflexion zu verfügen, genauso wie über die Bereitschaft zum persönlichen Wachstum. Also einen gewissen Hunger zu haben, besser werden zu wollen. Natürlich hilft auch ein gesundes Selbstvertrauen, das uns sogar negatives Feedback als Chance auf Wachstum sehen lässt. So entsteht die innere Stärke, die Konkurrenz willkommen heißen lassen kann, anstatt sich wie ein hilfloses Kind vor ihr zu fürchten.

Außerdem erübrigt sich das Gefühl von vermeintlicher Schwäche, wenn wir tun, was wir wirklich gerne tun. Wenn wir also unsere Handlungen selbst als Spiel, Leidenschaft, Spaß oder als etwas in sich Sinnhaftes verstehen. So kann Feedback der Außenwelt zwar bei der Orientierung helfen – muss es aber nicht zwangsläufig: Wieso soll die Außenwelt zum Maßstab für einen selbst werden?

Andererseits brauchen wir, um Konkurrenz zu mögen, eine gewisse Überflussmentalität. Wir dürfen unsere Welt nicht als einen Ort voller Knappheiten verstehen, sondern eher als ein unerschöpfliches Reservoir von Möglichkeiten. Ich bin überzeugt: Es gibt ohne Ende gute Ideen, Menschen, Märkte, Geld, Gelegenheiten! Nur hält uns leider oft der Mangelgedanke davon ab, die vielen Möglichkeiten zu nutzen: Lieber das Bekannte berechnen, als das Unbekannte ausprobieren. Lieber im Gewohnten verharren, als sich im Neuen bewegen. Lieber der Spatz in der Hand – es könnte auf dem Dach keine Taube sein.

Lustigerweise allerdings ist es gerade die Überflussmentalität, die unser aller Leben weiterbringt. Der Glaube daran, dass wir »Bewährtes« nicht beschützen müssen, sondern es – im Gegenteil! – immer wieder auf den Prüfstand stellen und mit Neuem vergleichen müssen. Genau deshalb entwickelt sich unsere Welt ständig weiter. Deshalb können wir mit dem Telefon heute Filmchen drehen. Deshalb können sich Informationen heute von einem Moment auf den anderen rund um den Globus verteilen. Deshalb finden Revolutionen statt. Deshalb können wir ernsthaft Alternativen zur Atomenergie vorantreiben. Deshalb können wir mit nur einem einzigen Seminar zum Nichtraucher werden, obwohl das noch längst nicht jede Krankenkasse begriffen hat.

Überfluss bringt uns alle weiter

Und genau deshalb gibt es auch keine Konkurrenz auf der Welt, sondern nur ein ganz natürliches Nebeneinander von Unterschiedlichkeiten, das sich zwar hin und wieder in die Quere kommt, aber sich im Grunde ständig gegenseitig befruchtet. Also: Konkurrenz? Ja, bitte! Unbedingt!

Falls Sie (oder Ihre Firma, Familie, Beziehung etc.) also unter einer Konkurrenzsituation leiden, sollten Sie sich fragen, ob Sie statt des engen Fokus Ihres Du-oder-ich-Blicks nicht eher innehalten sollten. Gibt es etwas, das Sie übersehen? Wo ist eine Ressource, die Sie (noch) nicht nutzen? Sollten Sie vielleicht etwas Altes loslassen, weil es längst nicht mehr »altbewährt« ist, son-

dern fast schon mumifiziert? Welchen Überfluss wollen Sie nicht sehen, weil Sie nur auf die versiegende Quelle starren?

In diesem Sinne: Betrachten wir Konkurrenz, Mitbewerber, Wettstreit – oder wie immer wir es nennen wollen – stets als Geschenke des Lebens! Nehmen wir sie dankbar, erwachsen und eigenverantwortlich an – und machen wir damit den Kuchen für uns alle größer, anstatt wie hypnotisiert nur den Schnittwinkel unseres persönlichen Kuchenstücks verteidigen zu wollen!

Konkurrenz in meiner Branche

An dieser Stelle ein sehr konkretes Beispiel für eine fruchtbare Zusammenarbeit unter »Konkurrenten«: Wie Sie sicher wissen, herrscht in meinem Markt der Trainer, Redner, Coaches, Consultants und Autoren nicht unbedingt ein Mangel an Angeboten. Im Gegenteil: Manchmal muss ich wirklich darüber schmunzeln, wie viele es von uns gibt. Infolgedessen könnte ich mich darüber freuen, zu den »Erfolgreichen« zu gehören und mich für mein Ego ständig mit »weniger Erfolgreichen« vergleichen: »Super, ich bin besser als der da oder die da!« Was wäre das für eine blödsinnige und lächerliche innere Haltung! Denn wie Sie sicher auch wissen, arbeite ich regelmäßig mit den Besten der Branche zusammen und empfehle meine Kollegen auch ständig an meine Kunden.

Warum? Klar: weil ich meine Benchmark möglichst weit oben ansiedle. So fühle ich mich ständig gefordert und gefördert, denn meine guten Kollegen haben die gleiche Einstellung. So können wir gemeinsam wachsen und ständig besser werden. Auch meine Top-Kollegen empfehlen mich – was sie übrigens nur tun, weil ich ihren Standards genüge.

GEDANKENtanken.com – für alle

Um dieser Haltung auch eine unternehmerische Form zu geben, habe ich 2012 die Plattform GEDANKENtanken.com gegründet, auf der hervorragende Trainer, Speaker und Coaches Menschen und Organisationen inspirieren und weiterbringen. Bei unseren Rednernächten und zahlreichen Seminaren geht es nicht darum, mich selbst in den Vordergrund zu stellen, sondern die vielen tollen Kollegen, die ebenfalls wichtige Dinge zu sagen haben. Mit der Zeit entsteht so ein buntes Portfolio unserer vielen Inhalte, welches wir sogar kostenfrei auf Hunderten YouTube-Videos und Podcasts zur Verfügung stellen – und so den Markt für uns alle vergrößern.

120

Ein Nein ist kein Nein!

Oft ist ein Nein auch gar kein Nein, sondern bedeutet eigentlich »vielleicht später« oder »unter anderen Voraussetzungen«. Vielleicht muss dein Kunde ja noch mal drüber schlafen? Oder er will sich mit seinem Lebensgefährten, seinem Chef oder seiner Sekretärin besprechen? Oder er muss auf irgendetwas anderes warten? Also gib nicht gleich auf, wenn dein Kunde nicht sofort kauft! Vielleicht sieht das schon bald ganz anders aus? Günter wird leider sehr schnell pessimistisch, denn er kennt das Gesetz der Quote nicht: Je mehr Versuche man braucht, desto wahrscheinlicher hat man beim nächsten Mal Erfolg! Hast du schon mal einen Sechserpasch gewürfelt? Das kann jeder – obwohl man dafür meist ein paar Würfe braucht.

Also, egal wie schwierig das Verkaufen erscheint: Mach auf jeden Fall weiter! Manchmal stolpert man, muss warten oder nimmt sogar einen Umweg. Wenn man sich vorher aber so richtig ins Zeug gelegt hat, macht der Erfolg hinterher doppelt so viel Spaß!

6. Kleine
TRICKS

Die Argumentationsstrategie

Unter Umständen musst du ein wenig in die Trickkiste greifen, um deine Kunden zu überzeugen: Du brauchst eine gute Argumentationsstrategie! Das bedeutet, dass du dir überlegen solltest, welche Argumente du wann und in welcher Reihenfolge sagst. Eine sehr gute Strategie ist zum Beispiel die Reihenfolge »SPIN«. »S«, »P«, »I« und »N« stehen für »Situation«, »Problem«, »Implikationen« und »Notwendigkeit«.

Stellen wir uns doch mal vor, du willst einen Kunden mit der »SPIN«-Reihenfolge dazu bringen, Obst und Gemüse zu kaufen. Situation: Du erklärst zuerst, wie wichtig gesundes Essen ist. Problem: Leider ernähren sich die meisten Menschen zu ungesund – sie essen zum Beispiel zu wenig Obst und Gemüse. Implikationen: Dabei riskieren sie fiese Krankheiten wie Dia-

betes, Arteriosklerose oder Bluthochdruck. Notwendigkeit: Dein Kunde sollte sich also gesünder ernähren – zum Beispiel mehr Obst und Gemüse essen! Und weil du alles so schön hergeleitet hast, füllt sich der Einkaufskorb nun mit Äpfeln, Gurken, Möhren, Orangen, Paprika ... Die »SPIN«-Reihenfolge kannst du übrigens fast immer anwenden, wenn du jemanden von etwas überzeugen willst. Dein Gespräch bekommt eine gute Dramaturgie und das Überzeugen fällt dir leichter.

Erst geben, dann nehmen!

Dein Kunde ist immer noch nicht überzeugt? Dann sollte er dein Produkt am besten erleben. Lass es ihn also testen! Schließlich glaubt man sich selbst immer mehr als fremden Worten. Und wer dein Produkt einmal erleben durfte, der weiß danach genau, was er in Zukunft haben will: einen super Service, die neueste Technik oder ein tolles Gefühl. Also musst du dem Kunden zuerst etwas geben, damit du anschließend wieder etwas nehmen kannst. Erst geben, dann nehmen – eine schlaue Verkaufsstrategie!

Du kannst deinem Kunden sogar eine Kleinigkeit schenken: ein paar Probeexemplare, Freikarten, Rabatte oder was immer dir Nettes einfällt. Innere Schweinehunde haben nämlich von klein auf gelernt, dass man sich für Geschenke revanchieren sollte. Wenn du also etwas verschenkst, wird dein Kunde nett zu dir sein wollen – sonst bekäme er nämlich ein schlechtes Gewissen. Also wird er im Gegenzug bei dir kaufen! Und weil er dann schon mal dein Kunde ist, wird er auch gerne weiterhin bei dir kaufen. Also erst geben, dann nehmen, und gleich noch mal nehmen.

Einmal ist immer

Bis wir eine Kaufentscheidung treffen, überlegen wir manchmal lange hin und her. Hinterher hoffen wir, dass unsere Entscheidung richtig war. Also plappert uns Günter nach dem Kauf gerne jede Menge Rechtfertigungen vor: »Gut, dass du das Fahrrad gekauft hast! Es hat nämlich eine moderne Gangschaltung, ein tolles Design, einen bequemen Sattel ...« Und so weiter. Günter wiederholt all die guten Gründe, und wir werden uns unserer Sache immer sicherer: Bestimmt haben wir das Richtige getan!

Innere Schweinehunde sind Gewohnheitstiere. Wenn sie sich einmal auf eine bestimmte Weise entschieden haben, entscheiden sie sich beim nächsten Mal meist genauso. Wenn dein Kunde also schon einmal bei dir gekauft hat, muss er in Zukunft nicht mehr lange überlegen – schließlich hat sein innerer Schweinehund schon lauter gute Gründe für dich gesammelt. Er kauft also auch das nächste Mal bei dir, das übernächste Mal und das überübernächste Mal – dein Kunde wird zum Stammkunden. Warum sollte er sich auch einen neuen Verkäufer suchen? Er ist von dir überzeugt und will seine Überzeugung nicht mehr infrage stellen. Also muss dein Kunde eigentlich nur ein einziges Mal bei dir einkaufen! Dann klappt jedes weitere Mal viel leichter.

Die Meinung anderer Leute

»Okay, okay«, sagt Günter. »Motivation, richtiges Sprechen, Produktproben oder Geschenke. Und wer einmal dein Kunde ist, der wird auch in Zukunft dein Kunde bleiben.« Günter hat begriffen. Braver Schweinehund! Er denkt aufmerksam mit, obwohl innere Schweinehunde oft zu faul dazu sind. Denn das Denken überlassen sie gerne anderen Leuten, und dann passen sie ihre eigene Meinung einfach der herrschenden Meinung an. Denn wenn viele

Menschen einer Meinung sind, wird die Meinung schon richtig sein – so viele Schweinehunde können sich schließlich nicht irren! Also glaubt jeder, die anderen hätten selbst nachgedacht, obwohl sie alle einfach nur etwas nachplappern, was ein Einziger mal geäußert hat. Seltsame Logik.

Zum Glück kannst du dir das beim Verkaufen zunutze machen: Erzähle deinen Neukunden doch einfach von deinen vielen zufriedenen Altkunden! Die Neukunden hören dir aufmerksam zu und glauben dir jedes Wort – schließlich haben andere das auch schon getan. Und vielleicht erzählt auch dein Neukunde gerne von dir? Zum Beispiel um ein bisschen anzugeben: »Seht mal, was ich mir Schönes gekauft habe!« So kannst du sogar deine Kunden für dich verkaufen lassen ...

Wichtige Sympathieträger

»Nicht schlecht!«, freut sich Günter. »So kannst du deine Neukunden mit deinen Altkunden überzeugen.« Ganz genau. Also nenne ein paar besonders zufriedene Altkunden als Referenz! Bitte sie dafür um ein schönes Statement und schreib es auf deine Website oder in deine Geschäftsbroschüre! Nun muss dein Neukunde nicht mehr lange deine Glaubwürdigkeit überprüfen, sondern er glaubt dir, weil andere das auch schon getan haben. Ach ja: Und immer dann, wenn deine Referenzen besonders sympathisch oder besonders wichtig sind, glaubt dir dein Kunde doppelt so gerne. Denn sympathische und wichtige Leute haben meistens recht – finden zumindest innere Schweinehunde.

Natürlich solltest du deswegen auch selbst sympathisch und wichtig erscheinen: Arbeite also an deinem offenen und freundlichen Auftreten und verwende einen imposanten Titel, wie »Manager«, »Leiter« oder »Direktor«! Nenne auch deine akademischen Grade: Magister, Diplom, Doktor oder Professor – welchen Abschluss hast du? Und kleide dich seriös! Wer mit schickem Kostüm oder Anzug und Krawatte daherkommt, der sagt bestimmt die Wahrheit. Je nobler, desto besser. Desto teurer übrigens auch. Aber dazu kommen wir gleich noch ...

Der indirekte Zeitdruck

»Verkaufen, verkaufen!« Günter freut sich wie ein kleines Kind. Er kann deinen nächsten Kunden gar nicht abwarten, denn er will sein neues Wissen endlich ausprobieren. Doch dann fällt ihm mal wieder ein Problem ein: »Aber was ist denn, wenn sich dein Kunde trotzdem noch nicht zum Kauf entscheidet? Schließlich kannst du nicht ewig warten!« Das ist richtig, Günter. Also machst du dem Kunden nun ein bisschen Zeitdruck. Natürlich nicht direkt, indem du ihm etwa sagst: »Entscheide dich endlich!« Besser, du machst den Druck indirekt.

»Wie soll man denn indirekt Zeitdruck machen können?« Nun, zum Beispiel, indem dein Produkt bald nicht mehr da ist oder in Kürze teurer wird! Also kauft es entweder ein anderer Kunde oder der Preis steigt – und das kannst du natürlich nicht verhindern. »Lieber Kunde, leider habe ich zu diesen Konditionen nur noch einige wenige Exemplare ...« Dein Angebot gilt also nicht ewig! So ringt sich auch der zögerlichste innere Schweinehund schnell zum Kauf durch. Denn entweder kauft er heute noch sicher und günstig oder morgen unsicher und teuer. Wetten, dass dein Kunde lieber heute kauft?

Jeder ist sich selbst der Nächste

»Darf ich dir auch mal einen Verkaufstipp geben?« Nanu! Günter scheint ja wirklich sehr motiviert zu sein. »Also: Wende dich beim Verkaufen direkt an den inneren Schweinehund deines Kunden und appelliere dabei an seinen ganz persönlichen Eigennutz!« Ganz persönlicher Eigennutz? Was Günter wohl damit meint?

»Du bist aber schwer von Begriff!«, motzt Günter. »Stell dir zum Beispiel mal vor, du verkaufst Zeitungsanzeigen. Was hat dein Kunde eigentlich davon? Er bekommt durch die Anzeigen selbst mehr Kunden! Also nimmt seine Firma mehr Geld ein, sein Chef ist zufrieden und es winkt eine Umsatzbeteiligung oder sogar eine Beförderung! Und was bringt ihm das ganz persönlich? Mehr Erfolg, mehr Selbstbewusstsein und vielleicht einen Lebensgefährten, der stolz auf ihn ist! Der innere Kunden-Schweinehund hört solche schönen Gedanken sehr gerne. Also sag ihm doch einfach, was er hören will!« Gar nicht so dumm, der Tipp eines Schweinehundes ...

Das liebe Geld

Nach so viel Verkaufsmagie wenden wir uns nun einem anderen Thema zu: dem lieben Geld. »Auweia, jetzt geht's ans Eingemachte!« Günter macht sich wieder Sorgen. Mit Geld wollen innere Schweinehunde nämlich nichts zu tun haben. Zwar geben sie es sehr gerne aus, aber wo das Geld herkommt, ist ihnen egal. Dabei ist Geld sehr wichtig! Denn schließlich brauchst du auch Nah-

rungsmittel, Kleidung, Miete, Versicherungen, Rücklagen, Urlaub und Geschenke für deine Lieben. Und deine Firma muss Gehälter zahlen, Steuern, Abschreibungen und tausend andere Einzelpöstchen. Und außerdem muss sie einen Teil des Geldes wieder ins Geschäft investieren.

Langer Rede, kurzer Sinn: Du solltest beim Verkaufen Gewinne machen! Also müssen deine Produkte einen vernünftigen Preis haben, der deine Kosten deckt, dir ein gutes Leben ermöglicht und die Zukunft finanziert. Aber auch dein Kunde will seine Kosten decken, ein gutes Leben führen und seine Zukunft finanzieren. Und während du zu einem möglichst hohen Preis verkaufen willst, will dein Kunde nur wenig bezahlen. Aber bist du zu billig, bist du bald weg. Und bist du zu teuer, ist bald dein Kunde weg. Also brauchst du einen Preis, der beide Seiten zufriedenstellt. Nur: Wie findet man so einen Preis?

Der gute Preis

Um einen guten Preis zu finden, gehst du am besten schrittweise vor: Rechne zunächst all deine Kosten aus! Dann addierst du den Betrag dazu, den du verdienen möchtest. So erhältst du deinen Wunschpreis. Nun vergleichst du deinen Wunschpreis mit den

Preisen der Konkurrenz: Sind deine Mitbewerber teurer oder günstiger als du? Warum? Worin unterscheidet sich euer Angebot? Worin bist du besser? Und worin schlechter? Sei bei deinem Vergleich schonungslos ehrlich! Schon manche Schweinehunde haben sich ihr Produkt lange Zeit schöngeredet – und dann waren sie plötzlich nicht mehr da.

Also: Welche Qualität verkaufst du? Was hast du deinen Kunden wirklich zu bieten? Je besser du bist, desto mehr kannst du verlangen – schließlich hat Qualität ihren Preis! Aber woher wissen deine Kunden, dass du gute Qualität bietest? Vertrittst du eine bekannte Marke oder erscheinst du besonders nobel und hochwertig? Dann steigert das deinen Preis. Falls du aber noch unbekannt bist oder ein ganz neuartiges Produkt einführst, solltest du den Preis zunächst etwas niedriger ansetzen. So probiert man dein Produkt gerne mal aus und kann sich persönlich von deiner Qualität überzeugen.

Der echte Wert

Günter hat aufmerksam zugehört. »Du rechnest also zuerst deine Kosten aus, addierst dazu, was du verdienen willst, vergleichst dich dann mit der Konkurrenz und berücksichtigst schließlich noch, wie gut, wie bekannt und wie hochwertig du bist.« Braver Günter! Aber ein wichtiger Aspekt fehlt uns noch: Was verdient dabei eigentlich dein Kunde?

Mit manchen Produkten kann dein Kunde nämlich selbst ordentliche Gewinne erwirtschaften – zum Beispiel mit originellen Werbeaktionen, einer guten Unternehmensberatung oder mit neuen Maschinen. Falls du also etwas verkaufst, was dem Kunden Geld einbringt, dann rechne dir vorher aus, wie viel! Denn je mehr dein Kunde dank dir erwirtschaften kann, desto mehr kannst du für dein Produkt verlangen. Es bekommt nun einen echten, messbaren

Wert. Natürlich solltest du dem Kunden diesen Wert genau vorrechnen können: Ab wann hat sich der Preis für ihn amortisiert? Und wie viel kann dein Kunde damit verdienen? Also, keine Angst vor hohen Preisen – sie müssen sich eben nur rechtfertigen lassen! Und mancher Kaufpreis zahlt sich vielfach zurück ...

Kleine Preistricks

Mittlerweile weißt du, was dein Produkt wert ist. Ist dein Wunschpreis also realistisch? Vielleicht solltest du ja etwas günstiger werden? Oder sogar ein bisschen teurer? Möglicherweise wendest du aber noch einen kleinen Trick an, bevor du deinen Preis endgültig festsetzt – zum Beispiel den Trick mit den Schwellenpreisen: »149 Euro« klingt nämlich günstiger als »150 Euro«. Und »136,50« klingt besser als »149«, denn es wirkt so, als hättest du bei 136,50 exakter kalkuliert. Also kannst du auch gleich 186,50 Euro verlangen! Das liegt nämlich näher an 200 Euro dran, und dein Kunde freut sich über das vermeintliche Schnäppchen. Dabei holst du in Wirklichkeit 36,50 Euro heraus ...

Du kannst aber auch den Kontrasttrick anwenden. »Den Kontrasttrick?«, wundert sich Günter. »Was ist denn das?« Ganz einfach: Stell dir vor, du verkaufst zwei Produkte. Für das eine verlangst du 10 Euro und für das andere 20 Euro. Weil deinen Kunden aber 20 Euro zu teuer erscheinen, kaufen sie lieber nur für 10 Euro. Also brauchst du zu den 20 Euro einen möglichst hohen Kontrastpreis: Du führst einfach ein Luxusprodukt ein, für das du satte 50 Euro verlangst! Im Vergleich dazu erscheinen die 20 Euro nun günstig. Und weil deine Kunden keinen billigen 10-Euro-Ramsch haben wollen, greifen sie jetzt sehr gerne zu deinem 20-Euro-Produkt – genau wie von Anfang an geplant.

Das ist mein Preis!

Kennst du deinen Preis jetzt? Dann sollte ihn auch dein Kunde erfahren. Am besten verpackst du den Preis in ein Rhetorik-Sandwich zwischen zwei Aussagen, die auf einen Nutzen hinweisen: »Damit Sie auf der Hochzeit schöne Fotos machen können, investieren Sie in diese Kamera 587 Euro. Das Brautpaar wird ihnen dafür dankbar sein!« Also erst ein Nutzen, dann der Preis und anschließend gleich wieder ein Nutzen. Die hässlichen Worte »Kosten« oder »Preis« werden zur »Investition« oder zum »Betrag«. Und du formulierst wieder positiv, kundenorientiert und bildhaft.

Falls dir dein Preis übrigens sehr teuer erscheint, bekommt Günter gerne Skrupel und verunsichert dich: »So viel kannst du doch nicht verlangen!« Am besten sagst du dir deinen Preis also selbst immer wieder vor: »Das macht 100 000 Euro. Das macht 100 000 Euro. Das macht 100 000 Euro.« Schon bald hat sich Günter daran gewöhnt und der 100 000-Euro-Preis kommt dir flüssig über die Lippen. Und achte darauf, dass deine Zahlen immer möglichst klein klingen! Du sagst also »Zwölfhundert« anstatt »Eintausendzweihundert«. Und wenn du kannst, verteilst du den Gesamtbetrag auf lauter kleine Portionen: »Bei zwölf Monaten Laufzeit macht das monatlich gerade mal 100 Euro.« Nur 100 Euro? Was für ein günstiger Preis!

Zu teuer? Aber nein!

Manchmal will dich dein Kunde im Preis drücken:»Lieber Verkäufer, dein Produkt ist mir zu teuer! Ich kaufe erst, wenn du mir einen Rabatt gewährst.« Günter lässt sich davon leider gerne beeindrucken und drängt dich dazu, mit dem Preis runterzugehen. Aber du darfst nicht mit Verlust verkaufen! Sonst wärst du nämlich ziemlich dumm und würdest vielleicht sogar den Ruin deiner Firma riskieren. Also lass dich nicht verunsichern: Niemand gibt gerne Geld aus, obwohl alles Geld kostet. Aber nicht der Preis ist das Wichtigste, sondern Nutzen und Qualität! Und viele Kunden sind sogar stolz darauf, einen hohen Preis zu bezahlen, denn ihr innerer Schweinehund gönnt sich gerne etwas Gutes ...

Wenn dein Kunde also den Preis drücken will, gehst du in die Offensive: Erklär ihm, warum du deinen Preis wert bist! Bietest du einen außergewöhnlichen Service? Oder ein günstiges Produktionsverfahren? Oder die besten Klamotten der Stadt? Dann musst du für deine Qualitätsware natürlich auch einen realistischen Preis verlangen:»Lieber Kunde, gerade weil ich so teuer bin, solltest du bei mir kaufen!« Du untermauerst deine Position, und der Kunde merkt, dass du jeden Cent wert bist. Du hast also nichts zu verschenken.

Die Preisverhandlung

Wenn dein Kunde immer noch nicht einlenkt, bahnt sich wohl eine Preisverhandlung an.»Eine Preisverhandlung? Oh, Gott!« Lieber Günter, keine Bange: Schließlich will dein Kunde das Produkt gerne haben – sonst würde er kaum mit dir verhandeln wollen. Also geh doch einfach schon mal davon aus, dass dein Kunde auf jeden Fall kauft! So kannst du beim Verhandeln optimistisch und locker sein.

Bei einer Verhandlung prallen zwei unterschiedliche Positionen aufeinander: in diesem Fall die des Verkäufers und jene des Kunden. Beide wollen das Optimale für sich herausholen: der Verkäufer seinen guten Preis und der Kunde einen Rabatt. Dabei stehen sich aber nicht nur zwei Menschen gegenüber, sondern auch zwei empfindliche innere Schweinehunde. Also darf sich kein Verhandlungspartner über den Tisch gezogen fühlen – denn sonst wäre die gute Beziehung zu Ende, und du würdest den Kunden nie wiedersehen. Deshalb achte darauf, dass jeder sein Gesicht bewahren kann! Am besten betrachtest du eine Verhandlung als ein Spiel, bei dem beide ein bisschen gewinnen müssen. So können Verhandlungen sogar richtig Spaß machen!

Deine Leistungen

Nehmen wir an, der Kunde begründet, warum er dein Produkt für zu teuer hält: Vielleicht hat er zu wenig Budget? Oder deine Mitbewerber sind günstiger? Oder er zweifelt noch am Nutzen? Wenn dir der Kunde sehr wichtig ist, kommst du ihm nun einen Schritt entgegen – allerdings nicht nur beim Preis, sondern auch bei deinen Leistungen!

Zähle alle Leistungen auf, die zum Geschäft dazugehören, und dann frag den Kunden, worauf er für einen Preisnachlass am ehesten verzichten kann! Sollst du deinen Service zurückdrehen? Oder an der Verpackung sparen? Kannst du die Lieferzeiten verlangsamen? Oder bestimmte Garantien zurücknehmen? Wobei darfst du also Abstriche machen, damit du dem Kunden entgegenkommen kannst? Einerseits zeigst du mit dieser Strategie, dass du gerne helfen willst. Andererseits aber auch, dass dein eigener Spielraum begrenzt ist und du nur dann Zugeständnisse machen kannst, wenn dir auch dein Kunde einen Schritt entgegenkommt. Würdest du stattdessen sofort den Preis senken, müsste dein Kunde leider annehmen, dass dein erstes Angebot überteuert war. Und das würde ihn ärgern und eure gute Beziehung stören.

Heimliche Verbündete

Fast jeder Einkäufer arbeitet mit einem Team von Mitarbeitern zusammen, die Einfluss auf ihn ausüben. Also suche dir im Umfeld deines Kunden heimliche Verbündete! Vielleicht den Betriebsrat, die Sekretärin oder den Lebensgefährten? »Mit dieser Maschine wird Ihre Abteilung große Gewinne machen!« Oder: »Mit diesem Auto haben Sie nie wieder Parkplatzprobleme!« Sekretärin und Kollegen träumen nun von sicheren Arbeitsplätzen und der Lebensgefährte vom Einparken. Wetten, dass sie deinem Kunden zum Kauf raten?

Möglicherweise dreht dein Kunde den Spieß aber auch um: Er zweifelt an deiner Entscheidungskompetenz und will deinen Chef sprechen – vielleicht um euch beim Preis gegeneinander auszuspielen? Kein Problem, denn darauf bist du vorbereitet: Du hast mit deinem Vorgesetzten längst alle Eventualitäten durchgesprochen. Du genießt seine volle Rückendeckung und bist die letzte Verhandlungsinstanz – dein Kunde muss auch weiterhin mit dir Vorlieb nehmen.

Zugeständnisse

Besteht dein Kunde immer noch auf einer Preissenkung? Dann mach dir deine Schmerzgrenze klar: Ab wann würde sich das Geschäft nicht mehr lohnen? Und unter welchen Umständen könntest du es eingehen, obwohl du dabei nur sehr wenig Profit machst? Winken etwa lukrative Folgeaufträge? Oder kannst du eine höhere Stückzahl verkaufen? Ist dein Kunde besonders bekannt, und gibt er eine prima Referenz ab? Wenn es also unbedingt sein muss ...

Aber Vorsicht: Geh mit den Preisen immer nur in kleinen Schritten runter! Stell dir vor, dein Wunschpreis läge zunächst bei 100 Euro und deine absolute Schmerzgrenze bei 80 Euro. Würdest du dem Kunden nun gleich 20 Euro Preisnachlass bieten, müsste er denken, dass du noch weiter heruntergehen kannst: vielleicht auf 60 Euro? Oder sogar auf 50 Euro? Also würde er weitere Nachlässe fordern, obwohl du längst auf dem Zahnfleisch gehst. Besser verlangst du erst mal 95 Euro! Will dein Kunde jetzt weiterhandeln, hast du dir einen Spielraum bewahrt. Und falls ihr euch auf 95 Euro einigt, machst du immer noch einen Gewinn, obwohl dich dein Kunde herunterhandeln konnte – so freut ihr euch beide über den Kompromiss! Übrigens: Falls dein Kunde nun jedes Mal verhandeln will, erhöhst du beim nächsten Mal natürlich den Einstiegspreis.

Bis hierher und nicht weiter!

Wenn der Kunde deine Schmerzgrenze erreicht hat, solltest du ihm das sagen: »Lieber Kunde, bis hierher und nicht weiter!« Am besten zeigst du dabei eine deutliche Körpersprache, wie Erschrecken, Erstaunen oder sogar ein bisschen Abweisung. Falls der Kunde jetzt immer noch weiterverhandelt, lehnst du das Geschäft freundlich, aber bestimmt ab. Denn eine langfristige Zusammenarbeit ist dir wichtiger als

das schnelle Geschäft – und zum Spottpreis kannst du deine Zusagen nicht einhalten.

Mach keine Geschäfte um jeden Preis! Manchmal musst du als Verkäufer einfach »Nein« sagen. Damit untermauerst du deinen Wert, und ein Schritt zurück sind oft zwei Schritte nach vorne: Vielleicht will dein Kunde ja jetzt erst recht kaufen? Aber selbst, wenn er vor deiner Ablehnung zurückschreckt: Reiche dem Kunden weiterhin die Hand und signalisiere ihm deine grundsätzliche Gesprächsbereitschaft! Betone eure Gemeinsamkeiten und bisherigen Gesprächserfolge! Und versichere ihm, dass sich auch eure verbliebenen Differenzen noch klären lassen! Vielleicht könnt ihr ja über andere Formen von Zugeständnissen sprechen? Zum Beispiel bei den Lieferbedingungen oder Zahlungsmodalitäten? Ihr werdet euch sicher noch einigen.

Der tote Punkt

Manchmal kommen Verhandlungen an einen toten Punkt. Trotz aller Mühe scheint man festzustecken und findet anscheinend keine Einigung. Aber keine Sorge: Hätte dein Kunde kein Interesse, wärt ihr längst nicht so weit gekommen. Am besten lasst ihr nun einfach etwas locker. Macht eine Pause und geht ein wenig an die frische Luft! Vielleicht vertretet ihr euch die Beine!? So baut sich das Adrenalin ab und ihr bekommt wieder einen freien Kopf. Und wenn deine Kunden zu zweit sind, können sie

sich nun endlich untereinander beraten. Bestimmt findet ihr bald eine Lösung.

Falls sich dein Kunde aber zu viel Zeit lässt, wachsen in der Zwischenzeit wahrscheinlich seine Zweifel. Also bleib am Ball und frag nach, wo ihn der Schuh drückt! Hat er dir seine Situation wirklich schon genau erklärt? Vielleicht muss er ja selbst noch irgendeine höhere Instanz überzeugen: ein Gremium, einen Ausschuss oder seinen Chef? Dann liefere ihm dafür weitere gute Argumente! Vielleicht kannst du mit den entscheidenden Personen sogar persönlich sprechen?

Die letzte Runde

Eure Preisverhandlung geht nun in die letzte Runde. Gleich wird sich zeigen, ob ihr euch einigen könnt. Vielleicht findet ihr einen Kompromiss? Frag den Kunden ganz offen, welchen Preis er dir zahlen will: »Was möchten Sie denn ausgeben? Was halten Sie für realistisch?« So erfährst du, was ihm das Geschäft wirklich wert ist und ob du sein Angebot akzeptieren kannst. Aber Achtung: Sag darauf erst mal gar nichts, sondern schweig eine Weile! Denn wer jetzt zuerst spricht, hat meist verloren: »Okay, okay. Dann gehe ich eben noch einen Schritt auf Sie zu.«

Falls du das Angebot deines Kunden aber ablehnen musst, solltest du dabei eine weiße Weste bewahren. Vielleicht begründest du die Ablehnung nun selbst mit einer höheren Instanz, deren Entscheidungen du nicht beeinflussen kannst: ein hohes Gremium, wichtige Statuten oder strenge Vorgesetzte … Das wird dein Kunde akzeptieren müssen. Falls er deine Bedingungen nun immer noch nicht annimmt, soll es eben nicht sein. Alles kein Beinbruch: Vielleicht klappt es ja beim nächsten Mal? Oder aber beim nächsten Kunden? Sei ein guter Verlierer!

ANKER setzen
und flinchen

Der Verhandlungsexperte Jack Nasher empfiehlt bei Verhandlung, stets zunächst selbst aktiv einen hohen Preis zu nennen, da dieser wie ein Anker wirkt: Er ist der für den weiteren Verhandlungsverlauf gültige Bezugsrahmen. Natürlich gilt: Je höher, desto besser!

Außerdem rät Jack Nasher bei Angeboten des Gegenübers zunächst einmal aus Prinzip zu »flinchen«, also offensichtliche Zeichen des Erstaunens zu senden: scheinbar erschrocken schauen, überrascht die Luft einziehen, leicht beleidigt schauen oder spontane abwehrende Zeichen zu senden wie Kopfschütteln oder sich körperlich abwenden. Mal sehen, ob der Verhandlungspartner sein Angebot spontan nachbessert ...

Der Abschluss

Wenn sich dein Kunde mit dir einigen will, wird er dir das jetzt zeigen: Er lächelt, reicht dir die Hand oder zückt einfach seinen Geldbeutel. Prima! Offensichtlich ist er mit deinen Bedingungen einverstanden und nimmt dein Angebot an. Also schlag ein und freu dich darüber, aber setz dabei bloß kein arrogantes Gewinnerlächeln auf! Sonst gibt er sich beim nächsten Mal nämlich nicht mehr so leicht zufrieden – falls es überhaupt ein nächstes Mal gibt ...

Aber weil du dir vorher so viel Mühe gegeben hast, hat sich dein Kunde wahrscheinlich längst zum Kauf entschieden – und zwar viel schneller und ganz ohne Verhandlung. Also achte auf die Kaufsignale deines Kunden! Will er das Produkt gerne haben und braucht er es dringend? Hat er den Nutzen erkannt und freut er sich schon darauf? Habt ihr all seine Einwände besprochen und darf er den Kauf selbst entscheiden? Dann ist die Situation reif für den Abschluss: Dein Kunde will jetzt kaufen!

Eine gute Entscheidung!

Du merkst, dass dein Kunde kaufen will? Dann hör unverzüglich mit dem Argumentieren auf – schließlich hast du ihn schon überzeugt! Würdest du dein Produkt jetzt weiter anpreisen, ginge ihm das bald auf die Nerven und sein innerer Schweinehund würde sogar misstrauisch: »Warum will mich der Verkäufer immer noch überreden? Hat er vielleicht etwas zu verbergen?«

Dein Kunde will jetzt nicht mehr hören, warum er kaufen soll, sondern braucht ein bisschen Lob und Bestätigung:»Lieber Kunde, herzlichen Glückwunsch! Du hast genau die richtige Wahl getroffen.« Das schmeichelt seinem inneren Schweinehund und der Kunde freut sich. Vielleicht gewährst du ihm noch ein kleines Extrabonbon: einen Sonderservice, einen Freundschaftsrabatt oder eine Produktzugabe? Dann freut er sich noch mehr und auch sein innerer Schweinehund plappert ihm fleißig vor, warum seine Entscheidung richtig war:»Das hast du wirklich gut gemacht. Du hast ein super Produkt gekauft und sogar noch etwas geschenkt bekommen!« Oh ja, Kaufen ist schön.

Zusatzverkäufe? Jetzt!

Die meisten Produkte kann man mit irgendetwas kombinieren: Hemden mit Hosen, Urlaube mit Versicherungen und Maschinen mit Serviceverträgen. Daher wird es Zeit für einen kleinen Zusatzverkauf! Wann wäre dafür ein besserer Zeitpunkt als beim erfolgreichen Verkaufsabschluss? Anspannung und Unsicherheit sind einer tiefen Zufriedenheit gewichen. Dein Kunde fühlt sich hervorragend – er schwelgt gewissermaßen in der idealen Kaufstimmung. Also: Was hast du gerade verkauft? Und womit kann man das wohl kombinieren?

Willst du mehrere Produkte verkaufen, dann fang immer mit dem teuersten an: Wer zuerst 500 Euro bezahlt, dem erscheinen danach 100 Euro günstig. Und wenn das dritte Produkt nur 20 Euro kostet, ist der Preis kaum der Rede wert. Würdest du aber zuerst ein 20-Euro-Produkt verkaufen und hinterher eines für 100 Euro, hätte dein Kunde mit dem Preis ein Problem – und ganze 500 Euro würde er dann sicher nicht mehr ausgeben!

7. Die gute
KUNDENbeziehung

Auf Wiedersehen!

Endlich bist du am Ziel: Dein Kunde hat etwas Schönes gekauft und freut sich darüber. Nun solltest du das Gespräch aber nicht gleich abwürgen oder gar einfach so weggehen – schließlich braucht ihr auch einen guten Gesprächsabschluss. Also fass die wichtigsten Punkte noch mal kurz zusammen und kläre euren konkreten Verbleib: Was habt ihr besprochen? Wer macht was bis wann? Und wo seht ihr euch das nächste Mal wieder?

Zum Schluss fragst du den Kunden noch, ob er mit allem einverstanden ist, und bittest ihn um Weiterempfehlungen an seine Geschäftspartner und Freunde. Vielleicht gibt er dir sogar ein paar Adressen? Dann bietest du ihm deine Hilfe an, falls weitere Fragen oder gar Probleme auftauchen: »Ich bin auch in Zukunft immer für Sie da!« Du bedankst dich, gibst dem Kunden noch deine Visitenkarte und verabschiedest dich freundlich: »Lieber Kunde, vielen Dank für Ihren Einkauf! Es war schön, mit Ihnen Geschäfte zu machen. Ich würde mich freuen, Sie bald wiederzusehen.« Jetzt verabschieden sich auch eure inneren Schweinehunde voneinander – und Günter hat einen neuen Freund gewonnen.

Nach dem Kauf ist vor dem Kauf

Dein Kunde hat also bei dir gekauft? Prima! Dann wird er bestimmt auch das nächste Mal wieder bei dir kaufen. Allerdings nur unter der Voraussetzung, dass du keine leeren Versprechungen gemacht hast ... Also: Was wolltest du bis wann erledigen? Welche Lieferbedingungen hattet ihr vereinbart? Wem musst du noch Bescheid sagen? Fang am besten gleich mit der Nachbereitung an!

Manche Verkäufer versprechen ihrem Kunden ja gerne das Blaue von Himmel herunter. Sobald er aber wieder weg ist, scheinen sie alles vergessen zu haben. Wie dumm, denn so etwas merken sich Kunden natürlich! Und weil Kunden meist zusammenhalten, warnen sie sich schon bald gegenseitig: »Bei Günter solltest du nichts kaufen, der ist nämlich ein unzuverlässiger Schwätzer.« Also halte immer all deine Versprechen und achte auf deinen guten Leumund! Am besten rufst du deinen Kunden einfach mal zwischendurch an: »Sind Sie mit meinem Service zufrieden?« So bist du auch nach dem Kauf noch für ihn da und kannst eventuellen Ärger im Keim ersticken. Denn schon bald wird das Produkt wieder veraltet sein und dein Kunde wird (von dir) etwas Neues haben wollen, denn: Nach dem Kauf ist vor dem Kauf.

Einmal Kunde, immer Kunde

Du willst also einen neuen Stammkunden? Kein Problem: War dein Kunde mit dem Produkt zufrieden? Konntest du alle zugesagten

Leistungen einhalten? Bist du auf dem aktuellen Stand von Wissenschaft und Technik? Bietest du immer ein bisschen mehr als verlangt? Stimmt die Ersatzteilversorgung? Ist dein Service preiswert? Und hast du den Kunden hinterher nicht geärgert? Dann hast du womöglich einen Kunden fürs Leben gewonnen – schon bald kannst du deine Geschäfte auf dem Golfplatz machen! Übrigens: Dort laufen auch andere potenzielle Kunden herum ...

Natürlich kannst du die Kundenbindung weiter festigen, zum Beispiel mit regelmäßigen Briefen, Rabatten für Stammkunden, Grußkarten oder kleinen Weihnachts-, Oster- und Geburtstagsgeschenken. Und auch in schlechten Zeiten solltest du den Kontakt nie abreißen lassen – denn wenn die Zeiten wieder besser werden, bekommst du sicherlich neue Aufträge. Aber würdest du deinen Kunden überhaupt wiedererkennen? Weißt du noch, welche Geschichten er dir beim letzten Mal erzählt hat? Und erinnerst du dich an seine Vorlieben und Abneigungen? Prima, das wird ihm schmeicheln! Und falls dein Gedächtnis öfter mal streikt, helfen dir Karteikarten oder eine gute Datenbank: Nach jedem Kundenkontakt schreibst du einfach ein paar Stichworte fürs nächste Mal auf.

Reklamationen? Kein Problem!

Trotz aller Mühe geht manchmal etwas daneben: Das Produkt hat Mängel, der Service streikt oder es gibt irgendwelche anderen Probleme. Klar, dass dein Kunde dann unzufrieden ist und reklamiert: »Hallo Verkäufer, hier stimmt etwas nicht!« Was solltest du jetzt tun? Dem Kunden gut zuhören und Verständnis zeigen – egal, ob er recht hat oder nicht! Am besten legt sich Günter dabei ergeben auf den Bauch, schaut deinen Kunden mit unschuldigen Kulleraugen an und wedelt mit seinem Ringelschwanz. Kann man ihm jetzt noch böse sein? Natürlich nicht!

Wenn dein Kunde also sauer ist, soll er erst mal Dampf ablassen. Dann entschuldigst du dich ohne Wenn und Aber: »Lieber Kunde, es tut mir sehr leid, dass Sie solche Unannehmlichkeiten hatten! Ich kann Ihren Ärger gut verstehen ...« Nun fragst du präzise nach, wo das Problem genau gelegen hat, analysierst die Ursachen und sagst dem Kunden deine Hilfe zu: »Lieber Kunde, ich werde das sofort für Sie erledigen!« Wenn das Problem behoben ist, fragst du, ob er nun zufrieden ist oder ob er noch weitere Beschwerden hat. Und wenn ihr alles klären konntet, versuchst du gleich ein neues Geschäft abzuschließen! »Lieber Kunde, kennen Sie eigentlich schon unser aktuelles Angebot?« Weil dein Kunde ja jetzt nicht mehr sauer ist, hört er dir aufmerksam zu ...

Dein Team

Manche Verkäufer konzentrieren sich so sehr auf sich und ihre Kunden, dass sie dabei ihr eigenes Team vergessen. Aber Einzelkämpfer gehören in den Dschungel und nicht in den Verkauf! Sie verursachen nämlich lauter lästige Probleme: unrealistische Versprechungen, mangelhafte Nachbereitung oder verschlampte Daten – leider alles zulasten der Kunden. Also stimm dich möglichst oft mit deinem Team ab und achte auf die Wünsche deiner Kollegen! In einem guten Team weiß jeder über aktuelle Vorgänge Bescheid und alle strengen sich füreinander an.

Auch andere Dinge kannst du am besten im Team lösen: Wenn deine Kunden in verschiedenen Regionen ansässig sind und du unmöglich überall gleichzeitig sein kannst, dann engagiere doch einen externen Mitarbeiter! Vielleicht einen motivierten Handelsvertreter, der in der Gegend deines Kunden lebt und sich gut mit deinen Produkten auskennt!? Wenn ihn dein Kunde als Ansprechpartner akzeptiert, kann dich dein Mitarbeiter zeitweilig vertreten – obwohl er dich natürlich nicht ersetzen soll! Denn wer will schon gerne auf Günter verzichten?

Guter Kunde, schlechter Kunde?

Trotz aller Kundenorientierung: Manche Kunden sind besser als andere – vor allem, wenn sie bei geringem Aufwand viel Ertrag einbringen, fleißig Folgeaufträge abschließen, unkompliziert zu betreuen sind und lauter nette innere Schweinehunde haben. Solche Kunden hat Günter gerne. Andere wiederum sind ihm unsympathisch: Sie sind unhöflich, binden viel Zeit, bringen kaum Gewinne ein und reklamieren ständig – sie machen also dauernd Ärger. Deshalb überleg dir von Zeit zu Zeit, welche Kunden du wirklich haben willst und welche nicht! Und dann zieh daraus deine Konsequenzen: Konzentriere dich nur auf deine Lieblingskunden! So verschleuderst du nicht deine Energien und Günter macht das Verkaufen mehr Spaß. Lieber leicht verdiente 1000 Euro als schwer verdiente!

Du kannst deine Kunden zum Beispiel in die Kategorien A, B oder C einteilen: A-Kunden bringen etwa 70 Prozent deines Gewinnes bei 10 Prozent deines Einsatzes. B-Kunden dagegen nur 20 Prozent Gewinn bei 20 Prozent Einsatz und C-Kunden erwirtschaften gerade mal 10 Prozent bei stolzen 70 Prozent Einsatz. Also konzentriere dich vor allem auf deine A-Kunden – obwohl sich auch B- und C-Kunden noch zu A-Kunden entwickeln können und du deshalb immer ein wachsames Auge auf sie hast ...

Aus Fehlern lernen

Obwohl sich Günter mittlerweile viel Mühe gibt, machst du beim Verkaufen noch manchmal Fehler. Kein Problem, denn aus Fehlern kann man lernen – wie auch aus Büchern, bei Seminaren oder von erfahrenen Kollegen. Und dann heißt es eben üben, üben, üben ... Aber Achtung: Manche Geschäfte platzen wegen deiner Kunden und nicht wegen dir. Also bleib locker! Besessenheit ist ein Motor, Verbissenheit eine Bremse. Und Verkäufer, die zu perfekt sein wollen, wirken schnell aalglatt oder sogar schleimig. Also lass auch mal fünf gerade sein und gönn dir ruhig deine persönliche Note! Schließlich bist auch du nur ein ganz normaler Mensch mit ganz normalen Stärken und Schwächen. Das macht dich sympathisch und sympathische Menschen sind die besten Verkäufer überhaupt!

Nur in einem Fall wird das Verkaufen schwierig: wenn dein Produkt fehlerhaft ist oder eine schlechte Qualität hat! Denn schlechte Produkte schaden den Kunden, und das schadet deiner Freude und Motivation. Also sorge dafür, dass die Fehler behoben werden und die Qualität verbessert wird! Und wenn das nicht geht, solltest du dir schleunigst ein anderes Produkt suchen.

Günter, der Verkäufer

Das ist Günter. Günter ist dein innerer Schweinehund. Er lebt in deinem Kopf und bewahrt dich vor allem Übel dieser Welt. Immer, wenn du etwas Neues lernen oder dich mal anstrengen musst, ist Günter zur Stelle: »Lass mich dir helfen!«, sagt er dann oder »Das schaffen wir schon!«. Und weil Günter mittlerweile genau weiß, wie man gut verkauft, freut er sich auf jeden Kunden: »Lieber Kunde, hierher! Ich hab da was für Sie ...« Er beachtet einfach ein paar Regeln und hat Erfolge, aus denen neue Erfolge werden ... und neue Erfolge ... und neue Erfolge ...

Günter weiß aber auch, dass man neue Kenntnisse immer wieder auffrischen muss: Also lies dieses Buch gleich noch mal durch! So wiederholst du die wichtigsten Regeln und kannst sie besser in die Tat umsetzen. Denn nicht das Wissen bringt den Erfolg, sondern vor allem das Tun! Schon bald ist dir das Verkaufen so sehr in Fleisch und Blut übergegangen, dass du Vegetariern tatsächlich Salami verkaufen könntest! Und weil Günter so gute Ratschläge gibt, bekommt er täglich seine Streicheleinheiten und darf auch weiterhin fleißig verkaufen.

II. GÜNTER,
der innere Schweinehund,
WIRD CHEF

1. Ein Schweinehund als CHEF?

Dein Kumpel Günter

Du kennst ja Günter, deinen inneren Schweinehund!? Er lebt in deinem Kopf und bewahrt dich vor allem Übel dieser Welt. Immer, wenn du etwas Neues tun oder etwas Ungewohntes ausprobieren willst, ist Günter zur Stelle: »Lass das sein!«, sagt er dann. »Das ist viel zu schwierig!«, bremst er. Oder: »Das ist Sache der anderen!«, hält er dich zurück. Und obwohl das Leben voller spannender Herausforderungen steckt, trittst du häufig auf der Stelle – kein Wunder ...

Warum nur will Günter, dass du dich ständig zurückhältst? Klar: weil dein innerer Schweinehund ein wenig faul und ängstlich ist! Anstrengung hält er für eine Todsünde. Und Sicherheit für das Himmelreich schlechthin. Also versucht er, dich vor potenziellem Ärger zu bewahren und deine vermeintlich heile Welt aufrechtzuerhalten. Dass er dabei nur begrenzt hilfreich ist, merkt Günter nicht. Er denkt schließlich nur vom Kopf bis zur Schnauzenspitze. Für alles darüber hinaus ist er leider zu kurzsichtig. Man könnte sogar sagen, fast blind.

Kleine »heile« Welt

»Blind?«, entrüstet sich Günter. »Wofür soll ich blind sein?« Na, für all die Möglichkeiten, die das Leben bietet, wenn man sie sucht und annimmt. Zum Beispiel für Abenteuer und Wachstum, für Aha-Erlebnisse und Durchblick, oder auch für Erfolg im Job. Denn wenn man etwas dazugewinnen will, muss man sich trauen, über den Tellerrand zu schielen und hin und wieder seine kleine, bequeme Welt zu verlassen. Denn Neues ist da draußen! Nicht hier drinnen.

»Blödsinn!«, protestiert der Schweinehund. »Abenteuer erlebst du auf DVD, Durchblick dank der Schlagzeilen am Kiosk und Aha-Erlebnisse durch das tägliche Horoskop. Und Erfolg im Job hast du sowieso: Deine Stelle ist sicher, die Arbeitszeiten sind geregelt und mit dem Chef verstehst du dich auch gut. Was willst du mehr?« Und was, wenn die Firma doch mal pleitegeht? Wenn Überstunden angesagt sind? Und wenn der Chef falsche Entscheidungen trifft? Dann ist es ganz schnell vorbei mit der Gemütlichkeit. »Passiert nicht: Die Firma ist sicher, Überstunden werden angerechnet, und der Chef macht keine Fehler – sonst wäre er schließlich nicht Chef, oder?«, beruhigt Günter. »Und sollte der Chef doch mal Fehler machen, hältst du am besten einfach die Klappe! Sonst wird er sauer, und du bist unten durch ...«

Wo kommen gute Chefs her?

Was aber, lieber Günter, wenn der Chef sich einen neuen Arbeitsplatz sucht? Wie sicher ist dein Job dann noch? Oder wenn er ein paar Fehler zu viel macht? Und wenn der Chef vom Chef nach einem neuen Chef für dich suchen muss? Wo findet er den? Und wie muss dieser neue Chef sein, damit er ein so guter Chef wird, dass du deinen kuscheligen Arbeitsplatz behältst? »Uuups ... äh ... hmm ...« Günter druckst herum und gibt schließlich zu: »Keine Ahnung, was dann ist. Und ich weiß auch nicht, wo gute neue Chefs herkommen. Vom Arbeitsamt? Von der Konkurrenz? Oder von der Uni?« Möglich. Oft allerdings kommen neue Chefs auch aus den eigenen Reihen. Schau dich doch mal im Büro um: Würde da jemand zum Chef taugen?

»Niemals!«, entrüstet sich Günter. »Alles Vollpfosten hier! Der Müller ist zu doof, um sich eine Krawatte zu binden, die Meier zu pampig, um mit Kunden zu telefonieren und der Schulze zu lahm, um überhaupt etwas auf die Reihe zu kriegen. Den hätte ich schon längst gefeuert!« Tja, Günter, und wer bleibt übrig? »Der Azubi? Okay, der ist schon gut. Aber deswegen gleich Chef werden? Wo er doch erst seit Kurzem dabei ist ...« Und wer bleibt dann noch übrig, Günter? Du vielleicht?

Der Chef ist King

»Selber Chef werden?«, grunzt Günter ungläubig. »Überstunden? Verantwortung? Komplizierte Zahlen beurteilen? Niemals!« Typisch Schweinehund: Anstatt aktiv zu gestalten, leistet er lieber blinden Gehorsam. Das ist viel bequemer – und zeigt auch ein wenig das Grundproblem: Günter hat zu wenig Selbstvertrauen. Er denkt: »Chef sein ist zu schwierig!« Dabei hat er einfach nur keine Ahnung, was ein Chef macht.

»Moment!«, protestiert Günter. »Natürlich weiß ich, was ein Chef so macht: Er hat ein riesen Büro, eine eigene Sekretärin, einen fetten Dienstwagen, ein dickes Gehalt – und manchmal auch ein Magengeschwür. Hmm, klingt gar nicht so schlecht – bis auf das Magengeschwür natürlich.« Nein, Günter, gefragt war nicht, was der Chef alles hat, sondern was er macht. »Na ist doch klar: Er quatscht den ganzen Tag mit irgendwelchen Leuten, will oft nicht gestört werden, reist in der Weltgeschichte herum und sagt allen, wo es

langgeht. Er ist eben der Boss. Fertig, aus. Er bestimmt, und wir ge-
horchen.« Klingt fast so, als würde Günter den Chef bewundern.
»Hallo? Der Chef ist King! Das ist schon sehr, sehr cool ...«

2. MODELLE
und METHODEN für
CHEFS

Was tut ein Chef? Und wozu?

Okay, Chef sein ist also auch cool. Aber, lieber Günter, wichtig ist nicht, welche Privilegien ein Chef hat, sondern was er dafür tut und wozu. Warum quatscht er mit Leuten? Und mit welchen Leuten? Was tut er, während er nicht gestört werden will? Wozu reist er so viel? Und woher weiß er überhaupt, wo es langgeht? »Keine Ahnung ...«, haucht Günter. »Sag ich's doch: Chef sein ist schwierig!« Oh, Schweinehund ...

Dabei ist es gar nicht so kompliziert, du kannst locker bleiben. Denn unterm Strich geht es immer wieder ums Gleiche: darum, Projekte zu stemmen, dabei die Richtung zu kennen und vorzugeben, Ergebnisse zu erzielen und Menschen zu führen. Chefs müssen also wissen, was zu tun ist, wohin es dabei geht, wie man schafft, was man sich vorgenommen hat, und zwar nicht alleine, sondern zusammen im Team. »Und wie machen die Chefs das?«, will Günter wissen. »Haben die das von Geburt an drauf?« Aber nein. Sie haben dazu erst Mal etwas lernen müssen. Im Idealfall Fachkompetenz, Methodenkompetenz und Sozialkompetenz. »Das klingt aber geschwollen!« Zugegeben, Günter: Wirtschaftsfuzzies blasen sich gerne mit schlau klingenden Fremdwörtern auf. Dabei ist die Bedeutung aber ganz einfach: Chefs müssen sich in dem auskennen, wofür sie Chef sind, sie müssen schnallen, mit welchen Mitteln sie etwas bewirken und wie sie dabei mit anderen Menschen umgehen. Klarer jetzt?

Chef sein ist kein Hexenwerk, aber ...

»Kapiert!«, freut sich Günter. »Wer sich also zum Beispiel mit Fußball gut auskennt, weiß, wie man gut trainiert, und auch noch ein Händchen für die Spieler hat, der kann einen prima Trainer abgeben!« Genau, Schweinehund. Und wer Produkt, Firma und Markt kennt, wer weiß, wie er Einfluss nehmen kann, und dabei gut mit dem Team und den Kunden umgeht, kann im Job ein prima Chef werden. Denn all das ist viel wichtiger als der coole Status mit Büro, Sekretärin und Dienstwagen.

»Hey, klingt machbar!«, bellt Günter. Genau: Muss kein Hexenwerk sein. »Ob wir es doch mal mit der Chefposition versuchen sollen?« Moment, nicht ganz so schnell! Schauen wir doch erst, was sich dahinter noch alles verbirgt. Denn: Als Chef hat man Verantwortung. Und wer die falsch nutzt, landet schnell mal auf dem Boden der Tatsachen oder – schlimmer noch – in der Presse: »Extrablatt! Firma Günter ist pleite! 500 Leute ohne Job!« Tja, falsche Entscheidungen von Chefs tun weh – und zwar vielen Menschen. Der Fisch stinkt schließlich vom Kopf ...

Die DREI Wege zum CHEF-posten

Ich hoffe, Sie halten die bisherige Darstellung nicht für übertrieben? Es ist tatsächlich mein täglich Brot, mit Führungskräften aller möglichen Organisationen in den verschiedensten Branchen umzugehen. Und da erlebt man so einiges Spannendes – unter anderem viel Ablehnung der Chefrolle in einem Unternehmen oder Team. Ja, Chefs haben tatsächlich nicht den besten Ruf. Googeln Sie mal »Chefwitze«, und Sie bekommen einen ganz guten Überblick über die gängigsten Klischees schlechter Führung.

Wahrscheinlich hängt das damit zusammen, dass Chefs in der Regel auf dreierlei Arten in Führungspositionen gelangen:

Erstens durch Beförderung, was intern mit der meisten Ablehnung verbunden ist – sowohl von Seiten des Teams als auch vom Beförderten selbst. Es ist halt nicht einfach, zunächst ein ganz »normales« Teammitglied zu sein und dann plötzlich das Sagen zu haben. Dies führt unter verdienten Mit-

arbeitern oft sogar zu so viel Zurückhaltung, dass neue Führungskräfte
häufig von außerhalb gesucht werden
müssen, weil die internen Mitarbeiter
gar nicht befördert werden wollen! Ich
kann Ihnen von etlichen Gesprächen
mit verzweifelten Vorständen berichten, die händeringend nach Führungs-
personal suchen ... Zudem wird meist
derjenige befördert, der sein Gebiet
beherrscht, also über gute Fachkennt-
nisse verfügt. Doch Fachkompetenz ist
etwas ganz anderes als Führungskompetenz.

Die **zweite** Möglichkeit, Chef zu werden, ist die Übernahme einer Firma,
zum Beispiel die der Eltern oder anderer Verwandter und Bekannter, wie es
in vielen mittelständischen Betrieben
üblich ist.

Und die **dritte**, indem man bei einer gut
laufenden Selbstständigkeit Mitarbeiter
einstellt, um sich selbst zu entlasten.

Überraschung: In allen drei Fällen wird
Führung in der Regel nicht gelernt! Es
gilt das Motto: Learning by doing. Und
das ist oft mit einigen Problemen verbunden, was wiederum auf das häufig
negative Chefbild abfärbt.

In den Leadershipprogrammen großer
Unternehmen und Konzerne wiederum findet zwar oft systematische Füh-
rungskräfteentwicklung statt, aber die
organisatorischen Grenzen erlauben es
leitenden Mitarbeitern oft nur innerhalb eines recht starren Rahmens zu
gestalten, da sehr viele Abhängigkeiten
mit anderen Bereichen der Organisation bestehen. Schade.

Die zwei großen Stellschrauben

»Hilfe!«, quiekt Günter und hüpft schnell wieder hinter den Zaun seiner kleinen, bequemen Welt. »Nein, danke! Das mache ich lieber doch nicht. Viel zu riskant!« Na ja, dann wird eben bald der Müller Chef, die Meier oder der Schulze. Oder eben doch der Azubi. Denn irgendjemand muss schließlich Verantwortung übernehmen. Ganz ohne Chef geht es nicht. »Auweh ...«

Keine Sorge, Günter! Fangen wir am besten ganz einfach an – bei den beiden größten Stellschrauben, die gute Chefs beherrschen müssen: Wohin geht es? Und auf welchem Weg? Denn bereits hier zeigen sich riesige Unterschiede zwischen verschiedenen Führungskräften: Die einen haben weder einen Plan, was sie wollen, noch, wohin sie wollen. Die anderen wissen zwar nicht genau, wohin es geht, aber dafür umso genauer, wie. Die nächsten kennen zwar Richtung und Ziel, aber noch nicht den Weg. Und nur wenige kennen beides. Kurz: Es lohnt sich, hier näher hinzusehen. Betrachten wir also vier unterschiedliche Führungsstile, in denen Chefs ihren Job ausüben: Macht, Management, Leadership und Unternehmenskultur.

Modell »Macht«

Der einfachste Führungsstil funktioniert nach dem Modell »Macht«. Der Chef befiehlt, die anderen folgen. Der Chef denkt, die anderen schalten ihr Denken aus. Trifft der Chef auf Widerstand, gibt es dafür auf die Mütze. Ganz einfach. Wie in einer Söldnertruppe: Die Hierarchie ist klar. »Kommt mir bekannt vor!«, seufzt Günter. »Das sind die Typen, die ganz alleine an der Spitze ste-

hen und dann einen auf Alleinherrscher machen.« Genau. Auto-
kraten nennt man solche Chefs. Sie haben das Sagen, sonst keiner.
»Ganz doof sind auch diejenigen, die sich mit Ellenbogen an die
Spitze kämpfen dann von oben aus Angst und Schrecken verbreiten!« Richtig, die so genannten Despoten oder Tyrannen. Sie haben
viel Spaß am Herrschen – und tun das oft recht grob.

Der Vorteil des Modells »Macht« ist, dass ganz klar ist, wer das Sagen
hat. Und dass Entscheidungen schnell umgesetzt werden können –
schließlich machen alle, was der Chef sagt. Die Nachteile allerdings
wiegen meist schwerer: Die Mitarbeiter sind vorwiegend aus Angst
motiviert und keiner traut sich, mitzudenken oder seine Meinung
zu sagen. So verschwendet man die Intelligenz des Teams. Und:
Wer vor allem auf die Hierarchie und seinen Machterhalt guckt,
verliert dabei schnell Sinn, Ziel und Weg seiner Aufgabe aus den
Augen. Das Wichtigste wird die Macht an sich – und nicht mehr der
Erfolg als Chef. Und so herrscht unter reinen Macht-Chefs schnell
mal Entwicklungsstillstand im Betrieb. Die Politik lässt grüßen ...

Modell »Management«

Ein wenig zivilisierter ist das Modell »Management«. Hier geht es
nicht so sehr darum, wer das Sagen hat, sondern wie etwas gemacht
wird. Der Weg ist allen nämlich klar: in Form von Dienstanweisun-
gen, Ablaufplänen, Projektschulungen, standardisierten EDV-Pro-
grammen und Arbeitsprozessen, gültigen Mess- und Kontrollsyste-
men, kostenorientierten Preisberechnungen und etlichen anderen
Instrumenten, die den Weg vorgeben. So weiß jeder ganz genau,
was er zu tun hat.

»Klingt aber ziemlich bürokratisch«, stellt Günter fest. Ja, oft ist
es das auch. Zwar hilft es Chefs und Mitarbeiten, wenn sie sich an
den vorgegebenen Regeln orientieren können. Leider aber geraten

dabei auch leicht Sinn und Ziel der einzelnen Aufgaben aus den Augen. Die Folge sind dann oft behördenartige Unternehmens-Tanker, in denen zwar jeder genau zu wissen meint, was er zu tun hat, die aber nur träge auf Veränderungen reagieren und somit trotz aller Perfektion hin und wieder in die falsche Richtung dampfen oder einen fetten Eisberg übersehen. Oder besser: wegen der Perfektion! Denn könnten Chefs hier einfacher Entscheidungen treffen und diese auch durchsetzen, ließe sich mancher Umweg oder Kollisionskurs vermeiden. Stattdessen aber sind Chefs oft in einem Regelgestrüpp gefangen. Sie haben gegen die Trägheit des Systems keine Chance.

Modell »Leadership«

»Und was ist Leadership?«, will Günter wissen. Sozusagen der Gegenentwurf zum reinen Management: Denn hierbei richtet man die Arbeit vor allem danach aus, wohin es gehen soll – also an Sinn, Richtung und Zielen. Der Weg ist dabei eher unwichtig, selbst wenn jeder seinen eigenen Kurs nimmt. Hauptsache eben, man kommt an. Chefs, die das Modell Leadership anwenden, führen ihr Team vor allem durch das Vermitteln von Visionen und konkreten Zielen. Sie fungieren dabei als Vorbilder. Weil sie von ihrem Tun so überzeugt sind, haben sie meist ein ziemliches Charisma – und vermitteln dadurch besonders gut, was sie wollen.

Leadership klappt besonders gut in kleinen Teams, überschaubaren Unternehmen oder Start-ups. Das Beste daran: Die Motivation

unter den Mitarbeitern ist meist sehr hoch, denn alle brennen für ihren Job. »Klingt nach Überstunden!« Ja, Günter, und zwar oft. Trotzdem aber folgt das Team dem Chef freiwillig und mit Freude. Denn jeder Einzelne spürt, wie wichtig er ist – schließlich handelt jeder ziemlich autark und bringt sich selbst dadurch bestmöglich ein. So ergänzt man sich und zieht an einem Strang. »Nicht schlecht!«, findet Günter. Ja, schon. Problematisch wird es aber, wenn die Unternehmensgröße zunimmt. Dann ist es schnell vorbei mit dem Modell »Leadership«.

Modell »Unternehmenskultur«

»Und was passiert, wenn man Leadership in einem großen Unternehmen anwenden will?«, denkt Günter mit. Nun, dann kann das unter Umständen dank guter Unternehmenskultur klappen – obwohl die Größe vorgibt, dass eben doch viele Abläufe geregelt sein müssen. »Moment: Was ist denn das, Unternehmenskultur?« Darunter versteht man die Summe aus Selbstverständnis, Bräuchen, Ritualen und Dienstabläufen, die im Unternehmen herrschen. Also dass man zum Beispiel ein gemeinsames Leitbild hat, an das sich alle gerne halten. Oder dass jeder ein wenig mitbestimmen kann. Oder dass man gemeinsame Visionen und Strategien verfolgt. Kurz: Die Unternehmenskultur definiert die Identität des Unternehmens und seiner Mitarbeiter. Dadurch erübrigen sich viele Führungsfragen – Sinn, Richtung und Ziele sind klar. Trotzdem sind aber auch etliche Abläufe geregelt – sonst ginge es drunter und drüber.

»Klingt wie eine Mischung aus Management und Leadership«, bemerkt Günter. Und hat damit auch ein Stück weit recht. Das Ziel ist bekannt, der Weg dorthin auch. Wenn beides jetzt noch möglichst flexibel gehandhabt wird, funktioniert die Unternehmenskultur. Allerdings ist es auch hier gar nicht so einfach, immer die richtige Mischung aus Effektivität und Effizienz hinzukriegen.

Effektivität und Effizienz

»Effe, Effi... was?«, stottert Günter. Na, Effektivität und Effizienz. Wieder so Vokabeln von den Wirtschaftsfuzzies, du weißt schon. Dabei kann man sie ganz einfach übersetzen: Effizienz heißt, die Dinge richtig tun. Und Effektivität bedeutet, die richtigen Dinge tun. Wenn du für einen Besuch zum Beispiel einen super Schweinebraten kochst, bei dem du dich genau ans Rezept hältst, machst du alles richtig: Der Braten wird schön saftig, die Kruste super knusprig und die Soße herrlich herzhaft. Trotzdem kann es sein, dass du damit das Falsche tust – etwa wenn deine Gäste Vegetarier sind. Dann wäre vielleicht ein Gemüserisotto besser gewesen – selbst wenn du das nicht so gut kochen kannst.

»Ich verstehe!«, freut sich Günter. »Man kann alles richtig machen, dabei aber trotzdem das Falsche. Und wenn man das Richtige tut, muss es gar nicht so perfekt sein – Hauptsache, es wird überhaupt getan.« Genau. Stell dir zum Beispiel ein Versandhaus vor, das zwar super Kataloge verschickt, aber verpennt, dass Versandgeschäft heute vor allem übers Internet läuft. Oder eine Softwarefirma, die in ihren Programmen zwar immer mehr Schnickschnack anbietet, deren Kunden aber eigentlich nur stabile, einfache Programme wollen, die nicht dauernd abstürzen. Wenn die Chefs das nicht bemerken, wird es gefährlich für die Firmen.

Manager werden!

»Okay, kapiert: Ein guter Chef muss wissen, wohin es geht. Die richtige Richtung ist also erst mal wichtiger als der Weg zum Ziel«, resümiert Günter. »Ist die Richtung aber klar, sollte man möglichst reibungslos zum Ziel zu kommen. Ohne Umwege oder Organisationsgedöns.« Ganz genau, Günter. Und deswegen haben streng genommen alle vier Führungsmodelle etwas für sich: Wer Macht hat, kann schnell umsetzen. Wer gute Abläufe hat, bleibt sicher auf der Spur. Wer klare Ziele hat, ist motiviert. Und wer eine gute Kultur hat, hält selbst große Firmen am Laufen. Ein bisschen etwas kann man sich als Chef also von allen abgucken.

»Ich habe eine Idee!«, freut sich Günter. »Werden wir doch einfach Manager! Da bist du Chef, verdienst Millionen, und was du dafür tun musst, ist sowieso klar: das, was all die anderen Manager machen!« Moment, Schweinehund, so einfach ist es nicht. Denn Millionen verdienen nur die wenigsten Manager, und Chef bist du auch nur bedingt. Ein Manager hat nämlich einen bestimmten Aufgabenbereich zu bearbeiten und führt dabei ein Team, das meist zwischen fünf und zehn Leuten umfasst. So ergeben sich mehrere Hierarchiestufen bis an die Spitze des Unternehmens. Das heißt, die meisten Manager haben auch einen Chef. Außerdem: Was Manager zu tun haben, ist gar nicht so eindeutig, wie es erscheinen mag.

Management by objectives

»Ach was!«, beschwert sich Günter. »Ich dachte, beim Management ist alles geregelt? Die Karriereleiter ist vorgezeichnet, die Kennzahlen bestimmt der Oberboss und die Arbeitsabläufe stehen sowieso fest. Jetzt müssen sich die Manager nur noch ein wenig ins Zeug legen, und der Laden läuft.« Na ja, aber wie legen sie sich ins Zeug?

Also wie erfüllen sie ihre eigene Rolle als Chefs? Schauen wir doch mal ins Wirtschaftslexikon, wie man Management so gestalten kann.

Beginnen wir mit einem Modell namens »Management by objectives« – auf Deutsch »Management durch Zielvereinbarung«. Du ahnst schon: Es geht in Richtung »Leadership«. Der Chef bespricht dabei von Zeit zu Zeit mit seinen Mitarbeitern die nächsten Ziele, die sie zu erfüllen haben. So wird das Team geführt, motiviert und der Managementprozess möglichst individuell gehalten – jede Einheit soll mit großem Gestaltungsspielraum ihr Bestes geben. Die vereinbarten Ziele gelten dabei als Meilensteine, die es zu erreichen gilt und an denen die Leistung gemessen wird. »Klingt ganz gut!«, findet Günter. Ja, schon. Problematisch aber wird es, wenn sich die allgemeine Situation verändert – zum Beispiel der Markt oder die Unternehmenspolitik. Dann kann man Ziele vorgeben, so viel man will. Oft passen sie dann einfach nicht mehr.

Management by results

»Ist ja blöd!«, motzt Günter. »Dann sind zwar Ziele da, aber die können gar nicht erreicht werden?« Genau, Schweinehund, das kommt vor. Aber eben nur, wenn sich zu viel drumherum verändert, also wenn zum Beispiel die Mitbewerber ein neues Superprodukt auf den Markt bringen, das Kunden wegschnappt, oder wenn ein neuer Oberboss das Sagen hat, der ganz andere Ziele erreichen will, oder wenn sich die Organisation so verändert, dass der Einzelne plötzlich mit ganz anderen Arbeitsabläufen zurechtkommen muss. Dann wird es schwierig mit den Zielen. Im Großen und Ganzen aber ist Management by objectives ziemlich beliebt.

Ein wenig strikter geht es beim »Management by results« zu. Hier bespricht der Chef mit den Mitarbeitern nicht nur Ziele, sondern gleich die gewünschten Ergebnisse. Im Idealfall vereinbart man natürlich Ergebnisse, die für den Mitarbeiter akzeptabel sind und machbar erscheinen. Und dann achtet der Chef ziemlich streng darauf, ob die Ergebnisse gebracht werden oder nicht. »Und was, wenn nicht?«, sorgt sich Günter. Nun, dann gibt es für den Mitarbeiter unangenehme Konsequenzen: schlechte Beurteilungen, Karrierebremsen, Versetzungen, Gehaltseinbußen, oder es droht sogar der Jobverlust.

Management by delegation

»Klingt hart, so ein Management by results!«, findet Günter. »So streng und unnachgiebig.« Wieso? Unterm Strich geht es eben darum, Ergebnisse zu erzielen. Und das ist nicht nur die Aufgabe des Chefs, sondern die eines jeden Einzelnen.

Womit wir auch schon bei der nächsten Managementmethode wären, beim »Management by delegation«. Wie du sicher ahnst, geht es hierbei darum, etwas an die Mitarbeiter zu delegieren – und zwar vor allem Verantwortung und Entscheidungen. So sollen möglichst viele im Team selbst aktiv mitdenken und mitentscheiden. Der Chef hat nur noch die Aufgabe, die Arbeit der Einzelnen zu kontrollieren und die Verantwortung für die Führung zu übernehmen. Und hier wird es dann wieder kompliziert: Denn damit der Chef immer über alles Wichtige Bescheid weiß, müssen ihm seine

Teammitglieder ständig berichten. Außerdem müssen klare Regeln herrschen, nach denen die Mitarbeiter ihre Entscheidungen treffen. Du merkst schon: Hier wird es wieder bürokratisch und hierarchisch statt praktisch und kooperativ – und das Management by delegation stößt an seine Grenzen. Besser, wir gehen gleich einen Schritt weiter – zum »Lean Management«!

Lean Management

»Und was ist jetzt dieses Lean Management?«, fragt Günter genervt. Sorry, Schweinehund, für all die komischen Vokabeln. Wie gesagt: Wirtschaftsfuzzies wollen schlau klingen ...

Beim Lean Management geht es darum, das Management möglichst schlank zu halten, also mit nur wenig Verwaltungsaufwand und Hierarchieebenen. So soll sorgenfrei delegiert werden und jeder soll mitmachen ohne viel Gedöns. Vor allem die überflüssigen Prozesse und Strukturen im Unternehmen fliegen dabei raus. Übrig bleibt dann nur das Notwendigste, das dann jeder nach bestem Wissen und Gewissen verbessern soll. Auf diese Weise soll Lean Management vor allem die Effizienz verbessern. »Also den Weg richtig zu gehen? Möglichst gute Braten zu kochen? Schöne Kataloge zu produzieren? Komplizierte Programme zu programmieren?« Genau, Günter, du hast es erfasst. Denn durch Lean Management gestalten genau die Leute die Prozesse, die sie auch selbst durchführen – und nicht irgendwelche Chefs, die von den eigentlichen Abläufen vergleichsweise wenig Ahnung haben.

Management by projects

Und schon landen wir beim nächsten Management-Modell: beim »Management by projects« – oder auch ganz einfach Projektmanagement genannt. Hier geht es nicht mehr darum, den Chef raushängen zu lassen, sondern erfolgreich Projekte zu stemmen: Was ist zu tun? Wie? Wer tut es? Und wann? Das hat dann natürlich vor allem mit dem richtigen Planen, Organisieren und Bereitstellen von wichtigen Ressourcen zu tun. Und der Projektmanager beschäftigt sich viel mit Abläufen, Engpässen und Ausführungskontrolle. Was zählt, ist einzig das Projekt. Punkt. Das muss er erfolgreich hinkriegen, der Chef. Alles darüber hinaus gehört nicht zu seinen Aufgaben. Und ist das eine Projekt beendet, geht es schnell weiter zum nächsten.

»Klingt ganz okay«, findet Günter. »Immerhin besteht ja die ganze Arbeitswelt aus lauter Projekten: Kunden betreuen, Produkte entwickeln, Ablage machen.« Richtig, Schweinehund. Wichtig ist eben, dass sich die Projekte nicht verselbstständigen, sondern ineinandergreifen. Es bringt schließlich nichts, wenn sich das eine Projektteam etwa nur ums Marketing kümmert, während es keine Ahnung hat, was überhaupt vermarktet werden soll. »Genau!«, schimpft Günter. »Dann flattern einem am Ende bescheuerte Prospekte voller Werbe-Blabla ins Haus, und die Hotline hat keine Ahnung, was versprochen worden ist – wenn man überhaupt mal durchkommt!« Exakt: Das ist dann schlechtes Management.

Management by systems

Damit die rechte Hand also immer weiß, was die linke tut, gibt es »Management by systems«. Hier geht es darum, alle Abläufe im Betrieb durch ein System von Netzwerken und Regelkreisen zu organisieren – beziehungsweise sich selbst organisieren zu lassen. Denn hierbei schauen sich alle ständig gegenseitig über die Schulter und stimmen sich ab. Also muss die Marketingabteilung, bevor sie ein Prospekt mit Werbeversprechungen verschickt, erst mal mit der Hotline klären: Passen mehr Kundenanrufe derzeit überhaupt? Und

weiß auch jeder Bescheid, was beworben wird? Je automatischer solche gegenseitigen Abstimmungen vonstattengehen, desto besser. Das reduziert die Wahrscheinlichkeit, Fehler zum machen ...

»... und Vegetariern Schweinebraten zu servieren!« Genau, Günter.

Probleme winken hier aber wieder aus einer ganz anderen Ecke. Denn: Je mehr man Unternehmen als Systeme versteht, bei denen einzelne Prozesse ineinandergreifen, desto eher geraten die handelnden Menschen aus dem Blickfeld. »Und die inneren Schweinehunde!« Statt sich auf die Menschen zu konzentrieren, die miteinander reden sollen, tut man also so, als käme es nur auf die Funktionen der Menschen an. Unternehmen sind aber lebendige Organismen und keine leblosen Mechanismen. Und schon sind wir wieder bei der Bürokratie ...

Management by exceptions

»Halt! Stopp! Schluss!«, bellt Günter empört. »Habe ich das richtig verstanden? Damit Management nicht zu bürokratisch wird, soll man Ziele vorgeben, die aber oft nicht erreicht werden können. Also fordert man Resultate ein, deren Nichterreichen man wenigstens bestrafen kann. Damit dennoch jeder sein Bestes gibt, soll alles delegiert werden. Und weil die Kontrolle nun zu kompliziert wird, verschlankt man die Firma einfach, sodass sich jeder nur noch um einzelne Projekte kümmert. Weil dann aber keiner mehr weiß, was der andere tut, muss man Systeme schaffen, um sich gegenseitig abzustimmen. Und das wird dann wieder zu bürokratisch!?« Ja, Günter, du hast es erfasst. Irgendwo beißen sich die Konzepte immer in den Schwanz. Nie passt es so richtig.

»Dann habe ich eine Idee!«, freut sich Günter. »Am besten halten sich die Chefs einfach ganz raus! Nur wenn etwas offensichtlich falsch läuft, sollen sie eingreifen.« Ha, sogar dafür gibt es einen Fachbegriff! Er lautet »Management by exceptions«. Damit die Chefs sich nicht mit zu viel lästigem Kleinkram beschäftigen müssen, greifen sie nur ein, wenn etwas aus dem Ruder läuft. »Oh Mann ...«

Management by Quatsch

»Management by Quatsch ist das alles!«, quiekt Günter. »Wie soll man sich da noch zurechtfinden?« Ach, eigentlich waren wir noch lange nicht am Ende. So fehlen noch Management by crisis, by walkaround, by decision rules, by teaching, by direction and control, by participation, by innovation, by alternatives ...

»Ich hätte auch noch ein paar zu bieten«, lacht Günter. »Management by Fallobst: Sind Entscheidungen reif, fallen sie von selbst! Management by Champignon: Team im Dunkeln lassen, mit Mist bestreuen, und wenn sich mal ein heller Kopf zeigt – abschneiden! Management by Moses: das Volk in die Wüste führen und auf ein Wunder hoffen! Management by Helikopter: über allem schweben, ab und zu auf den Boden kommen, dabei viel Staub aufwirbeln und dann wieder abschwirren! Management by Jeans: An den wichtigen Stellen sitzen lauter Nieten! Management by Robinson: Alle warten auf Freitag! Management by Nilpferd: erst Maul aufreißen, dann abtauchen! Management by Harakiri: souveräne und dauerhafte Missachtung aller Gegebenheiten! Management by Sausage: Alles ist wurscht, und jeder gibt seinen Senf dazu! Management by Surprise: erst mal handeln, dann von den Folgen überraschen lassen! Oder Management by Pingpong: jeden Vorgang so lange hin- und herlaufen lassen, bis er sich von selbst erledigt! ...«

Balanced Scorecard

Ratlos grübelt der Schweinehund über seine Zukunft. Das mit den Managementkonzepten hört sich ziemlich unsinnig an. Also doch lieber ein kleiner Angestellte bleiben, der sich einen möglichst sicheren Job sucht? »Klingt am vernünftigsten ...«, seufzt Günter. Ist aber falsch. Denn ehrlich: So kompliziert ist es gar nicht, ein guter Chef zu sein! Man muss nur wissen, wie es geht. »Scherzkeks!«, bellt Günter. »Mit noch mehr Management-Blabla?« Nein, natürlich nicht. Trotzdem ist es wichtig, erst mal einen Überblick zu gewinnen. Sonst verstrickt man sich schnell im Kleinklein. Wir halten also fest: All die Managementmodelle klingen zwar ganz schick, haben aber ihre Grenzen. Dennoch wollen sie eigentlich immer das Beste: gute Ergebnisse, engagierte Mitarbeiter, sichere Systeme und dennoch maximale Flexibilität. Aber wozu eigentlich?

Und hier kommen wir zum nächsten aufgeblasenen Wort, das aber eine ganz tolle Bedeutung hat: zur »Balanced Scorecard«! Das heißt in etwa »ausbalancierte Bewertungskarte«. Sie soll Chefin oder Chef helfen, im Unternehmensdschungel die Richtung zu finden. Wie ein Kompass. Und zwar, indem man die Arbeit durch vier unterschiedliche Brillen betrachtet: Wie steht es um die Finanzen? Was wollen die Kunden? Stimmen die Prozesse? Und was macht das Potenzial?

Die lieben Finanzen

Setzen wir uns zunächst mal
die Finanzbrille auf: Damit
ein Unternehmen über-
haupt funktioniert, muss
es Geld verdienen, also Gewinne machen. Das tut es,
indem es mehr Geld ein-
nimmt, als es ausgibt. Und
dafür gibt es genau zwei große Stellschrauben: den Umsatz und die Kosten. Will das
Unternehmen also mehr Geld
verdienen, muss es entweder mehr
verkaufen oder weniger ausgeben – logisch.

»Und was hat das mit dieser Balanced Scorecard zu tun?«, will
Günter wissen. Nun, sie kann dir helfen, den Überblick zu behalten – mit Kennzahlen. Machen wir es konkret: Stell dir mal vor, du
betreibst eine Kneipe. Dann musst du als Chef darauf achten, dass
du dabei gut wirtschaftest – sonst gehst du pleite und musst dicht-
machen. Also solltest du stets beurteilen, wie es um deine Finanzen
steht: Wie viel Umsatz machst du insgesamt? Wie hoch ist er pro
Mitarbeiter, pro Quadratmeter Bewirtungsfläche oder pro Saison?
Wie viel Umsatz willst du überhaupt? Welche Kosten hast du dabei? Für Pacht, Getränke oder Strom? Welche willst du haben? Wie
viel Geld verdienst du unterm Strich? Je Mitarbeiter, je Tag, je Stunde oder je verkauftem Bier? Und wie viel willst du verdienen? Du
siehst: Aus der Finanzperspektive kannst du deine Kneipe komplett
durchrechnen! Und dabei hilft dir die Balanced Scorecard: Denn
darin kannst du dir lauter solche Zahlen zur Orientierung eintra-
gen – und behältst die lieben Finanzen im Griff.

König Kunde

»Klingt logisch!«, freut sich Günter. »Und eigentlich gar nicht so schwierig. Man muss halt ein bisschen rechnen.« Genau. Auch die nächste Brille ist ganz einfach zu verstehen: die Kundenperspektive. Damit ein Unternehmen nämlich funktioniert, muss irgendjemand haben wollen, was es anbietet – die Kunden. Ohne Kunden keine Geschäfte. Ohne Geschäfte kein Unternehmen. So weit klar? »Klar.« Leider aber vergessen manche Unternehmen die Bedürfnisse ihrer Kunden. Und dann wundern sie sich, wenn sie schlecht verkaufen – und schließlich pleitegehen. »Wie bei der Katalogfirma, die das Internet verpennt hat?« Richtig, Günter. Oder wie beim Schweinebraten für Vegetarier.

Nun stell dir mal vor, du willst, dass es den Kunden in deiner Kneipe möglichst gut gefällt. Dann kannst du dir überlegen, woran sich das konkret festmachen lässt: zum Beispiel daran, dass dein Kunde nur möglichst kurz auf den Kellner wartet. Oder an der Zahl deiner Stammgäste. Daran, wie lange sie sitzen bleiben. Oder wie viel Trinkgeld sie geben. Du siehst: Es gibt etliche Möglichkeiten, die Kundenzufriedenheit zu beurteilen. Und auch hierbei kann dir wieder helfen, die wichtigsten Zahlen aufzuschreiben. Wo stehst du? Und wo willst du hin?

Prozesse verbessern

»Alles klar!«, freut sich Günter. »Ich kapiere, worum es geht.« Also weiter mit der nächsten Brille: den Prozessen – oder besser auf Deutsch: den Abläufen im Unternehmen. Wie lässt sich bestimmen, ob alles flutscht oder etwas verbessert werden muss? Denn wenn sich die Arbeit irgendwo staut, bringt das Unternehmen nicht seine volle Leistung – und verdient somit weniger Geld und befriedigt auch weniger Kunden. »Zum Beispiel wenn die Hotline

ständig besetzt ist, weil dort nur ein paar wenige Hansel arbeiten?«
Zum Beispiel.

»Aber zurück zur Kneipe: Woran merkst du dort, ob die Abläufe passen?« Ganz einfach: zum Beispiel daran, ob irgendwo zu viel Zeit draufgeht. Etwa in der Küche: Wie lange braucht die für ein Gericht? Sind also genügend Köche da? Oder beim Abräumen: Stapeln sich auf den Gästetischen die Teller? Dann ist wohl mehr Personal nötig. Aber auch das Lager weist auf Prozesse hin: Wie lange liegen die Fässer, bevor sie verbraucht sind? Fehlt ständig irgendetwas Wichtiges, weil davon mehr gebraucht wird als bestellt? Oder stapelt sich etwa ein Produkt, weil es kaum jemand haben will? Also: Wie kann man die Logistik besser steuern? »Okay!«, schnallt Günter. »Auch hier können Kennzahlen weiterhelfen. Einfach konkret aufschreiben, wo du stehst und wo du hinwillst, und immer wieder abgleichen.« Was für ein schlauer Schweinehund!

Potenziale entwickeln

»Und was hat Chef-Sein mit Potenzialen zu tun?«, will Günter wissen. »Klingt kompliziert.« Nein, auch das ist eigentlich ganz einfach: Denn jede Firma muss sich weiterentwickeln. Bleibt sie stehen, entwickeln sich nur die anderen weiter. Dann ist die Firma bald schlechter als alle anderen. Und schon wieder droht die Pleite ...

»Aber wie entwickelt man Potenzial?« Indem man ständig schaut, wo die besten Entwicklungsmöglichkeiten für die Zukunft sind, und sich darauf einstellt: Wie entwickelt sich der Markt? Ist die Firma darauf vorbereitet? Produziert man genügende neue Produkte und beständig die guten alten weiter? Sind Leute im Team, die es wirklich draufhaben? Können die sich genügend entwickeln, sodass sie nicht zur Konkurrenz abwandern? Überhaupt: Machst du das Beste aus deinem Team, sodass die Leistungsträger mit Freude dabeibleiben? »Also zurück zur Kneipe: Wenn unter deinen Kunden immer mehr Vegetarier sind, sollte der Koch lernen, wie Gemüserisotto geht. Und wenn er das nicht macht, muss eben ein neuer her. Einer, der auch Lust auf vegetarische Gerichte hat.« Bingo, Günter. Und damit du all das immer gut im Blick hast, suchst du dir wieder ein paar Kennzahlen, an denen du dich orientierst.

Die Vogelperspektive

»Hey, das klang jetzt endlich mal vernünftig!« Günter grinst breit über die ganze Schnauze. »Nicht so nach Blabla mit Kuddelmuddel ...« Ich sag doch: So schwer ist Chef-Sein auch gar nicht. Man muss eben erst mal wissen, was wichtig ist, und dann den Überblick behalten. Sozusagen in der Vogelperspektive und ohne Organisationsscheuklappen. Dann geht's. Wer also die Finanzen, Kundenwünsche, Prozesse und das Potenzial überblickt und miteinander ausbalanciert, ist schon ein besserer Chef als einer, der sich nur auf einen einzigen Aspekt konzentriert. Selbst wenn er sich in dem einen Aspekt besser auskennt als der Chef aus der Vogelperspektive. Da helfen die tollsten Managementkonzepte nichts.

»Aber dann geht es beim Chef-Sein doch vor allem um gesunden Menschenverstand«, stellt Günter richtig fest, »und nicht um aufgeblasenen Wortquark und Detailkram!« Exakt, Sauhund. Nur leider lassen sich zu viele von Dienstwagen, schicken Krawatten und BWL-Wörtern einschüchtern, anstatt die wirklich wichtigen Fragen zu stellen: Woher kommt die Kohle? Was wollen die Kunden? Wie läuft der Laden? Und wohin soll es gehen? »Hmm ...«, grübelt Günter. »Klingt alles gar nicht nach Management. Eher nach dem Modell Leadership ...« Gut beobachtet, Schweinehund! Gratulation!

3. MOTIVATION
durch LEADERSHIP

Leadership statt Management

»Worin liegt noch mal der Unterschied zwischen Leadership und Management?«, fragt Günter. Nun, von solchen Unterschieden gibt es eine ganze Menge.

Management konzentriert sich auf den Weg, Leadership aufs Ziel. Ein guter Manager hat die Abläufe im Kopf, ein Leader hingegen Sinn und Richtung. Dabei konzentriert sich der Manager auf Systeme und Strukturen, der Leader aber auf die Menschen. Der Manager will die Dinge richtig machen, der Leader die richtigen Dinge. Der Manager erhält den Status quo, der Leader fordert ihn heraus. Der Manager hat seine Augen auf der Bilanz, der Leader am Horizont. Der Manager fragt »Wie?« und »Wann?«, der Leader »Was?« und »Wozu?«. Der Manager erhält also und verwaltet, der Leader hingegen entwickelt und erneuert. Der Manager denkt kurzfristig, der Leader langfristig. Der Manager verlässt sich auf Kontrolle, der Leader erweckt Vertrauen. Denn der Manager ist der klassische Soldat, er ist eine Art Kopie. Der Leader aber ist ganz er selbst, er ist ein Original.

»Hey, coole Zusammenfassung!«, freut sich Günter. »Also wirst du ein Leader und kein Manager! Denn Manager sind Hemmager.« Na ja, auch nicht ganz ...

Leader ergreifen Initiative

»Aber wie muss so ein Leader drauf sein?«, will Günter wissen. »Einfach so nach Schema F zu arbeiten, scheint nicht zu passen.« Nein, eher denken und handeln Leader unternehmerisch und initiativ statt zurückhaltend und in vorgegebenen Bahnen. Denn sie wollen etwas schaffen, nicht etwas verwalten. Und dazu müssen sie wissen, wo sie stehen und wo sie hinwollen – sie schauen sozusagen ständig auf Umgebungskarte und Kompass. Somit kennen sie ihre Position und ihre Ziele. Und sie haben eine hohe Motivation, diese Ziele auch zu erreichen.

»Und was tun sie dafür, Ziele zu erreichen?«, fragt Günter. Na, zunächst mal tun sie dafür das Wichtigste überhaupt: Sie entwickeln Initiative! Sie fangen an, zu tun, was notwendig ist, um ein Ziel zu erreichen. Und zwar ganz von selbst! Ohne einen Chef, der ihnen erst einen Startschuss geben muss. Sie übernehmen selbst die Verantwortung. Sie trauen sich, die Entscheidung zu treffen, das zu tun, was sie selbst für richtig halten! Denn sie glauben an sich und daran, dass sie etwas bewirken können. Und sie wissen: Wenn sie einen Prozess, der ihnen wichtig ist, nicht selbst anstoßen, wird ihn niemand sonst für sie anstoßen – darauf könnten sie ewig warten. Das wollen sie aber nicht, also machen sie einfach. Ihnen ist klar: Wer morgen Resultate will, muss heute handeln! Denn es geht immer schon heute um die Zukunft! Darum, zu gestalten, was werden soll!

Leader wollen Menschen führen

»Leader sind also ziemlich motiviert?« Richtig, Günter. »Aber warum gleich so sehr? Können sie es nicht etwas lockerer angehen?« Nein, können sie nicht. Denn ihre Motivation entstammt nicht dem Wunsch nach Lockerheit. Sie wollen einen guten Job machen – das ist ihnen wichtig. Und dabei gewinnen sie Motivation und Energie durch Ziele und Sinn ihrer Tätigkeit – und durch die Tätigkeit selbst. »Wow! Sie sind also durch die Sache motiviert?« Aber hallo!

Und neben der hohen Eigenmotivation und Energie erfüllen sie eine weitere wichtige Voraussetzung, um gute Chefs zu sein: Leader wollen andere Menschen führen. Denn »Leader« heißt ja schließlich auch »Führer«. »Pfui, das klingt nach Nazi!« Ist aber nicht so gemeint, Günter. Vielmehr geht es darum, Verantwortung zu übernehmen. Dafür, andere Menschen so zu führen, dass die richtigen Ergebnisse herauskommen. Denn Ergebnisse fallen einem schließlich nicht in den Schoß. Man muss etwas für sie tun – und zwar manchmal etwas Unangenehmes, Langwieriges und Schwieriges. Etwas, vor dem sich viele lieber drücken. Etwas, wofür man Leader braucht. Also Führer, die bereit sind, die Richtung vorzugeben und andere Menschen zu befähigen, das Richtige zu tun.

Leader entwickeln Menschen

»Was soll das heißen, andere Menschen zu befähigen, das Richtige zu tun?«, wundert sich Günter. »Wieso denn andere Menschen?« Na, der Chef kann schließlich nicht alles selbst machen. Stell dir nur mal einen Kneipenbesitzer vor, der in seinem vollbesetzten Laden gleichzeitig Bestellungen annimmt, Getränke zapft, kocht, serviert, abkassiert, Tische sauber hält und Geschirr abspült! Nicht umsonst arbeitet einer im Service, einer an der Bar und einer in der Küche. Die Aufgabe des Chefs ist es ja gerade, andere Menschen zu führen. Sie so zu entwickeln, dass sie tun können, was getan werden muss. Sie dazu zu bringen, selbst Verantwortung zu übernehmen und die gewünschten Ergebnisse zu erzielen. Schafft das der Leader, hat er einen guten Job gemacht. Schafft er es nicht, einen schlechten.

»Moment mal!«, quiekt Günter empört. »Ich dachte, der Leader soll selbst Verantwortung übernehmen?« Schon, das tut er ja auch. Für die gewünschten Ergebnisse. Aber um die zu erreichen, muss er die Verantwortung erst mal weitergeben – an das Team. Und zwar an genau die Teammitglieder, die für die jeweiligen Aufgaben am besten geeignet sind. Das ist der eigentliche Job des Leaders: die Teammitglieder dazu zu befähigen, das zu tun, was sie sollen und gut können! Sogar wenn sie es sich am Anfang selbst nicht zutrauen – wie möglicherweise der Koch beim Gemüserisotto. Zeit also, dass dem Koch mal einer zeigt, was in ihm steckt! Zeit für einen Leader!

ORGANI-gramm oder Hierarchie-BAUM?

Denken Sie mal an die graphische Darstellung eines typischen Organigramms. Ganz oben stehen der oder die Chefs. Darunter befinden sich einzelne Abteilungen mit ihren jeweiligen Führungskräften in Leitungsfunktionen. Darunter befinden sich Abteilungen, innerhalb derer wiederum einzelne Führungspositionen kleine Teams führen. Die gesamte Organisation ist quasi militärisch in Hierarchiestufen aufgebaut: Die Oberen befehlen den Mittleren, welche wiederum den Unteren befehlen.

In der Praxis sind viele Organisationen so aufgebaut, was mitunter sinnvoll ist. Andererseits erkranken viele solcher Organisationen oft an ähnlichen Problemkomplexen: Die Mitarbeiter entwickeln eine Art Silodenken, im welchem sie scheinbar nur noch die Belange ihrer eigenen Abteilung wahrnehmen, anstatt das große Ganze sehen zu wollen. Querdenken? Nicht mehr möglich, vor allem wenn die Mitarbeiter schon ein paar Jahr im Betrieb sind. Zudem lassen Eigeninitiative, Kreativität und Begeisterung nach: Schließlich entscheiden ohnehin nur »die da oben«, was zu tun ist. Es entsteht eine behördenartige Kultur: leblos, bürokratisch, obrigkeitsgebunden. Gemacht wird nur, was vorgegeben wird.

Stellen Sie sich nun einen Gegenentwurf vor: Drehen Sie das Organigramm optisch um 180 Grad um, sodass es auf dem Kopf steht. Nun könnte man es für das Symbol eines Baumes halten: Die Chefetage entspricht dem Stamm, die mittlere Ebene den Ästen und die »untere« Ebene den Zweigen und Blättern.

Wie wäre es, nun auch das Führungsmodell konsequent umzudrehen? Die Aufgabe des Stammes besteht darin, die Äste mit Nährstoffen und Stabilität zu versorgen, damit diese die Zweige und Blätter zum Wachsen bringen. In Organisationen entsprechen die Nährstoffe und Stabilität Faktoren wie Arbeitsmitteln, Strukturen, Gehalt, Vertrauen, Ausbildung, Ermächtigung zum eigenverantwortlichen Handeln und so weiter, damit jeder störungsfrei machen kann, was er soll – schließlich findet die eigentliche wertschöpfende »Arbeit« in der Peripherie jeder Organisation statt: am Kunden oder in der Werkhalle. Und was dort häufig am meisten stört, sind Fesseln »von oben« ...

REFLEXION

WIE VIEL »BAUM« STECKT IN IHNEN?

Hand aufs Herz:

> *Sind Sie eher nach dem Modell »Organigramm« organisiert oder nach dem Modell »Baum«?*

> *Was bedeutet das für Ihre Unternehmenskultur?*

> *Wie engagiert sind Ihre Mitarbeiter bei der Sache?*

> *Wie frei können sie eigene Ideen entwickeln, einbringen und Entscheidungen treffen?*

> *Was müssten Sie tun, um sich dem Modell »Baum« anzunähern?*

Routine-Günter

»Aber stecken in Menschen nicht
die seltsamsten Schweinehunde?«,
will Günter wissen. Oh, ja. Und
zwar meist genau vier Prototypen:
Routine-, Besserwisser-, Cholero-
und Aktionsschweinehunde! »Hä?«

Nun, Routine-Günter stehen sehr auf
klare Abläufe und Gewohnheiten. Sie
denken »Immer mit der Ruhe!«, »Eines
nach dem anderen!«, »Das haben wir schon im-
mer so gemacht!«, »Nur nicht den Mund verbrennen!«, »Wo kämen
wir da hin!«, »Wir können doch nicht plötzlich alles über den Hau-
fen schmeißen!«, »Sollen die anderen erst mal anfangen!« – kurz:
Routine-Günter fühlen sich immer dann besonders wohl, wenn
sie möglichst wenig mitdenken, Verantwortung übernehmen oder
Neues ausprobieren müssen. Bevor sie bei Veränderungen mitmachen, gründen sie erst mal empört eine Gewerkschaft. Dann aber,
wenn sie das Neue mal gelernt haben, fällt es ihnen genauso leicht
wie das alte. Doch egal: Denn dafür arbeiten sie verlässlich und regelmäßig, sind gehorsam und freundlich und verstehen sich gut
mit anderen Menschen und Schweinehunden. »Chef sein ist also
nicht so ihr Ding?« Nein, eher nicht. Es erscheint ihnen zu stressig.

Besserwisser-Günter

Der zweite Typus ist da schon etwas komplexer: der Besserwisser-
Günter. Ihm geht es nicht um die Routine als Weg, sondern vor allem darum, die Routine richtig zu machen. Er ist nämlich ein vor-
sichtiger Effizienzfanatiker. Einer, der nach Perfektion strebt. Ein
sehr Kritischer, der sich kein X für ein U vormachen lässt.

182

Routine-Günter klopfen gerne Sprüche wie »Träume sind Schäume!«, »Der Teufel ist ein Eichhörnchen!«, »Vertrauen ist gut, Kontrolle ist besser!«, »Vorsicht ist die Mutter der Porzellankiste!«, »So einfach kann man das aber nicht sagen!«, »Da muss ich erst mal in den Statuten nachlesen!« – kurz: Besserwisser können einem echt auf die Nerven gehen, wenn man schnell mal etwas umsetzen muss. Denn ständig starren sie auf die Zahlen, statt sich zu fragen, was die Zahlen bedeuten. Paralyse durch Analyse! Und Entscheidungen zweifeln sie immer erst mal an, wollen nachrechnen und kontrollieren. Denn alles andere macht ihnen Angst. Leider neigen sie dabei zum Schwarzsehen und – wie der Name schon sagt – zur Besserwisserei. Kein Wunder: Statt die Dinge im Überblick zu beurteilen, verzetteln sie sich lieber in den Kapillaren des Systems. Aber: Um Fachfragen zu erörtern oder Jobs besonders genau zu erledigen, gibt es keine besseren als die Besserwisser! Sie sind die perfekten Spezialisten.

Cholero-Günter

Schweinehunderasse Nummer drei hingegen ist das genaue Gegenteil vom Besserwisser: der Cholero-Günter. Ihm ist es ziemlich egal, ob alles nach den richtigen Regeln läuft, mit Kleinkram will er sich nicht aufhalten. Stattdessen will der Cholero-Günter Ergebnisse – und zwar die besten, ohne Umwege und möglichst schon gestern!

Seine Sprüche lauten »Jetzt oder nie!«, »Ganz oder gar nicht!«, »Der frühe Vogel fängt den Wurm!« – sie sind also sehr ziel- und handlungsorientiert. Sehr schön: So geben Choleros im Team oft die Richtung vor und die anderen folgen. Was sehr praktisch ist, denn Cholero-Günter haben tatsächlich meist einen guten Überblick! Sie wissen, wo es langgeht. Problematisch ist nur, dass sie im Kopf meist schon am Ziel angekommen sind, während in der Realität andere ihre Pläne erst noch umsetzen müssen – und das klappt eben nicht immer ganz so schnell. Also werden Cholero-Günter leicht ungeduldig, ruppig oder streiten sich sogar: »Du oder er!«, »Schwarz oder weiß!«, »Los, mach endlich!«, heißt es dann – und das Team duckt sich weg, um keinen auf den Rüssel zu kriegen. »Klingt so, als könnte man Cholero-Günter leicht ärgern!«, kichert Günter. »Man muss sie nur mit Besserwissern zusammenarbeiten lassen ...«

Aktions-Günter

Typ Nummer vier hingegen tickt wieder ganz anders: der Aktions-Günter. Ihm sind Weg und Ziel egal. Was er will, ist Action – und zwar eine ganze Menge! Er klopft Sprüche wie »Probieren geht über studieren!«, »Mach halt, wird schon!«, »Wer rastet, der rostet!«, »Hauptsache, Action!« oder »Alle Menschen sind Freunde!«. Routine mögen sie gar nicht, Neues umso lieber. Sie kommen schnell mit anderen Schweinehunden in Kontakt und halten lange Ana-

lysen für Zeitverschwendung. »Risiko?
Egal!«, denken sie. »Wenn es schief-
geht, klappt es beim nächsten Mal.«

Aktions-Günter sind immer in Bewegung, meistens gut gelaunt –
und leider auch ein bisschen
oberflächlich: Routine finden
sie langweilig, Besserwisserei
unwichtig und Cholero-Allü-
ren unelegant. Von Nachdenken, Genauigkeit und Strategie halten sie nicht besonders
viel – weshalb sie ihr Aktions-
drang mitunter in Schwierigkeiten bringt. Mit Charme und
Schwung allerdings schaffen sie
sich Probleme meist wieder schnell
vom Hals. »Wozu grübeln? Handeln!«,
denken sie – und sollten dennoch vor dem
Handeln meist besser erst mal grübeln ...

Mischtypen statt Schubladen

»Lauter Verrückte!«, lacht Günter. »Und die laufen alle frei in der
Weltgeschichte herum?« Na ja, nicht ganz. Eigentlich sind die
meisten eher Mischtypen aus verschiedenen Schweinehunderas-
sen: aktionsorientierte Choleros, besserwisserische Routiniers oder
routinierte Besserwisser mit einem Hauch Cholerik – es sind alle
Kombinationen möglich. »Und die reinen Prototypen? Kommen
die auch vor?« Schon, aber selten. Die nennt man dann Persönlich-
keitsstörungen ...

»Aber wozu sind dann diese ganzen Schubladen gut?«, will Günter wissen. »Menschen und Schweinehunde sind doch viel komplexer!« Das ist schon richtig. Aber schwerer zu beschreiben. Einfache Modelle sind hilfreicher, um Menschen zu verstehen. Und als Chef musst du ja mit Menschen umgehen können. »Verstehe!«, kombiniert Günter. »Dann ist der Schweinebratenkoch also auf dem Routinetrip?« Genau. Denn da kennt er sich aus, und er hat Angst vor Veränderung. Also was braucht er? »Einen Chef, der ihm Mut macht!« Bingo, Günter. Und keinen, der rumschreit. »Und die Marketingfuzzies mit dem Werbe-Blabla sind auf dem Aktionstrip! Sie brauchen einen Chef, der ihnen die Richtung zeigt.« Genau, zur Not auch gerne etwas cholerisch. »Und die Katalog-Heinis sind detailverliebte Besserwisser?« Möglich. Sie bräuchten also mehr Schweinehunde im Team, die etwas Neues ausprobieren wollen. »Aktions-Günter!« Jawohl, Chef.

Das INSIGHTS-MODELL
in der
Mitarbeiterführung

Na? An was haben Sie die vier Günter-Typen erinnert? Natürlich an das Insights-Modell aus dem Verkaufs-Teil dieses Buches! Klar: Der Routine-Günter entspricht natürlich dem »grünen« Typ, der Besserwisser-Günter dem »blauen«, der Cholero-Günter dem »roten« und der Aktions-Günter dem »gelben«. (Wichtig: Sollten Sie den Führungs-Teil dieses Buches vor dem Verkaufs-Teil lesen, so schieben Sie den Artikel über die Insights-Typologie kurz dazwischen und lesen ihn durch, bevor sie diesen Text hier weiterlesen. Sonst können Sie ihn nicht verstehen.)

Und selbstverständlich können Sie die bereits erläuterten Kommunikationsprinzipien auch für den Umgang mit Mitarbeitern als Maßstab nehmen. Wobei hier natürlich ganz besonders die persönlichen Stile der jeweiligen Cheftypen zu beachten sind.

»Rote« Chefs

»Rote« Chefs etwa scheinen zunächst wie gemacht zu sein für Führungsverantwortung: Sie sind zielorientiert, treffen klare und schnelle Entscheidungen und sind meist sehr diszipliniert. Schließlich übernehmen sie gerne Verantwortung, setzen sich und anderen Ziele und haben Spaß am Führen.

Aufgrund genau dieser Eigenarten sind sie aber auch oft blind für soziale Zwischentöne, die Detailorientierung anderer oder deren Unstrukturiertheit. Sie verstehen als rationale Extravertierte nicht, wie anderen Zielorientierung mitunter überhaupt nicht wichtig ist. Und so werden sie unter Druck laut, arrogant, aggressiv, ungeduldig, einschüchternd oder intolerant. Insofern droht bei »roten« Chefs eine hohe Fluktuation.

»Gelbe« Chefs

Die Vorzüge »gelber« Chefs liegen in ihrer motivierenden Energie und Kommunikationsfreude. Sie sind visionär, meist sehr umgänglich, euphorisch und entsprechend auch euphorisierend. Typisch für extravertierte Fühler eben. Sie lieben Großraumbüros oder wollen raus unter Menschen. Fürs Strukturieren von Projekten brauchen sie die Hilfe anderer, dafür sind sie aber sehr vertriebsstark und überzeugend.

Leider sind sie in ihrer Erlebnisorientierung auch oft sprunghaft und orientierungslos, was es für sie schwierig macht, Dinge strategisch zu durchdenken und kluge Entscheidungen zu treffen und durchzuziehen. Unter Druck und bei Stress erscheinen sie sogar zickig, launisch und taktlos.

»Grüne« Chefs

Die Stärken »grüner« Chefs liegen eindeutig in der hohen emotionalen Bindung, die sie mit dem Team aufbauen. Sie sind loyal, unterstützend, sozial, empathisch, verlässlich, beständig und lieben Routinen, wie es typisch für introvertierte Fühler ist. Zwischen Arbeit im Team und Rückzug muss eine gute Balance bestehen.

Ihre Achillesferse in der Chefrolle liegt in der Gegenseite dieser beziehungsorientierten Eigenschaften: Sie sind harmoniebedürftig, haben Schwierigkeiten, Kritikgespräche zu führen und können nur schlecht delegieren. Wird es in der Organisation mal stressig, wirken sie etwas bockig, stur, nachtragend oder zurückgezogen.

»Blaue« Chefs

Auch »blaue« Typen können gute Chefs abgeben. Schließlich sind sie als introvertierte Denker sehr ablauforientiert, verlässlich, berechenbar und genau. Ihr enormes Fachwissen und ihre Kompetenz sind ebenfalls sehr hilfreich. Dabei arbeiten sie am liebsten alleine, kommunizieren digital, achten auf Zahlen, Daten, Fakten und sind sehr detailverliebt.

Die Kehrseite der gleichen Medaille sind natürlich lange Entscheidungsprozesse, Perfektionismus und emotionale Zurückhaltung, fast Kühle, die Mitarbeitern den Kontakt mit »blauen« Chefs erschwert.

REFLEXION

WELCHER TYPUS ENTSPRICHT IHNEN?

Hoffentlich haben Sie bei der letzten Insights-Reflexion schon mitgemacht. Denn auch dieses Mal wieder bitte ich Sie um eine ehrliche Selbsteinschätzung:

Welcher der vier Typen entspricht Ihnen am ehesten?

Was bedeutet das für Ihre Arbeit?

Welche Stärken erkennen Sie für sich darin?

Welche Fallen drohen Ihnen aufgrund welcher Schwächen?

Wie ticken Ihre wichtigsten Mitarbeiter? Welchem Typus lassen sie sich zuordnen?

Wie interagierenden Sie mit ihnen in der Regel?

Worauf wollen Sie zukünftig besonders achten?

Komplexe Menschen statt komplizierte

»Ein guter Chef muss also immer im Auge behalten, mit welchen Menschen er zu tun hat, ja?« Genau, Günter. Schließlich soll er sie führen und weiterentwickeln. Da ist es schon hilfreich, zu verstehen, dass Menschen unterschiedlich sind und welche Unterschiede es gibt. Sonst empfindet man Menschen schnell als ganz schön kompliziert. »Aber sind sie das nicht, kompliziert?«, wundert sich Günter. »Mit vier Prototypen alleine kapiert man sie doch noch lange nicht ...« Nein, natürlich nicht. Denn neben verschiedenen Persönlichkeiten haben Menschen auch ganz unterschiedliche Arten von Intelligenzen! Und zwar grob sieben.

Manche Menschen zum Beispiel sind vor allem mathematisch-naturwissenschaftlich intelligent: Sie denken logisch, erkennen Zusammenhänge oder fuchsen sich gerne mal in komplexe Systeme hinein. In der Schule waren solche Menschen gut in Mathe, Physik oder Chemie. Im Job sind sie gute Controller, Projektmanager oder wissenschaftliche Fachspezialisten. Andere sind vor allem sprachlich intelligent: Sie formulieren gerne und viel, drücken dabei auch komplexe Zusammenhänge gut aus. Sie bringen Dinge super auf den Punkt und haben einen riesen Wortschatz. In der Schule waren sie nicht nur gut in Deutsch, sondern hatten auch viel Spaß in Fremdsprachen. Klar, dass solche Menschen Jobs brauchen, wo sie sich vor allem mit Worten ausdrücken können: am Telefon mit dem Kunden, als Texter oder Moderatoren.

Verschiedene Intelligenzen

Räumlich intelligente Menschen haben ein wunderbares Gespür für Formen, Proportionen und Räume: Sie schätzen Entfernungen gut ein, können Wohnungen einrichten oder fotografieren wunderbar. In der Schule waren sie gut in Technik, Kunst oder Handarbeit. Und im Job sind sie bestens geeignete Architekten, Designer, Innenausstatter, Kameraleute ...

Der vierte große Intelligenztyp ist die Musikintelligenz. Musikalische Menschen haben ein gutes Gespür für Töne, Klänge, Rhythmen und Takt. Klar, in welchem Schulfach sie gut waren: in Musik! Zudem haben sie meist Instrumente gespielt oder waren oft auf Konzerten. Heute im Job sind sie super Toningenieure, Musiker, Dirigenten oder Sounddesigner. Hauptsache Akustik eben.

Und die körperlich Intelligenten haben ein super Gespür für Bewegungen, Körperhaltungen oder Sport. In der Schulzeit waren sie meist auf dem Sportplatz zu finden oder haben ständig etwas gebastelt. Heute sind sie zum Beispiel gute Schreiner, Chirurgen, Goldschmiede oder vielleicht Tänzer.

Noch mehr Intelligenzen

Zwischenmenschlich Intelligente können gut mit anderen Menschen umgehen – und zwar selbst bei heiklen Themen wie Liebe, Streit, Krankheit, Traurigkeit oder geheimen Hoffnungen. Wer zwischenmenschlich intelligent ist, gewinnt leicht die Sympathien seiner Mitmenschen und kommt dadurch oft weit. Schon in der Schule war das so – zum Beispiel als Klassensprecher, Streitschlichter und echte Freunde. Heute im Job sind zwischenmenschlich Intelligente immer noch sehr gefragt: als Verkäufer, Führungskräfte, Psychologen oder Unternehmer mit dem gewissen Händchen für das, was andere Menschen wirklich wollen.

Und dann gibt es da noch die Selbstintelligenz, also das richtige Gespür und Händchen für die eigenen Wünsche, Bedürfnisse und Fähigkeiten zu haben. Deshalb wirken selbstintelligente Menschen auch meist sehr glücklich und ausgeglichen. Schon in der Schule waren sie damals kaum aus der Ruhe zu kriegen – so sicher und cool waren sie. Und auch heute noch wissen sie genau, wer sie sind und was sie wollen: und zwar meist eine gute Balance aus Privat- und Berufsleben, aus Action und Ruhe, aus Team und Ruhe vor dem Team. Sie sind vor allem aus sich selbst heraus motiviert und wirken daher mitunter etwas eigensinnig.

Innere Werte

»Jetzt wird's mir zu viel mit der ganzen Menschenkenntnis!«, motzt Günter. »Erst vier Prototypen, dann auch noch sieben Intelligenzen. Wer soll sich das alles denn merken?« Na du, Günter! Als zukünftiger Chef musst du schon wissen, wie Menschen ticken. Dabei sind wir noch gar nicht am Ende der einzelnen Unterschiede angekommen! Besonders groß werden die nämlich meist bei den inneren Werten. »Innere Werte?«, grunzt Günter. »Was soll denn das sein?« Nun, innere Werte sind das, was Menschen wirklich wichtig ist. Das, was sie von innen antreibt – obwohl ihnen das oft selbst gar nicht so bewusst ist.

»Und was gibt es für innere Werte?«, fragt Günter neugierig. Na ja, zum Beispiel das Streben nach Macht, Unabhängigkeit, Neugier, Anerkennung, Ordnung, Sparen, Sammeln, Idealismus, Beziehungen, Familie, Status, Wettkampf, Rache, Erotik, Essen, Genuss, körperlicher Aktivität, emotionaler Ruhe ... »Halt, das reicht!«, quiekt Günter. Schade – wir könnten die Liste noch ewig weiterführen. Denn jedem Menschen ist etwas anderes wichtig. Klar also, dass sich Menschen unterschiedlich verhalten. Sie werden von ihren Werten gesteuert wie von einem Kompass, der ihnen die Richtung zeigt. »Wenn einer also zum Beispiel Macht sehr wichtig findet, will er viel eher Chef werden als jemand, dem Macht egal ist?« Genau. Also wäre es falsch, den anderen zu befördern. Er will nicht.

Das REISS-PROFIL: die 16 Lebens-motive

Der amerikanische Psychologie-Professor Steven Reiss hat in jahrelangen Untersuchungen mit Tausenden Versuchspersonen verschiedene innere Werte bestimmt. Er wollte wissen, was Menschen im Leben letztlich glücklich und zufrieden und damit dauerhaft leistungsfähig macht. Also: Was ist für jeden einzelnen Menschen wirklich wichtig?

Reiss hat dabei 16 grundlegende verschiedene Lebensmotive entdeckt, die Menschen situationsübergreifend und zeitüberdauernd innerlich antreiben – und sie individuell unterscheiden.

Besonders Führungskräften sollte die Bedeutung von Lebensmotiven klar sein, da diese Menschen zutiefst motivieren oder demotivieren. So können Menschen nicht langfristig entgegen ihre inneren Motive handeln – egal, wie viel man ihnen bezahlt oder welche Sanktionen drohen. Tun sie jedoch etwas, das ihren Motiven entspricht, geht ihnen langfristig niemals die Luft aus – oft sogar unabhängig von äußeren Rahmenbedingungen.

1. Macht

Menschen mit hohem Machtmotiv wollen Einfluss ausüben, streben Erfolg an, wollen Leistung bringen sowie möglichst viel Kontrolle haben. Sie übernehmen gerne Führungsverantwortung.

Wem Macht allerdings egal ist, der lebt eher »easy going«, scheut Führung und Verantwortung, orientiert sich gerne an anderen Menschen und schließt sich ihren Ideen an. Er kann anderen dienen und Fakten gut akzeptieren.

2. Unabhägigkeit

Wem Unabhängigkeit sehr wichtig ist, liebt die Freiheit, lebt oft selbstgenügsam und emotional selbstbestimmt.

Wem Unabhängigkeit eher unwichtig ist, handelt gerne teamorientiert, geht emotionale Abhängigkeiten ein und sucht Gemeinschaft und Gemeinsamkeiten mit anderen.

3. Neugier

Neugierige Menschen sammeln gerne Wissen an, suchen nach Wahrheit und wollen den »Dingen auf den Grund gehen«. Sie verstehen sich als intellektuelle Visionäre, die gerne Strategien erstellen.

Weniger Neugierige sind hingegen eher »praktisch veranlagt«. Sie denken anwendungs- und handlungsorientiert. Sie wollen die Dinge lieber »jetzt machen«, anstatt Zeit zu vergeuden.

4. Anerkennung

Wem Anerkennung sehr wichtig ist, sucht viel soziale Akzeptanz. Er braucht die Zugehörigkeit zu einer Gruppe und definiert seinen Selbstwert stark durch andere. Negative Kritik vermeidet er gerne. Lob hingegen ist sein Treibstoff Nummer eins.

Wem Anerkennung weniger wichtig ist, ist selbstbewusst und selbstsicher. Kritik kann er besser aushalten. Er lebt unabhängig vom Feedback anderer.

5. Ordnung

Ordnungsliebende bevorzugen Stabilität und Klarheit. Sie wollen detailgenau organisieren, definierte Prozesse einhalten und suchen sich Strukturen oder bauen welche auf. Konstanz zu wahren ist ihnen sehr wichtig.

Weniger Ordnungsliebende schätzen eher Spontaneität und Flexibilität. Ordnung muss nicht immer sein, gerne sind sie auch offen für Abweichungen in Strukturen und lassen Freiräume zu.

6. Sparen / Sammeln

Wem das Sparen und/oder Sammeln wichtig ist, häuft gerne materielle Güter an. Er schafft sich Eigentum, bewahrt alle möglichen Dinge auf und hält an ihnen genauso fest wie an seinen Glaubenssätzen.

Das Gegenteil davon ist die materielle Großzügigkeit. Diese Menschen haben kein Interesse am Sammeln oder Sparen, sie geben Dinge gerne weiter und können problemlos wegwerfen.

7. Ehre

Menschen mit einem hohen Ehremotiv denken und handeln kodexorientiert, loyal und moralisch integer. Sie schätzen Tradition, öffentliche Integrität, Werte und Normen und wollen diese auch bewahren.

Menschen ohne ausgeprägtes Ehremotiv denken und handeln eher zweck-

und zielorientiert. Loyalität als Selbstzweck ist ihnen fremd. Und Flexibilität ist ihnen viel wichtiger als Rollenerwartungen.

8. Idealismus

Idealisten sind soziale Gerechtigkeit und Fairness wichtig. Sie handeln zum Wohl anderer und ohne eigenen Nutzen. Sie sind altruistisch und oft politisch orientiert.

Weniger Idealistische sind eher soziale Realisten. Ihnen ist die soziale Selbstverantwortung wichtig. Sie sind eher unpolitisch und sehen sich vorrangig sich selbst gegenüber in der Verantwortung.

9. Beziehungen

Beziehungsorientierte suchen und pflegen Freundschaften, lieben Freude, Humor und Geselligkeit. Sie gewinnen Energie durch den Kontakt mit anderen – sie leben extravertiert.

Weniger Beziehungsorientierte lieben die Zurückgezogenheit und oft Ernsthaftigkeit. Sie können gut alleine mit sich selbst sein, grenzen sich ab und suchen Freiräume. So gewinnen sie

Energie, während sie Energie im Kontakt mit anderen verlieren – sie leben introvertiert.

10. Familie

Wem das Motiv Familie wichtig ist, liebt das Familienleben, erzieht und sorgt gerne für seine Kinder, lässt enge Kontakte zu und kann intensive Zuwendung geben und nehmen.

Weniger Familienorientierten ist intensive Fürsorglichkeit suspekt. Mit Kindern gehen sie eher partnerschaftlich um und scheuen die Abhängigkeit, die Kinder bedeuten. Sie sind weniger emotional und brauchen auch weniger körperliche Nähe.

11. Status

Wer ein hohes Statusmotiv hat, sucht und genießt Prestige, Reichtum, Titel, öffentliche Aufmerksamkeit und Ansehen. Er gibt sich gerne elitär und dominant.

Menschen mit niedrig ausgeprägtem Statusmotiv leben hingegen gerne bescheiden, egalitär und haben kein Interesse daran, öffentlich wahrgenommen

zu werden. Auch legen sie wenig Wert auf Titel und Besitz.

12. Rache/Kampf

Menschen mit hohem Rache-/Kampfmotiv lieben den Wettkampf. Sie suchen sich daher aktiv Konkurrenz, schaffen gerne Rangfolgen, scheuen sich nicht davor, Aggressionen auszutragen, suchen Vergeltung und wollen stets gewinnen.

Menschen mit niedrigem Rache-/Kampfmotiv hingegen suchen eher Harmonie und streben Ausgleich an. Sie vermeiden Konflikte und schlichten Streit.

13. Eros

Wer ein ausgeprägtes Erosmotiv hat, liebt Erotik und genießt Sexualität. Aber er führt auch insgesamt ein lustvolles Leben und hat Interesse an Schönheit, Design und Kunst.

Der gering Eros-Orientierte lebt hingegen eher asketisch. Er liebt die Nüchternheit und den Purismus.

14. Essen

Für wen Essen ein wichtiges Motiv ist, liebt den Genuss und/oder die Menge, wenn es ums Thema Nahrungsaufnahme geht. Er kocht gerne und lässt sich gerne gut und reichlich bekochen. Außerdem geht er gerne ins Restaurant.

Für wen Essen hingegen ein gering ausgeprägtes Motiv ist, sieht darin vorwiegend eine notwendige Nahrungsaufnahme.

15. Körperliche Aktivität

Freunde körperlicher Aktivität haben Freude an Bewegung und Fitness. Sie lassen körperliche Erfahrungen zu.

Wem körperliche Aktivität nur wenig wichtig ist, scheut körperliche Belastungen, lebt oft eine »No Sports!«-Einstellung, ja meidet körperliche Aktivität sogar.

16. Emotionale Ruhe

Wem emotionale Ruhe wichtig ist, sucht emotionale Sicherheit und Entspannung. Angst vermeidet er genauso wie Stress.

Emotional weniger Ruhebedürftige sind stressrobuster, nehmen auch Risiken in Kauf, bleiben eher »cool« und ruhen in sich.

REFLEXION

WELCHE MOTIVE PASSEN?

Sie ahnen, was jetzt kommt: ein Selbst- und Fremd-Check natürlich!

Welche der genannten Motive sind bei Ihnen maximal ausgeprägt?

Welche minimal?

Welche liegen in der Mitte?

Was bedeutet das für Ihre Rolle als Chef?

Was motiviert Sie?

Was demotiviert Sie?

Gehen Sie Ihre wichtigsten Mitarbeiter durch: Welche Lebensmotive haben sie wohl?

Was bedeutet das für den Umgang mit ihnen?

Die Stärken ausspielen

»Und wie soll ein Chef nun Menschen entwickeln, wenn sie alle so unterschiedlich sind?«, will Günter wissen. »Soll er ihnen etwa beibringen, was sie nicht können?« Ganz im Gegenteil: Die Aufgabe des Chefs ist es, den Menschen im Team dabei zu helfen, das zu tun, was sie besonders gut können! Er soll die Teams nämlich so zusammenstellen, dass jeder Einzelne darin seine Stärken ausspielen kann. Nur so wird das Team besonders gut.

»Verstehe ich nicht!«, rätselt Günter. »Ist es denn nicht sinnvoller, Schwächen auszumerzen? Wo es so viele davon gibt ...« Nein, Schweinehund. Denn der Energieaufwand dafür wäre viel zu hoch – und am Ende käme bestenfalls Mittelmaß heraus. Stell dir vor, du wolltest bei einem Vogel seine Kletterfähigkeiten verbessern, damit er genauso schnell auf die Bäume kommt wie ein Affe. »Blödsinn, er kann doch fliegen!« Eben. Und im Team ist es genauso: Der eine kann gut anpacken, der Nächste gut rechnen, und der Dritte kann gut mit den Kunden. Also lass sie tun und weiter verbessern, worin sie ohnehin besser sind als ihre Kollegen! Es käme auch kein Mensch auf die Idee, einen Leistungsschwimmer in die Fußballnationalmannschaft zu stecken – obwohl man für beides Sportler sein muss. »Also sollen die Vögel fliegen, die Affen klettern ...«, und die Schweinehunde mitdenken, genau!

Motivation durch Lust und Schmerz

Also konzentriere dich bei Menschen immer auf ihre Stärken und fördere sie darin! So bringen sie super Leistungen – und einzelne Schwächen fallen nicht so sehr ins Gewicht. »Und wenn ein paar im Team wirkliche Idioten sind?«, zweifelt Günter. Nun, dann ist es deine Aufgabe als Chef, aus den Menschen, die da sind, die bestmögliche Mannschaft zu formen! Schließlich gibt es gerade keine besseren. Dich auf einzelne Schwächen zu konzentrieren, würde nur demotivieren. »Wie bitte? Ist der Chef etwa auch für die Motivation zuständig?« Ja, zum Teil.

Der Reihe nach: Menschen sind entweder von innen motiviert, weil sie von sich aus etwas erreichen wollen, oder von außen – etwa weil eine Belohnung winkt oder Strafe droht. Und Motivation läuft dabei nach dem Lust-Schmerz-Prinzip ab: Hin zum Schönen, weg von Unangenehmen. Also etwa hin zu den Zielen – sie machen ein gutes Gefühl – und weg von dem, was man nicht mag – sonst droht ein schlechtes Gefühl. Menschen tun eigentlich alles nur deswegen, um ihre Gefühle zu verbessern: essen, um zu genießen und satt zu werden, trinken, um den lästigen Durst zu beseitigen. Oder eben arbeiten, um dabei Spaß zu haben oder um Frust, Angst oder Langeweile zu verhindern. Klar, Günter? »Klar!«

Motivation durch Drohung und Strafe?

»Und was motiviert Menschen eher?«, will Günter wissen. »Lust oder Schmerz?« Zunächst einmal Schmerz. Denn er bedeutet, dass irgendwo Gefahr droht – und die muss um jeden Preis verhindert werden: Heiße Herdplatte? Hand wegziehen, sofort! Tiger im Vorgarten? Weglaufen, selbst wenn man sich ein wenig schlapp fühlt! »Hey, dann habe ich eine Idee!«, freut sich Günter. »Wenn das Verhindern von schlechten Gefühlen so sehr motiviert, muss ein guter Chef doch nur Angst und Schrecken verbreiten, und das Team spurt und gibt sein Bestes – sonst gibt es Ärger: Druck, Drohungen, Strafen oder Beleidigungen!« Nicht ganz, Günter ...

Zugegeben: In manchen Situationen und bei manchen Teammitgliedern muss der Chef Druck machen – sonst tut sich gar nichts. »Zum Beispiel bei faulen Verkäufern mit Kündigung drohen? Oder bei zu eigensinnigen Designern mit Auftragsentzug?« Zum Beispiel.

Obwohl das natürlich keinen Spaß macht. Außerdem wirkt negative Motivation meist nur kurzfristig. Sobald der konkrete Druck weg ist, legt der faule Verkäufer wieder die Füße hoch und macht der eigensinnige Designer, was er will. Der akute Grund für die Verhaltensänderung ist schließlich nicht mehr da. Nur wenn der Chef wieder zu drohen anfinge, würde sich erneut etwas ändern. Und wieder nur kurzfristig. »Dann muss der Chef ja dauernd mit der Peitsche rumlaufen, damit ihm alle folgen! Wie lästig!« Genau. Die totale Antimotivation! Und bald würde der Erste kündigen, der Zweite, der Dritte ...

Motivation durch Extraanreize?

»Gut, dann eben andersherum!«, beschließt Günter. »Anstatt zu drohen und zu bestrafen, soll der Chef doch mit Belohnungen winken! Zum Beispiel mit Extraprovisionen für gute Verkäufer oder Preisen für erfolgreiche Designer. So hängen sich alle rein und bringen Leistung!« Gratulation: Günter hat die Incentives entdeckt – also Extrabelohnungen oder besondere Veranstaltungen für gute Mitarbeiter, treue Kunden oder ganz besondere Teamleistungen. Von solchen Incentives gibt es tatsächlich eine ganze Menge: Reisen in schöne Hotels, schicke Gala-Dinner oder gemeinsame Motivationsseminare. Auch schicke Dienstwagen winken, besondere Boni oder die neuesten Laptops.

»Klingt toll!«, findet Günter. Ja, teilweise schon. Aber: Was, wenn die Extrabelohnung sich als Anreiz verselbstständigt? Sind dann die Mitarbeiter nur noch auf Boni aus, anstatt die Basisarbeit zu leisten? Oder arbeiten sie gegeneinander, um selbst abzukassieren? Und was, wenn sie mal keinen Preis kriegen – sind sie dann überhaupt noch für den Job motiviert? Und was ist, wenn einem so ein Preis egal ist? Darf man dann locker die Beine hochlegen und die anderen rennen lassen?

Bergführer oder Bergtreiber?

Günter grübelt: »Drohung und Strafe klappt nicht so richtig, Belohnung auch nur bedingt. Blöd! Wie soll ich als Chef denn mein Team motivieren?« Die Lösung ist erstaunlich einfach, Günter: Am allermeisten hilfst du deinen Leuten nämlich bei der Selbstmotivation, wenn du sie möglichst wenig demotivierst! »Scherzkeks ...« Nein, wirklich: Die allergrößte Motivationsbremse im Job ist ein Chef, der seinem Team die Lust an der Leistung nimmt. Denn: Eigentlich sind normale Menschen immer motiviert, etwas zu leisten. Schließlich macht es Spaß, zu tun, was man gut kann, Erfolge zu erzielen und voranzukommen. Und zwar ganz und gar freiwillig!

»Und wie demotivieren schlechte Chefs ihr Team?«, will Günter wissen. Nun, stell dir mal vor, du stehst voller Vorfreude mit einer Gruppe am Fuße eines hohen Berges, auf den ihr hinauf wollt. Damit alles gut geht, habt ihr einen Bergführer engagiert. Er soll vorangehen, euch den Weg erklären, auf Gefahren aufmerksam machen und kontrollieren, dass alles klappt. Stattdessen aber erscheint ein ganz anderer Typ als erwartet: Er läuft hinter euch her, schwingt dabei die Peitsche, bellt harsche Befehle und lästert über eure Fehler. Kurz: Ihr seid nicht an einen Bergführer geraten, sondern an einen Bergtreiber. Na, habt ihr Spaß an eurer Bergtour? »Kaum ...« Und das, obwohl ihr vorher alle motiviert wart!

Demotivation vermeiden

Du siehst, Günter: Motivation kaputtzumachen geht ziemlich leicht. Also noch mal: Wie demotivieren schlechte Chefs ihr Team? »Ich hab's! Zum Beispiel indem sie über Schwächen einzelner Teammitglieder herziehen, anstatt auf deren Stärken zu achten. Oder indem sie einen auf Macht machen und Befehle erteilen, anstatt darauf zu vertrauen, dass ihnen die Menschen freiwillig folgen. Indem sie anderen misstrauen, anstatt zu vertrauen. Indem sie ihre Interessen gnadenlos durchdrücken, anstatt andere dafür zu gewinnen. Indem sie lieber herumstreiten, anstatt konstruktiv zu diskutieren. Indem sie Widerstand brechen, anstatt ihn aufzulösen. Oder indem sie gegen Einzelne kämpfen, anstatt miteinander zu arbeiten. Und indem sie andere missachten, anstatt sie wertzuschätzen.« Bravo, Schweinehund: eine tolle Zusammenfassung!

Kurz: Menschen folgen am liebsten freiwillig – und zwar eher einem Sog als einem Druck. Schließlich wollen wir alle möglichst autark handeln. Ist der Chef aber ein unsensibler Stinkstiefel ohne Manieren, der nur seine eigenen Interessen im Kopf hat, setzt er andere damit so unter Druck, dass sie sich nicht mehr autark fühlen – und schon bald keine Lust mehr haben. Deshalb noch einmal: Die größte Hilfe bei der Selbstmotivation des Teams ist es, Demotivation zu vermeiden!

Gute Manieren

Übrigens kann es manchmal ganz einfach sein, Demotivation zu vermeiden: zum Beispiel indem man gute Manieren zeigt. »Gute Manieren?«, wundert sich Günter. »Knigge und so? Beim Essen nicht schmatzen? Beim Gähnen die Hand vor den Mund? Und beim Niesen Entschuldigung sagen?« So ähnlich. Aber eher geht es um Zwischenmenschliches.

Gute Chefs sind höflich. Sie beachten und begrüßen jeden im Team, wenn sie ihn sehen. Sie kennen die Namen aller

Teammitglieder und ihre Aufgaben – so zeigen sie jedem Einzelnen, wie wichtig er ist. Sie sagen bitte und danke und bleiben allen gegenüber respektvoll. Wenn sie gestört werden, hören sie erst mal zu und blaffen nicht gleich los. Überhaupt hören sie viel zu. Sehr viel sogar. Denn sie wollen immer wissen, was wirklich los ist. Und sie wissen, dass man andere oft erst eine Weile reden lassen muss, um zu verstehen, was sie einem wirklich sagen wollen. Ja, eigentlich hören Chefs sogar viel mehr zu, als dass sie selber reden. Sonst könnte ihnen eine wichtige Information entgehen. Und bei all dem bleiben sie geduldig, selbst wenn sie sich nicht danach fühlen.

Vorsicht: Ego!

»Ich verstehe!«, kombiniert Günter. »Bei so viel Höflichkeit sieht man Chefs nach, dass sie auch mal Unangenehmes verlangen müssen. Schließlich verhalten sie sich stets korrekt.« Genau, Günter. Chefs mit guten Manieren folgt man auch auf die höchsten Berge – obwohl das manchmal anstrengend ist. Klar: Sie sind eher die Bergführer als die Bergtreiber.

»Aber mal im Ernst: Immer muss ich doch nicht so höflich bleiben, oder?«, will Günter wissen. »Schließlich habe ich als Chef doch auch Wichtigeres zu tun! Immerhin bin ich der Chef!« Vorsicht, Günter: Es könnte sein, dass du in ein Problem mit deinem Ego hineinschlitterst! »Mit meinem Ego?« Genau: damit, für wie wichtig du dich selbst hältst. Denn es ist ja ganz nett, wenn du dich mittlerweile so mit deiner neuen Führungsrolle identifizierst. Trotzdem solltest du auf dem Teppich bleiben. Denn deine wichtigste Aufgabe als Chef ist es nicht, selbst möglichst wichtig zu sein, sondern andere wichtig sein zu lassen – indem du ihnen dabei hilfst, dass sie ihre Aufgaben erfüllen! Ein wirklich guter Führer hilft nämlich den anderen, dass sie selbst bessere Führer werden. »Ui, klingt schwierig ...« Schon klar, Günter: Gerade Chefs sind ja besonders ehrgeizig – immerhin sind sie oben angekommen, weil sie besser sein wollten als andere. Trotzdem muss gerade ein Chef sein eigenes Ego zurückstellen und andere entwickeln!

Die eigenen Motive klären

Um das eigene Ego in den Griff zu kriegen, sollte man sich seiner eigenen Motive klar sein. »Welcher Motive denn?«, fragt Günter. Noch mal zum Bergführer: Stell dir vor, da läuft einer vor dir her, der sich für tierisch wichtig hält. Einer, der allen ständig erzählt, wie fit er ist und wie viel er weiß und kann. Hin und wieder soll auch einer aus der Gruppe sein Können beweisen: mit Liegestützen, Wissensfragen und Kletterübungen. Doch jedes Mal, bevor das Teammitglied zeigen kann, was es draufhat, macht der Chef selbst die Liegestützen, beantwortet seine eigenen Fragen und klettert allen anderen mal wieder vor – um zu zeigen, wie toll er ist. Na, Günter, wie nennt man solche Chefs? »...rschlöcher!« Ja, vermutlich schon ...

Aber, Günter, was glaubst du, warum solche Typen überhaupt Bergführer werden? »Keine Ahnung! Vielleicht, weil sie von anderen bewundert werden wollen? Weil sie sich sonst klein und unwichtig fühlen? Weil sie ganz dolle gelobt und gestreichelt werden möchten? Weil ihnen ihre Mama früher immer erzählt hat, wie super sie sind, und sie es immer noch glauben?« Haha, du hast ja das Zeug zum Psychoanalytiker! Und vermutlich hast du mit vielen deiner Tipps recht. Aber was meinst du: Weiß der lächerliche Bergführer, was du von ihm denkst? Und denkt er wohl das Gleiche über sich?

»Bestimmt nicht!« Genau. Und deswegen täte er gut daran, sich erst mal seine Motive klarzumachen. Also: Warum will er Chef sein?

Führe dich selbst!

Drehen wir es um: Welchen Bergführern folgt das Team freiwillig? Solchen, die es nicht nötig haben, dauernd den King raushängen zu lassen. Solchen, denen es um die Sache geht und nicht um ihr Ego. Solchen, die nicht nur Projekte und andere Menschen führen wollen, sondern die auch sich selbst führen können!

Doch dafür muss der Chef (also du!) wissen, wer er ist und wo er hinwill. Wie tickt er selbst? Was sind seine Stärken, was seine Schwächen? Was treibt ihn im Innersten an? Leistung, Perfektion, Sicherheit, Neugier, Macht, Geld? Also, welche Werte hat er, was ist ihm besonders wichtig? Oder will er als Chef nur irgendwelche Persönlichkeitslöcher stopfen? Hat er seine Stimmungen im Griff? Verkörpert er auch insgesamt, dass er sich selbst führen kann? Oder ist er etwa Kettenraucher, stark übergewichtig, trinkt zu viel Alkohol, macht keinen Sport, ist ständig pleite und ruiniert eine Beziehung nach der anderen? Wie soll ein Team Vertrauen zu so einem Bergführer fassen können? Du merkst, worum es geht: Der Chef muss in erster Linie sich selbst führen können. Erst dann gewinnt er die natürliche Autorität, der andere Menschen gerne folgen – selbst wenn er die eine oder andere Macke oder Schwäche hat. Denn erst dann spürt wirklich jeder: Das ist ein Chef!

Doping für alle

»Also muss ein Chef nicht nur im Job Sinn, Richtung und Ziele kennen, sondern vor allem auch bei sich selbst!«, stellt Günter fest. Richtig: Denn dann kommt die Motivation von innen – die echte

Motivation, unabhängig von Bonuszahlung. Und um genau solche Motivation geht es jenseits des stupiden Lust-Schmerz-Prinzips: Es geht um die Motivation durch Sinn, Richtung und Ziele. Es geht darum, dass nicht nur jeder wissen soll, was er zu tun hat, sondern erst mal, warum er es zu tun hat! Denn wenn wir Menschen einen Sinn in unseren Handlungen sehen, erscheinen uns Anstrengung und Mühe halb so wild: Männer rennen gerne kreuz und quer über eine Wiese – sobald ein Fußball im Spiel ist und sie dabei Tore schießen dürfen. Frauen lieben es, stundenlang herumzulaufen und dabei die ganze Zeit Geld zu verlieren – während einer Shoppingtour.

Wir brauchen also einen Sinn für unsere Anstrengungen! Ohne wird es schnell mühsam, und wir warten auf eine Extrabelohnung oder eine drohende Strafe, um weiterzumachen. Sehen wir aber einen Sinn in dem, was wir tun, schüttet unser Gehirn das so genannte Dopamin aus – einen Nervenbotenstoff, der leistungsfähig macht. »Klingt nach Doping!«, bemerkt Günter. »Hat das was mit Radsport zu tun?« Quatsch! Aber Dopamin hat ähnliche Effekte wie Doping: Es macht wach, neugierig, leistungsstark, gut gelaunt und unterdrückt Schmerzen und Erschöpfung.

Romantik und Abenteuer

»Klingt super, das mit dem Dopamin!«, findet Günter. »Gibt's das in der Apotheke?« Nein, aber am Arbeitsplatz – wenn der Chef gut ist. Denn unterm Strich geht es darum, dem Team zu vermitteln, warum die Arbeit wichtig ist: Was ist der eigentliche Unternehmenszweck? Produkte verkaufen? Nein: damit Menschen glücklicher zu machen! Erfolgreich zu operieren? Nein: Menschen gesund zu machen! Gute Artikel zu schreiben? Nein: die Welt zu zeigen, wie sie ist! Je größer der Sinn, desto besser. Nicht umsonst arbeiten die meisten am liebsten, wenn sie nach dem Modell »Leadership« oder »Unternehmenskultur« geführt werden. Schließlich wollen wir alle etwas möglichst Sinnvolles tun! Also: Was sind die ideellen Ziele und Werte deines Unternehmens, Günter? Sich nur auf Zahlen zu konzentrieren und stupide Befehle auszuführen, will niemand.

»Cool!«, freut sich Günter. »Das klingt fast ein wenig romantisch und abenteuerlich.« Und ob! Wenn der tapfere Ritter zur Prinzessin auf die Burg will, kämpft er unterwegs schon mal freiwillig mit einem Drachen. Was für ein Abenteuer! Also: Was ist eure »Prinzessin« im Job? Die beste Firma der Branche zu werden? Die glücklichsten Kunden zu schaffen? Dann nieder mit dem Drachen!

Projekte planen

»Juhu!«, jubelt Günter. »Dann halte ich bald nur noch feurige Reden – wie ein Staranwalt vor den Geschworenen oder wie ein Supertrainer in der Kabine!« Ja, Günter: Menschen zu emotionalisieren, gehört zum Job des guten Führers dazu. Er weckt so im Team die Sehnsucht nach dem schönen, fernen Ziel. Er schafft Bilder, die alle Wirklichkeit werden lassen wollen.

Aber darüber hinaus muss der Chef noch etwas anderes Wichtiges tun – und zwar den Weg zum Ziel planen! Schließlich kommt dort kein Team von ganz alleine an, es muss irgendwie hingelangen. Sprich: Jetzt geht es in Richtung Strategie und Projektmanagement. Also: Wo seid ihr? Wo ist das große Ziel? Und was liegt alles zwischen euch und dem Ziel? Welche genauen Einzelschritte? »Klingt dröge!«, murmelt Günter enttäuscht. »Planung ...« Na ja, was sein muss, muss eben sein. Am besten ist es übrigens, wenn du den Weg möglichst akribisch planst – mit allen Hürden, Engpässen, Eventualitäten und natürlich einem Plan B. So fühlst du dich auch dann noch sicher, wenn mal etwas schiefläuft. Trotzdem musst du immer bereit sein, den Weg zum Ziel flexibel zu gehen – die Realität verändert sich gerne mal. Und dann, Schweinehund, darfst du auch schon wieder motivieren: Denn sobald das Projekt steht, geht es darum, die einzelnen Zwischenschritte abzuarbeiten – lauter kleine Ziele, die zu erreichen dich zum großen Ziel führen.

Ziele schaffen und hierarchisieren

Also los geht es mit der Führung, Chef: Nun musst du dafür sorgen, dass dein Team ganz konkrete Ziele bekommt, die es erreichen soll! Deshalb: Was sind die wichtigsten Abschnitte des Projektes? Für deine neue Vegetarierküche im Restaurant möglicherweise passende Rezepte zu finden, die Zutaten zu besorgen, eventuell einen neuen Koch und die Speisekarte umzuschreiben. Also, da hast du deine Ziele, die Meilensteine, die das Team erreichen muss! Ganz konkret.

Dabei sind natürlich nicht alle Ziele gleich wichtig. Die Frage nach dem passenden Koch zu klären, steht zum Beispiel über den anderen. Erst dann folgt die Rezeptsuche, das Besorgen der Zutaten und das Schreiben der Speisekarte. Diese Reihenfolge muss allen Beteiligten klar sein – sonst droht Chaos. Deine nächste

Aufgabe als Chef ist es also, die Ziele auch zu hierarchisieren: Was kommt zuerst? Was danach? Und was dann? »Super!«, freut sich Günter. »Das klingt schon wieder nach gesundem Menschenverstand.« Genau. Denn auch bei den konkreten Zielen geht es darum, vor allem die wichtigsten Abschnitte von Projekten im Auge zu haben und den Überblick zu bewahren. »Darum, das Richtige zu tun, statt es richtig zu tun!« Schweinehund, was bin ich stolz auf dich!

Aktionen delegieren

Weiter geht's mit der Chefwerdung: Als Nächstes musst du im Team delegieren, wer was machen soll. Wer entscheidet, ob der Koch bleibt? Wer sucht die Rezepte aus? Wer schreibt die Speisekarte? Wer geht einkaufen? »Oh weh, jetzt wird es heikel!«, sorgt sich Günter. »Jetzt musst du nicht nur entscheiden, sondern auch befehlen!« Sagen wir lieber »delegieren«. Aber das ist halb so wild: Es ist sowieso jedem klar, dass es an die Arbeit geht.

Wichtig ist eben, dass jeder die richtige Aufgabe bekommt und genau weiß, was er zu tun hat: Die Kochfrage klärst du natürlich mit dem Koch selbst, der auch die Rezepte aussucht. Das Teammitglied mit der schönsten Schrift schreibt die Speisekarte. Und wer gerade Zeit hat, geht zum Einkaufen. In der Regel weiß ja auch jeder, was er gut kann und was nicht. Dann ist es auch nicht schlimm, die Arbeit zuzuteilen. Wenn du magst, kannst du das übrigens sehr höflich tun, zum Beispiel in eine rhetorische Frage verpackt: »Gehst du bitte zum Einkaufen?« Kein Teammitglied sagt da ohne Grund Nein. Etwas direktiver, aber immer noch höflich, klingt es, wenn du die Frage ohne Fragezeichen, sondern eher als Aussage formulierst. »Gehst du bitte zum Einkaufen.« Harsch wird es erst, wenn du das »bitte« rausnimmst und einen Befehl daraus machst: »Du gehst zum Einkaufen!«

4. So gelingt
KOMMUNIKATION

Geschickt und klar kommunizieren

»Komisches Gefühl, anderen zu sagen, was sie tun sollen!«, findet Günter. Keine Sorge: Daran gewöhnst du dich schon. Trick 17 übrigens, wenn du dir ganz sicher keinen Widerspruch einhandeln willst: Liefere beim Delegieren hin und wieder Begründungen mit, warum du eine bestimmte Aufgabe verlangst! Menschen wollen nämlich gerne verstehen, warum sie etwas tun sollen. Also sag zum Beispiel: »Gehst du bitte zum Einkaufen, du hast gerade Zeit.« Und schon ist alles klar. Übrigens auch, dass der Einkäufer gleich gehen soll. Er hat ja »gerade« Zeit.

Apropos »klar«: Kommuniziere beim Delegieren auch möglichst klar und einfach! Es sollte kein Spielraum für unterschiedliche Interpretationen entstehen, sonst werden unterschiedliche Interpretationen ganz sicher entstehen! Wenn du etwa sagst »Könnte mal jemand bitte zum Einkaufen gehen?«, wird sich kaum einer angesprochen fühlen, wetten? Also: Wer soll zum Einkaufen? »Du!« Genau.

Schlau ist es auch, wenn du dich hin und wieder rückversicherst, ob deine Delegation auch so angekommen ist, wie gewünscht. Trau dich ruhig, Rückfragen zu stellen: »Ist alles klar mit dem Einkaufen?« – »Aber sicher!« Oder: »Nein, eine Frage habe ich noch.« Ein Glück, dass du nachgefragt hast!

Für jeden passend kommunizieren

Natürlich ist bei den Teammitgliedern auch immer individuelles Gespür beim Kommunizieren angesagt. Dabei gilt die Grundregel: Behandle jeden so, wie er behandelt werden will – und nicht, wie du es für normal hältst!

Spielen wir das mal an den vier verschiedenen Grundcharakteren durch: Schickst du den harmonie- und teamorientierten Routine-Günter zum Einkaufen, solltest du das auf jeden Fall höflich tun – sonst reagiert er schnell gekränkt. Und wenn er den Weg zum Supermarkt noch nicht kennt, erklärst du ihn besonders gut. Dem Besserwisser-Günter hingegen kannst du ruhig noch eine Extraaufgabe dazugeben – zum Beispiel einen besonders günstigen Einkauf hinzukriegen. Das spornt ihn an, und du sparst Geld. »Nur« einkaufen zu gehen, wäre ihm zu blöd. Der Cholero-Günter hingegen braucht eher klare Ansagen: Was willst du? Bis wann? Und wie? Das versteht und mag er. Zu viel »Blümchen« drumherum irritieren ihn nur. Schlimmstenfalls nimmt er dich dann nicht ernst. Und der Aktions-Günter wiederum muss in seinem Hang zum Aktionismus eingedämmt werden – zum Beispiel indem du ihm einen ganz klaren zeitlichen Rahmen setzt: »Ich brauche dich in genau 40 Minuten wieder hier!« So wird er sich ganz von selbst nicht ablenken lassen und pünktlich wiederkommen.

Ergebnisse kontrollieren

Vorsicht übrigens vor einem anderen typischen Führungsfehler: dem blinden Vertrauen. Dass du delegiert hast, heißt nämlich noch lange nicht, dass alles so läuft, wie es soll. Denn nicht immer sagen wir genau, was wir meinen, und bewirken, was wir bewirken wollen. Der österreichische Verhaltensforscher und Nobelpreisträger Konrad Lorenz (1903–1989) hat dieses Kommunikationsproblem besonders pfiffig ausgedrückt: »Gedacht ist nicht gesagt. Gesagt ist nicht gehört. Gehört ist nicht verstanden. Verstanden ist nicht einverstanden. Einverstanden ist nicht gekonnt. Gekonnt und einverstanden ist nicht getan. Getan ist nicht beibehalten.« Er hatte wohl einen ziemlich schlauen inneren Schweinehund.

Also, klar: Du sollst als Chef nicht nur Aufgaben verteilen, sondern hast vor allem auch die Aufgabe, zu kontrollieren, ob alles so gelaufen ist, wie gewünscht! Denn nur mit Kontrolle kannst du dir wirklich sicher sein. Das schuldest du gewissermaßen der Sache. Schließlich willst du gute Ergebnisse erzielen – und mögliche Fehlerquellen gibt es meist genug. Beispiel Einkauf: Waren alle Waren vorrätig? Stimmte deren Qualität? Ist der Einkäufer schnell wieder zurückgekommen? Hat das Geld gereicht? Hat er den Kassenbon mitgebracht für die Buchhaltung? »Vertrauen ist gut, Kontrolle ist besser!«, bellt Günter.

Feedback Nr. 1: loben

»Und wenn alles gut gelaufen ist?«, will Günter wissen. »Was machst du dann?« Na rate mal! Du hast genau drei Feedbacks zur Auswahl: loben, korrigieren oder kritisieren. Welches passt wohl am besten?

Klar: Ein Lob ist natürlich das angenehmste Feedback. Ein aufrichtiges »Gut gemacht!« hört wohl jeder gerne. Das streichelt das Ego und hält die Motivation aufrecht. Also lobe jedes richtige Ergebnis – das tut gut! Aber Vorsicht: Bei besonders leistungsstarken Teammitgliedern, die eine hohe Eigenmotivation haben, solltest du Lob nicht inflationär gebrauchen. Wenn Leistungsträger wegen jeder Kleinigkeit die Schultern geklopft bekommen, sind sie schnell beleidigt: »Sind wir hier im Kindergarten, oder was?« Besser, du dosierst Lob hier sparsamer, aber dafür umso klarer, wenn sie etwas wirklich Großes gut gemacht haben.

Ansonsten hilft es ungemein, kleine Lob-Dosen hier und da auch in ganz normale Gespräche einzubauen: »Super!«, »Spitze!«, »Toll gemacht!« Das hebt die allgemeine Stimmung. Besonders dumm hingegen ist es, überhaupt kein Feedback zu geben: Denn wer ignoriert wird, fragt sich bald, warum er sich überhaupt noch anstrengen soll. »Genau! Dann ist doch sowieso alles egal!«

Feedback Nr. 2: korrigieren

»Und wenn die Aufgabe nicht zufriedenstellend erledigt wurde?«, will Günter wissen. Dann wird korrigiert. Korrigieren ist das Feedback Nummer zwei.

Geh übrigens zunächst immer von der besten Absicht aus! Dein Teammitglied wollte es sicher richtig machen, auch wenn etwas schiefgelaufen ist. Also muss das Teammitglied den Fehler erfahren, sonst denkt es, alles ist in Ordnung, und macht es beim nächsten Mal wieder falsch. Versuche deshalb, den Fehler schnell zu korrigieren. Bedank dich zunächst, aber sag auch gleich offen, bedauernd und höflich, was falschgelaufen ist. Und dann steuere sofort dagegen: »Dankeschön fürs Einkaufen! Leider hast du die Tomaten vergessen. Wir brauchen sie aber. Gehst du bitte noch mal in den Supermarkt und kaufst sie?« Die normale Reaktion ist jetzt, dass sich dein Teammitglied entschuldigt und sofort wieder auf den Weg macht. Er will es jetzt richtig machen – du hast dein Ziel erreicht, und der Prozess verbessert sich: Beim nächsten Einkauf gibt der Einkäufer besonders Acht.

Wenn du die Korrektur sprachlich etwas abfedern willst, kannst du auch einen Teil der Schuld auf dich nehmen: »Sorry, ich hatte mich wohl nicht klar ausgedrückt: Aber wir brauchen auch die Tomaten unbedingt!«

Feedback Nr. 3: kritisieren

»Und was ist, wenn der Mitarbeiter beim nächsten Mal wieder denselben Fehler macht?«, fragt Günter. Dann ist es Zeit für Feedback Nummer drei: die Kritik. »Uuups!«, zittert Günter. »Jetzt wird es heikel …« Nicht, wenn du richtig kritisierst. Denn das Ziel der Kritik ist ja nicht, den anderen niederzumachen, sondern immer noch, den Prozess zu verbessern. Und das geht eben nur mit einem klaren – hier eben negativen – Feedback, bei dem du auch auf die negativen Konsequenzen des Fehlers für das Gesamtergebnis hinweist.

Ein wenig auffangen kannst du die Härte, indem du die Kritik zwischen zwei positive Aussagen steckst – wie bei einem Sandwich:

»Danke fürs Einkaufen! Leider hast du wieder die Tomaten vergessen. Das geht nicht, du bringst uns damit in Schwierigkeiten: Die Gäste beschweren sich, und der Umsatz bricht ein. Ich möchte, dass dieser Fehler nicht mehr passiert. Und ich weiß, dass du es besser kannst und willst, richtig?« Na, wie wird der Kritisierte wohl hierauf reagieren? »Er wird puterrot anlaufen und die Einkäufe in Zukunft doppelt und dreifach checken!« Ja, davon ist auszugehen. Dabei hast du die Kritik positiv begonnen (»Danke fürs Einkaufen!«) und wieder positiv beendet (Vertrauenssignal). Die bittere Pille ist geschluckt – dank der Zuckerglasur.

Commitment und nachfragen

Ein besonders wirkungsvolles Detail in der Kritikformulierung ist übrigens das allerletzte Wort: »... dass du es besser kannst und willst, RICHTIG?« Denn darauf muss der Kritisierte reagieren. Und in der Regel wird er bestätigen: »Richtig.« Also kann und will er es besser machen! Er verpflichtet sich nun selbst dazu – und wird sein Bestes geben. Auf Neudeutsch nennt man so eine Bestätigung »Commitment«, also Verpflichtung. Sie verstärkt die Wirkung der positiven Zukunftsausrichtung. Denn nun wird der Kritisierte seinen eigenen Worten Taten folgen lassen wollen. Sorge also möglichst häufig für Commitments: »Machst du das?«, »Willst du das tun?«, »Alles klar?« – »Ja, natürlich!«, »Ich will!«, »Alles klar!«

216

»Und was ist, wenn der Kritisierte kein Commitment abgeben will?«, fragt Günter. Nun, dann hat er meist einen Grund dafür. Frag ihn doch einfach! Möglicherweise ist ihm irgendetwas noch nicht klar. Oder irgendetwas anderes verhindert, dass er tut, was er soll. Vielleicht ist er überfordert? Oder es besteht irgendein Konflikt oder Hindernis? Möglicherweise hat ja der Koch persönlich gesagt, dass er die Tomaten doch nicht will? Oder die Tomaten waren matschig? Natürlich musst du als Chef solche Probleme kennen und mit dem Mitarbeiter besprechen: Wie geht er damit am besten um? Kann er das Problem überhaupt selbst lösen?

Feedback Nr. 4: kämpfen

»Und was, wenn der Kritisierte auf stur stellt?«, will Günter wissen. Dann hast du möglicherweise irgendeinen Fehler beim Kritisieren gemacht. Immerhin gibt es noch ein paar wichtige Punkte zu beachten. Zum Beispiel, dass du die Kritisierten nicht gnadenlos niedermachst, das tötet nur die Motivation. Denk daran: Es geht nicht ums Gewinnen, sondern um bessere Ergebnisse! Also lass andere immer ihr Gesicht wahren – sie sollen erhobenen Hauptes weiterarbeiten können! Deshalb kritisiere auch stets unter vier Augen statt in aller Öffentlichkeit! Und kritisiere eher mündlich als schriftlich – geschriebene Worte klingen oft besonders hart! Außerdem: Kritisiere niemals dein Teammitglied als Person, sondern nur ein konkretes Verhalten! Also sag nicht: »Du bist doof, immer machst du alles falsch!« Sondern: »Das, was du gemacht hast, ist doof! Mach es in Zukunft besser!«

»Und was, wenn der Kritisierte es nun immer noch nicht richtig macht?«, fragt Günter vorsichtig. »Wie reagierst du dann?« Dann scheint dein Teammitglied absichtlich Widerstand zu leisten und sein Verhalten nicht ändern zu wollen – und das darfst du nicht durchgehen lassen, wenn du deine Autorität behalten willst. Also kommt nun das Feedback Nummer vier: der Kampf! Du musst du deine Position notfalls gegen Widerstand behaupten.

Konsequent sein

»Uiuiui!«, sorgt sich Günter. »Klingt unangenehm. Muss das wirklich sein?« Aber natürlich! Soll dir etwa jeder auf der Schnauze herumtanzen dürfen? »Nein, aber wenn du zu hart bist, mag dich das Team nicht mehr.« Falsch: Wenn du zu zart bist, mag es dich nicht mehr! Denn ein Team will einen Chef, der es draufhat – auf so einen kann man stolz sein und sich verlassen. Doch das geht Hand in Hand mit Autorität. Immerhin willst du andere zur Verantwortung führen. Doch wie soll das gehen, wenn du dabei nicht konsequent bist? Merk dir, Günter: Wer als Chef nur gebraucht und geliebt werden will, hat es schwer, von anderen Verantwortung zu verlangen. Also: Sag, was du tust, und tu, was du sagst! Sei dabei klar und verlässlich! Übernimm Verantwortung – für dich und dein Team! Und lass dir dabei nicht ans Bein pinkeln! Deshalb: Auf in den Kampf! There can be only one.

»Los, kämpfen!«, feuert sich Günter selbst an. »Der Sauhund hat es nicht anders verdient!« Moment noch, eines sollte dir auch klar sein: Willst du mit dem Kampf ein Ziel erreichen oder jemandem eine Lektion erteilen? »Ein Ziel erreichen.« Na, also: Dann hüte dich vor zu viel Emotionen und Moralurteilen! Bleib fair und respektvoll – es geht um die Sache und nicht darum, über andere zu richten oder sie plattzumachen! Sonst mag dich das Team bald wirklich nicht mehr.

218

5. ERFOLGE
erreichen

Unangenehmes in Angriff nehmen

»Geschafft!«, jubelt Günter und klopft sich ein wenig Staub vom Fell. »Zum Glück war's gar nicht so schlimm.« Gratulation, so schnell wird man zum Sieger! Dabei ist es in der Realität fast nie so schlimm wie vorher befürchtet. Also sorgt man sich in der Regel meist umsonst – und wartet daher auch unnötig lange, bis man Unangenehmes endlich in Angriff nimmt. »Ist doch klar!«, stellt Günter fest. »Wer begibt sich schon gerne freiwillig dorthin, wo es wehtun könnte?« Na, ein guter Chef, Günter! Denn gute Chefs wissen erstens, dass Sorgen in den meisten Fällen unbegründet sind. Immerhin warnen Sorgen vor Fehlern – und schon steuert man dagegen und die Fehlerwahrscheinlichkeit sinkt. Und zweitens kennen gute Chefs die Macht des Anfangs: Hat man ein zunächst unangenehm erscheinendes Projekt erst mal begonnen, klären sich schnell die ersten Fragen, und man kommt rein in die Sache. Nach kurzer Zeit hat man dann Schwung gewonnen und will die Aufgabe zu Ende führen. Also kommt nicht zuerst die Motivation und dann die Handlung, sondern erst die Handlung und dann die Motivation!

Gute Chefs wissen: Wer Unangenehmes beseitigen will, muss es einfach in Angriff nehmen. Machen statt motzen! Zackig statt zögernd! Meistens geht es dann gut. Und wenn alle anderen lieber weglaufen oder die Herausforderungen aussitzen, wer ist dann der Chef der Gruppe? Klar: der Macher! Der Mutige! Der Aktive! Der mit der dicken Haut! Du!

Keine Angst vor Fehlern haben

»Na ja, ich will eben keine Fehler machen ...«, erklärt Günter. Klar, Schweinehund, niemand will Fehler machen. Häufig ist aber der schlimmste Fehler, überhaupt nichts zu tun. Stell dir mal vor, du triffst deine Traumschweinehündin, und obwohl sie dir zugeneigt erscheint, traust du dich nicht, sie anzusprechen. Schließlich willst du keine Fehler machen! Tja, und dann kommt dieser andere coole Schweinehund daher und schnappt sie dir weg ... Der berühmte Schriftsteller Paolo Coelho hat einmal gesagt: »Ein Schiff ist sicherer, wenn es im Hafen liegt. Aber dafür werden Schiffe nicht gebaut.«

»Okay, begriffen!«, bellt Günter. »Ein bisschen Mut gehört zum Chefsein dazu.« Genau. Stell dir nur vor, du zögerst, weil du schwierige und gefährliche Hindernisse vermutest – und es sind gar keine da! Wer kommt dann wohl am Ziel an? Klar: der Erste, der trotz seiner Bedenken losgelaufen ist. Er hat den richtigen Weg gefunden, weil er ihn gesucht hat. Und nicht die, die zu Hause geblieben sind. »Klingt wieder nach Eigeninitiative.« Richtig. Nur Handlungen schaffen Ergebnisse. Schon Pippi Langstrumpf sagte: »Ich mach mir die Welt, wie sie mir gefällt!« Schlaue Pippi.

Herausforderungen meistern

»Und was, wenn doch mal Hindernisse auftauchen?«, sorgt sich Günter. »Dann klappt es nicht mit deinen Zielen!« Betrachten wir es andersherum: Es klappt nur dann nicht mit deinen Zielen, wenn du Herausforderungen nicht meisterst! Denn dass ein Chef auch hin und wieder mit Schwierigkeiten zu tun hat, davon kannst du ausgehen. Doch selbst wenn du gar nichts tust, verhinderst du damit keine Schwierigkeiten. Sie gehören zum Leben dazu. Besser also, du suchst dir gleich die richtigen Schwierigkeiten – nämlich die auf deinem Weg zum Ziel. So hast du wenigstens die Chance, sie zu meistern, beim Ziel anzukommen, aus ihnen zu lernen und sie beim nächsten Mal leichter zu bestehen. Sieh es also positiv: Herausforderungen zu meistern, hilft dir, zu wachsen. So wie ein Muskel nur dann wächst, wenn er benutzt wird. Bleibst du hingegen starr vor Angst sitzen und vermeidest alle Hindernisse, bleibst auch du klein – und wirst trotzdem dein Leben lang auf Hindernisse treffen.

Also egal, ob es um Probleme mit den Mitarbeitern, Zielen, Abläufen, Ressourcen, Finanzen, Kunden oder womit auch immer geht: Betrachte sie als Möglichkeit zum Üben – als dein Training! Denn dein Job als Chef ist es, zu tun, was getan werden muss, wann es getan werden muss und wie es getan werden muss. Dabei ist völlig schnurz, ob du es magst oder ob es andere mögen. Hauptsache, du tust es. Punkt.

Flexibel ins Ziel kommen

»Alles klar!«, resümiert Günter. »Packen wir es an!« Genau. Du kennst nun Sinn, Richtung, Zwischenziele – und vor allem die besonders wichtigen Zwischenziele. Dein Team ist ebenfalls eingeweiht, die Aufgaben sind klar verteilt, du kontrollierst und korrigierst die Ergebnisse und bist bereit, auch Hindernisse und Schwierigkeiten in Angriff zu nehmen. Prima! Jetzt musst du nur noch möglichst flexibel ins Ziel kommen.

»Flexibel ins Ziel kommen? Aber ich hab doch meinen Plan zur Orientierung! Da steht genau, wann ich was erreichen muss.« Nein, Günter. Die Zahlen auf deinem Plan sind nur zur Orientierung gedacht. Wie im Auto: Viel wichtiger als die Instrumentenanzeigen ist der Blick aus dem Fenster – denn ab und zu muss man mal Kurven fahren oder einem Hindernis ausweichen. Also mach dich bereit, deinen Weg flexibel zu gehen! Vielleicht stellst du dir deinen Plan einfach als Ausdruck eines Routenplaners vor: Er zeigt dir zwar die direkteste Verbindung – aber trotzdem kannst du in Staus oder Baustellen geraten oder dich sogar verfahren. Dank Richtung, Zielen und Feedbacks unterwegs weißt du aber: Du kannst Abweichungen jederzeit korrigieren. Und trotzdem ankommen.

Gute Systeme schaffen

»Klingt gut!«, findet Günter und lehnt sich stolz zurück. »Dann bin ich jetzt schon ein richtiger Chef?« Beinahe, Schweinehund. Nur solltest du nun noch den nächsten Schritt gehen: und zwar dich selbst überflüssig machen! »Hä? Wie bitte? Was soll das denn jetzt? Überflüssig?« Genau, überflüssig. Denn ein Chef hat erst dann ganze Arbeit geleistet, wenn im Laden auch während seiner Abwesenheit alles gut läuft. Trotz aller Ziele, die das Team bei Projekten erreichen soll: Das Hauptziel des Chefs ist, möglichst gut funktionierende Systeme und Strukturen zu schaffen! Denn je besser die Strukturen und Systeme, desto weniger Aufwand, um Ziele zu erreichen. Die Effizienz steigt, und alles läuft quasi wie von selbst.

»Effizienz?«, wundert sich Günter. »Ich dachte, Effektivität sei wichtiger?« Ja, zunächst. Um die richtigen Ziele klarzumachen und den richtigen Weg zu planen, musst du an die Effektivität denken. Nun allerdings, da du und dein Team schon viel weiter seid, müsst ihr den nächsten Schritt gehen: und zwar alles möglichst richtig machen! Der Koch soll kochen, die Kellnerin servieren, der Barmann zapfen – und das alles ohne dich. Es muss sogar klar sein, wer jeden Tag das Menü bestimmt, einkaufen geht, die Kasse macht und die Speisekarte schreibt! Erst wenn all das möglichst automatisch und reibungslos läuft, kannst du dir auf die Schulter klopfen: Du bist wirklich ein guter Chef!

Schlechte Systeme verhindern

»Gibt es noch weitere Hinweise, ob ein Team effizient arbeitet?«, fragt Günter verzweifelt. Och, sogar eine ganze Menge: Ist immer klar, wer wofür verantwortlich ist? Fließen die wichtigen Informationen immer sanft in alle Ebenen? Werden wichtige Entscheidungen einfach und ohne großen Aufwand getroffen? Bekommen die richtigen Leute schnell Antworten, wenn sie etwas klären müssen? Werden auch keine Wege unnötig doppelt gegangen? Und noch mal: Läuft der Laden auch dann noch, wenn der Chef nicht da ist?

»Und woran erkennt man schlechte Systeme und Strukturen?« Nun, wenn es nicht so gut läuft, erkennt man das in der Praxis sehr leicht: zum Beispiel wenn sich die Kollegen oft über Zeitverschwendung beschweren. Oder wenn sich jeder überall rückversichern muss. Wenn die Rollen unklar sind und die Kommunikation mies ist. Wenn ständig zu viele Leute mitentscheiden. Wenn sich ineffektive Mitarbeiter hinter fleißigen Kollegen oder irgendwo im System verstecken können. Wenn die Manager zu viele oder zu wenige Berichte schreiben müssen. Oder wenn man zu viel Zeit in unnützen Meetings verschwendet.

Meetings? Nein, danke!

»Zeit in Meetings verschwenden?«, empört sich Günter. »Meetings sind wichtig! Da informiert man sich gegenseitig, stimmt sich ab und das Team wächst zusammen.« Blödsinn, seien wir ehrlich: Meetings sind meist viel zu häufig, zu lang und zu unproduktiv! Und zwar weil die Arbeitsziele unklar sind und die Teammitglieder zu wenig Verantwortung bekommen, um alleine zu arbeiten. Also meint jeder, Meetings zu brauchen, um sich rückzuversichern: Nur keine Fehler machen! Weil Meetings dadurch aber viel zu häufig werden, bereitet sich niemand gut auf sie vor – schließlich ruft ständig das Tagesgeschäft. Doch unvorbereitet dauern sie zu lange. Man verbrät unnütz Zeit, obwohl alle in Gedanken längst wieder am Arbeitsplatz sind. Und während ein paar Wichtigtuer beim Diskutieren ihre Neurosen pflegen, verstecken sich unproduktive Kollegen bei Kaffee und Keksdose legal vor ihrer Pflicht. Schließlich haben sie ein tolles Alibi: Sie sind in einem Meeting ...

Du siehst: Meetings stinken. In Wirklichkeit sind sie meist nur ein Zeichen für schlechte Führung! Die Chefs sind unsicher, die Ziele unklar und keiner traut dem anderen etwas zu. Lass also keine Meeting-Unsitten im Team aufkommen! Kläre mit jedem klipp und klar seine Ziele – und dann lass ihn seine Arbeit machen!

Permanente Kommunikation

»Aber ganz ohne Meetings geht es doch auch nicht, oder?«, fragt Günter. Ach nein? Dann rechne doch mal durch, wie viel Geld während eines Meetings verbraten wird! Die meisten gehen mit Geld ja viel besser um als mit Zeit. Na, wie hoch ist der Stundensatz jedes Meeting-Teilnehmers? »Uuups! Hier kommen ja schnell ein paar Tausend Euro zusammen ...« Genau, Günter. In nur einer Stunde.

Viel besser als die regelmäßigen Meetings ist es, sich möglichst informell, individuell und permanent miteinander auszutauschen – also beim Kaffee auf dem Gang, im Lift, über eine Kommunikations-App, via E-Mail oder Telefon, bei einem Besuch im Büro des jeweils anderen oder beim Essen in der Kantine. Das ist meist viel effizienter. Und es lenkt die Informationen klar, unkompliziert und zielgerichtet. Natürlich sollten im Team keine notorischen Zeitdiebe und Quasselstrippen ihr Unwesen treiben – aber langfristig tolerierst du solche Leute ohnehin nicht. Und wenn eine Besprechung mal sein muss, dann ist gegen ein kleines Meeting auch nichts einzuwenden. Jeder soll schließlich wissen, was er zu tun hat – und das geht manchmal eben doch nur durch eine Abstimmung mit der ganzen Gruppe. Aber: Dann nur mit klaren Zielen, Zeiten, Regeln und guter Vorbereitung! Du als Chef allerdings wartest nicht erst aufs Meeting. Du kommunizierst einfach immer.

Die Wahrheit sehen wollen

Das Schöne an der ständigen Kommunikation ist übrigens auch, dass du immer sofort erfährst, was im Team los ist. Die informellen Kanäle funken nämlich ziemlich schnell. Der Kunde zickt herum? Die Konkurrenz schwärzt euch an? Mit dem Paketdienst gibt es schon wieder Ärger? Dann weißt du sofort Bescheid! Am besten schaffst du dir deinen eigenen informellen Kommunikationsplan: Wie oft pro Woche willst du mit jedem Teammitglied sprechen? Und auf welche Weise? Und dann »arbeitest« du deinen Plan einfach ab – bei einem Plausch im Treppenhaus, beim Gang auf den Parkplatz, an der Kasse in der Kantine. So schaffst du einen guten individuellen Draht zu allen Teammitgliedern.

Aber Vorsicht, die Sache hat einen Haken: Auf die informelle Weise erfährst du nämlich nicht nur die Probleme nach außen, sondern auch die innerhalb der Firma! »Und wieso ist das ein Haken?«, wundert sich Günter. Weil das nicht immer leicht zu ertragen ist. Denn wenn du für das Team informell verfügbar bist, werden die Teammitglieder das auch immer wieder nutzen: Sie werden dir direkt sagen, was schlecht läuft und welche interne Querelen es gibt. Und solche unangenehmen Wahrheiten musst du sehen wollen und aushalten können. Manchmal werden dir die Mitarbeiter dabei auch ihr Herz ausschütten. Und dann erst zeigt sich, ob du ein echter Leader sein willst: einer, der sich wirklich für seine Leute und ihre Belange interessiert. Einer, auf den man sich verlassen kann. Na, Günter? Wie sieht es aus?

Untadeligkeit

»Hahaha!«, freut sich der Schweinehund. »Her mit den Infos! Und her mit den Sorgen! Euch werde ich schon verarzten ...« Vorsicht, Günter: Als Chef musst du gut darauf achten, was du sagst und tust.

Denn damit die informellen Kommunikationswege funktionieren, gibt es eine wichtige Voraussetzung: deine eigene Untadeligkeit! Jeder muss wissen, dass du durch und durch okay bist, für alle stets das Beste willst und man sich auf dich wirklich verlassen kann.

Also: Sei offen und ehrlich! Halte deine Leute nicht unnötig hin oder lasse sie nicht im Dunkeln – zum Beispiel über Entscheidungsprozesse, die sie betreffen, oder Beurteilungen! Denk in Lösungen statt in Problemen! Die Mitarbeiter wollen, dass du Herausforderungen bewältigst – und keine neuen schaffst. Nimm Schwierigkeiten also ernst genug und andererseits leicht genug – gerne auch mit Humor! Und schaff bei jeder Gelegenheit Vertrauen! Zum Beispiel indem du selbst vorlebst, was du von anderen verlangst. Oder indem du stets fair bleibst und jedem bei Kritik dein Bewertungssystem klar ist. Auch indem du mit den anderen sprichst statt über sie. Kurz: Sei der bestmögliche Maßstab für Untadeligkeit! Dann bist du Chef.

Sich selbst führen lassen

Mit geschwellter Brust stolziert Günter in Gedanken vor dem Team herum: »Ich bin untadelig! Ich bin rein! Ich bin ein Ritter! Ich bin unfehlbar! Ich bin euer Chef!« Moment, Schweinehund, jetzt wird es zu selbstverliebt. Denn dass Chefs untadelig sein sollen, heißt noch lange nicht, dass sie unfehlbar sind – sie sind schließlich auch nur ganz normale Menschen. Mit all ihren Fehlern, Macken und falschen Einschätzungen. Gute Chefs aber wissen das – und steuern rechtzeitig dagegen: Sie verlangen vom Team daher stets ehrliches Feedback über ihre eigenen Leistungen und halten dann auch aus, wenn sie mal kritisiert werden! Chefs sollen also nicht nur andere führen, sondern sich auch selbst führen lassen.

»Moment!«, protestiert Günter. »Und was ist mit deiner Autorität? Die wird doch ruck zuck untergraben, wenn dich jeder kritisieren darf!« Im Gegenteil, Günter: Deine Autorität steigt nur, wenn du dich dem Feedback stellst. Denn so gehst du mit gutem Beispiel voran. Du bist offen, flexibel, nimmst nichts persönlich, sondern willst wissen, was wirklich Sache ist – also genau das Gleiche, was du auch von den Mitarbeitern verlangst! Schließlich muss der Chef nicht immer alles richtig machen, sondern vor allem richtig beurteilen. Und dabei hilft eben Feedback. Vor allem müssen Chefs auch wissen, was sie nicht können, und erfahren, wenn sie etwas falsch beurteilen – das verhindert Probleme: zum Beispiel dass der Versandhandel das Internet übersieht oder die Marketingabteilung Engpässe im Callcenter ...

6. Die MACHT
der MITARBEITER

Positives Klima schaffen

»Kannst du dem Team wirklich so sehr vertrauen?«, zweifelt Günter. »Was, wenn sie dich nur in die Pfanne hauen wollen?« Unwahrscheinlich, Schweinehund. Vor allem wenn du dich als Chef ordentlich benimmst, also für andere da bist, deinen Mitarbeitern Ängste nimmst, sie richtig motivierst, fair bleibst – und ihnen vertraust. Denn dann vertrauen sie dir auch – und vertrauen dir an, wenn sie irgendwo ein Problem sehen. Selbst wenn du das Problem bist.

»Also läuft alles wieder auf die eigene Untadeligkeit hinaus?« Exakt, Günter. Denn je untadeliger du dich benimmst, desto mehr stehen deine Leute hinter dir. Du kannst ihnen vertrauen, sie wollen das Beste. Und weil so die Teamchemie stimmt, entsteht ein weiterer Vorteil: In der allgemeinen Offenheit spricht man selbst Unangenehmes leichter an. Angst? Unnötig! Ein Glück: Dadurch fallen Fehler viel schneller auf! Die Marketingabteilung spinnt immer noch? Das Internet wird auch noch ignoriert? »Hey, das ist falsch!«, heißt es dann im Team – und ihr könnt den Weg korrigieren, bevor Katastrophen passieren. Dank positivem Klima! Insofern ist die Teamchemie sogar wichtiger als hohe Fachqualifikationen. Sie ist bares Geld wert. Also arbeite immer mit den Menschen, nicht gegen sie!

Die Bedürfnisse der anderen beachten

»Wunderbar!«, freut sich Günter auf das Team. »Die Zukunft wird rosig!« Noch rosiger wird sie natürlich, wenn du jetzt noch ein ganz besonderes Händchen für deine Teammitglieder entwickelst. »Und wie das?« Indem du möglichst ihre individuellen Bedürfnisse beachtest.

Erinnere dich: Menschen und Schweinehunde sind unterschiedlich. Sie haben verschiedene Persönlichkeiten, Intelligenzen, Werte. Und eigentlich wollen sie alle nur eines: in Ruhe das tun, was ihnen wichtig ist, am meisten Spaß macht und worin sie besonders gut sind. Also berücksichtige das bei deiner Teamführung! Lass die Routine-Günter Routinen abarbeiten, die Besserwisser grübeln, die Choleriker entscheiden und die Aktionisten handeln! Lass die Rechner rechnen, die Sprecher sprechen, die Räumlichen gestalten, die Musikalischen hören, die Körperlichen basteln, die Zwischenmenschlichen zwischenmenscheln und die Eigen-Intelligenten sich ausgeglichen fühlen! Lass die Leistungsorientierten leisten, die Beziehungsorientierten sich vernetzen, die Sportlichen sich bewegen, die Ordentlichen ordnen und die Ruhesuchenden in Ruhe! Mit das Schlimmste, was du als Chef tun kannst, ist alle gleich zu behandeln und Gleiches einzufordern.

Zwei Planeten und ein Team

»Aber Moment!«, stutzt Günter. »Gibt es dabei dann nicht Ärger? Was, wenn der Choleriker nicht versteht, dass der Besserwisser lieber grübelt? Was, wenn der Wettkampf-Fan den Ruhesuchenden stimulieren will? Was, wenn der Rechentyp dem Worttypen auf die Nerven geht? Dann gibt es Stress ...« Genau. Und zwar weil das Team dann nicht versteht, dass sich alle gegenseitig wunderbar ergänzen! Vergleichen wir es mit zwei Planeten: Auf dem ersten sind alle Bewohner exakt gleich. Auf dem zweiten hingegen unterscheiden sich alle – jeder kann etwas anderes besonders gut. Na, Günter: Welcher der Planeten ist wohl produktiver und erfolgreicher? »Klar doch, der zweite!« Richtig. Also sollte auch dein Team das erfahren. Und zwar vom Chef persönlich: »Jeder hier ist wichtig! So wie er ist! Und gerade weil alle unterschiedlich sind!« So etwas nennt man übrigens »Synergie«.

Damit es dabei aber kein Chaos gibt, sollte auch eine Hierarchie feststehen: Wer führt wen? Die Führungsspanne umfasst dabei etwa fünf bis zehn Leute pro Chef. Weniger wäre lächerlich und mehr umständlich. Weil aber alle im Team wichtig sind, müssen die Hierachien so flach sein, dass sich jeder ein bisschen wie ein Leader fühlt – schließlich muss sich jeder selbst führen und Ergebnisse liefern. Und die Hierarchien sollten flexibel sein: Wer besonders gut ist, sollte leicht aufsteigen können. Und wer keine Leistung bringt, absteigen. Denn nur so ist es gerecht.

Permanentes Teambuilding

Besonders leicht fällt es den Teammitgliedern, die anderen zu verstehen und sich zu ergänzen, wenn das Team gut zusammengewachsen ist. Wenn man sich gut kennt, vertraut und wertschätzt. Den Prozess, so ein Superteam entstehen zu lassen, nennt man übrigens »Teambuilding«.

»Teambuilding? Wow!«, freut sich Günter. »Geht man dafür nicht gemeinsam in den Hochseilgarten, besucht Gruppenseminare und veranstaltet Betriebsausflüge mit Wanderungen und Floßbaugruppen?« Ja, solche Teambuilding-Maßnahmen kommen vor. Allerdings geht es auch unspektakulärer: indem ihr als Mannschaft auch sonst oft gemeinsam aktiv seid – und nicht nur in Ausnahmefällen. Macht doch zum Beispiel eine regelmäßige Sportgruppe auf!

Trefft euch einmal pro Woche beim Italiener! Geht gemeinsam ins Kino! Spielt an Ostern Wichteln und macht an Weihnachten eine Weihnachtsfeier! Stellt einander eure Lebensgefährten vor und fahrt auch mal zusammen in den Urlaub! Esst gemeinsam zu Mittag und bildet Fahrgemeinschaften in die Arbeit! Feiert, wann immer es eine Gelegenheit dazu gibt, und fördert eure Freundschaft untereinander! So betreibt ihr permanentes Teambuilding – und pflegt nebenbei auch wieder die wichtigen informellen Kommunikationswege ...

Die Leistung zählt

»Freundschaft am Arbeitsplatz?«, wundert sich Günter. »Ist das jetzt nicht zu idealistisch?« Keineswegs, Schweinehund. Natürlich darf in aller Freundschaft nicht der Leistungsgedanke untergehen. »Der Leistungsgedanke?« Na der Grund, warum das Team überhaupt zur Arbeit geht: um Erfolge zu erzielen! Um die Firma voranzubringen! Um etwas zu leisten!

»Und wie behält man den Leistungsgedanken im Auge?«, will Günter wissen. Indem der Chef ihn immer wieder betonen muss – durch permanentes Fördern und Fordern. So sollte jeder die Möglichkeit haben, sich weiterzuentwickeln. Zum Beispiel durch ständige Fortbildung. Oder fest im Job integriertes Training. Der Chef (also du!) soll dabei übrigens nicht von oben herab die Richtung vorgeben, sondern eher seinem Team dienen – als Trainer, Coach oder Mentor. »Also nicht das Team dient dem Chef, sondern der Chef dem Team?« Richtig, Günter. Außerdem muss sich jeder ständig fragen: »Was können wir als Team besser machen?« Und: »Was kann ich selbst besser machen?« Das kann der Chef natürlich forcieren, indem er dem Team immer neue Herausforderungen zu bewältigen gibt – angemessene, aber schon auch sportliche. Denn: Wer rastet, der rostet. Und wer an der Leistungsgrenze arbeitet, wird besser.

Das gemeinsame Leitbild

»Okay, verstehe!«, resümiert Günter. »Obwohl wir alle freundschaftlich und vertrauensvoll zusammenarbeiten, zählt trotzdem die Leistung.« Genau. Sie dient als eine Art Fixstern, an dem sich alle orientieren können. »Und was zählt noch?« Das kommt darauf an, was für euch zählen soll. Erstellt doch einfach ein Leitbild!

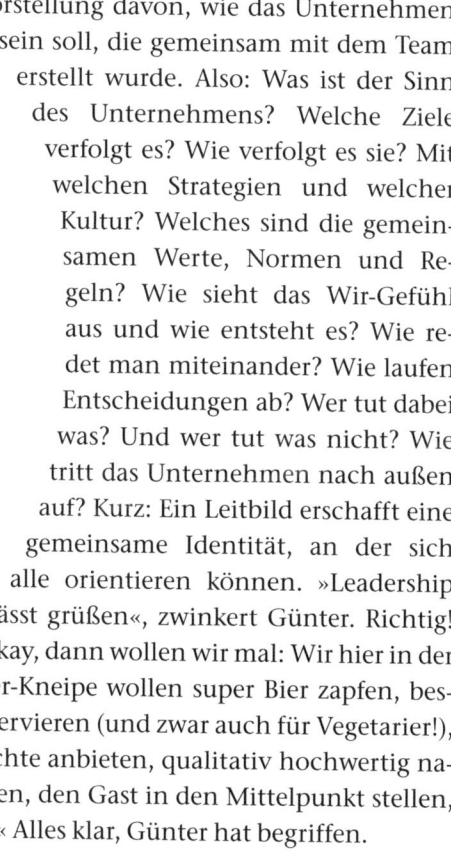

»Was ist denn ein Leitbild?«, will Günter wissen. Ganz einfach: eine klare und ausformulierte Vorstellung davon, wie das Unternehmen sein soll, die gemeinsam mit dem Team erstellt wurde. Also: Was ist der Sinn des Unternehmens? Welche Ziele verfolgt es? Wie verfolgt es sie? Mit welchen Strategien und welcher Kultur? Welches sind die gemeinsamen Werte, Normen und Regeln? Wie sieht das Wir-Gefühl aus und wie entsteht es? Wie redet man miteinander? Wie laufen Entscheidungen ab? Wer tut dabei was? Und wer tut was nicht? Wie tritt das Unternehmen nach außen auf? Kurz: Ein Leitbild erschafft eine gemeinsame Identität, an der sich alle orientieren können. »Leadership lässt grüßen«, zwinkert Günter. Richtig! »Okay, dann wollen wir mal: Wir hier in der Günter-Kneipe wollen super Bier zapfen, bestes Essen servieren (und zwar auch für Vegetarier!), täglich neue Gerichte anbieten, qualitativ hochwertig natürlich, freundlich servieren, den Gast in den Mittelpunkt stellen, unsere Arbeit gerne tun ...« Alles klar, Günter hat begriffen.

Leistungsträger an der langen Leine

»Tolle Sache, so ein Leitbild!«, freut sich Günter. »Da kann das ganze Team dahinterstehen, und jeder weiß, wohin es geht.« Schön zusammengefasst. Nun aber wieder zurück zum Individuum! Denn das Leitbild hat auch eine weitere wichtige Funktion: Weil dadurch jedem klar ist, wohin es geht, können Einzelne auch mal aus der Herde ausscheren und ganz besondere Leistungen erbringen. Denn dein Team soll an die Spitze – und nicht nur genormtes Mittelmaß bringen. Für Spitzenleistungen aber braucht es Freiheit für die Spitzenleistungsträger – sie funktionieren oft etwas anders als der Rest des Teams! Und diese Freiheit wiederum wird dank des Leitbildes möglich. Es ersetzt strenge und starre Regeln.

»Du meinst, wenn die Tiere möglichst schnell auf den Baum hoch sollen, muss man den Vögeln erlauben, zu fliegen anstatt zu klettern?« Genau das ist es, Günter. In jedem Team gibt es besondere Spitzenkräfte, die freie Hand und lange Leine brauchen. Dann danken sie es mit besonders guter Leistung. Solche Leute können zur Marke für deine Firma werden! Man kennt sie, schätzt sie, ja bewundert sie mitunter, und man weiß: Die haben es echt drauf! So wie Jennifer Lawrence im Hollywoodfilm. Manuel Neuer im Tor. Angela Merkel in der CDU. Oder Joko und Klaas im Fernsehen. Alles Leistungsträger, alles Marken.

Gute Querköpfe aushalten

»Moment mal!«, entrüstet sich Günter. »Manchmal gehen einem solche Typen aber auch ziemlich auf die Nerven mit ihren komplizierten Allüren! Ständige Extrawürste, bessere Bezahlung, eigene Pausen – wo kommen wir denn da hin!?« Zugegeben: Mit manchen Leistungsträgern ist es nicht immer einfach. Aber trotzdem ist es besser, du hast welche im Team, als du hast keine, oder? Da muss man die »besonderen« Teammitglieder eben auch mal aushalten können. Stell dir vor, du willst einen Film drehen und feuerst einen gewissen Quentin Tarantino, weil er dir zu chaotisch ist! Oder du sagst ein Konzert mit Madonna ab, weil sie fürs Übernachten eine Suite im besten Hotel verlangt! Oder du sägst den Moderator einer TV-Show ab, weil dieser komische Typ namens Harald Schmidt ständig so respektlose Witze reißt! »Oje, das wäre doof!« Ja, sauhundedoof.

Tja, Günter, manchmal ist gute Führung eben Kontaktsport: Ständig bist du auf Tuchfühlung, ringst auf höchstem Niveau um die besten Köpfe, stehst vor lauter Verantwortung unter Dauerstrom, musst Stimmungen im Team ausbalancieren und dabei die Leistungsträger bei Laune halten. So ist es eben. »Egal!«, findet Günter. »Besser jedenfalls als nur langweiliges Mittelmaß in trauter Harmonie.« Eben!

Störenfriede aussortieren

»Manchmal wird es aber trotzdem zu bunt!«, stellt Günter fest. »Dann trampeln dir alle auf der Nase herum.« Klar: Wenn es nicht anders geht, musst du gegensteuern. An gewisse Grundregeln sollten sich alle halten: Kooperationsbereitschaft, Ehrlichkeit, Höflichkeit, Verlässlichkeit und so weiter. Stimmen diese Voraussetzungen nicht, machst du Druck. Auch bei Leistungsträgern.

Aber nicht nur allzu exzentrische Leistungsträger können der Gruppe schaden – auch ganz normale Störenfriede bereiten hin und wieder Probleme: zum Beispiel Berufspessimisten, Dramaqueens, Problemmagneten, emotionale Vampire oder chronische Miesmacher. Sie machen die Dinge oft unnötig schwer, zäh, kompliziert, langwierig und anstrengend. Dabei kosten sie Kraft, Geld, Leistung, Erfolge – und letztlich die Lust am Job. Also Chef: Nicht passende Mitarbeiter gehören irgendwann mutig entfernt! Oder zumindest so umpositioniert, dass sie keinen Schaden mehr anrichten können! Basta. Zerstörer im Team kannst du dir nicht leisten – also weg mit ihnen!»Au ja!«, jubelt Günter.»Raus, ihr Idioten! Lasst euch hier nie wieder blicken!« Stopp, Schweinehund: Auch hier gilt natürlich wieder Korrektheit als oberste Richtschnur. Wer weiß? Vielleicht sind die vermeintlichen Idioten ja woanders besser aufgehoben? Also: Bleib höflich! Nachtreten tut man nicht. Und: Stinktiere tritt man nicht. Wer weiß, wie sie sonst reagieren ...

Das Jahresgespräch – ein Feedbackritual

»Hört, hört!«, sagt Günter. »Dann bist du als Chef also auch mal hart und schmeißt jemanden raus?« Was sein muss, muss eben sein. Damit aber alles fair abläuft, sollte dein Problemmitarbeiter auch wissen, woran er ist. Von heute auf morgen kündigt man niemandem. Also braucht der Störenfried Feedback: Er muss erfahren, inwiefern er stört. So kann er sein Verhalten möglicherweise korrigieren, und alles wird gut. Besonders gute Feedbackrituale sind die Jahresgespräche.

»Jahresgespräche?«, wundert sich Günter. »Ich dachte, die informelle Flurkommunikation ist dir lieber?« Nicht, wenn es um die Wurst geht. Hier sollte alles streng ritualisiert ablaufen, sodass sich jeder bestens darauf einstellen kann. Unangenehme Überraschungen sollten im Jahresgespräch übrigens tabu sein – am besten lädst du jedes Teammitglied ganz formell per Brief zum Gespräch ein. Und in dem Brief steht dann auch drin, worum es gehen soll: »Umsatzziele fürs nächste Jahr, neue Abläufe in der Abteilung, Feedback zur Teamfähigkeit.« Wenn du so alle Punkte vorbereitest, kann sich der andere schon darauf einstellen: »Mein Teamverhalten war schwierig, oder?« Und klar: Du besprichst von dir aus kein Thema außer denen, die auf der Einladung stehen! So baust du weiter Vertrauen auf. Nur dein Gesprächspartner darf überraschend unerwartete Themen aufgreifen. Ach ja: Auch Gehaltsfragen besprichst du aktiv beim Jahresgespräch. Und nur da!

Das Team erneuert sich

»Die Teammitglieder individuell behandeln, Leistungsträger zur Marke machen, gute Querköpfe aushalten, Stinkstiefel aussortieren, Jahresgespräche führen ...«, resümiert Günter. »Klingt nach viel Personalkram!« Klar: Dein Job als Chef ist es eben, die anderen gut zu machen. Und da gehört »Personalkram« dazu. Dabei kam ein wichtiges Thema bislang noch gar nicht vor: das Einstellen neuer Mitarbeiter. »Stimmt!«, erschrickt Günter. »Das Team erneuert sich ja ständig!« Genau.

Kaum etwas ist in der Arbeitswelt so normal wie Personalfluktuation. Wie häufig Teams allerdings erneuert werden, ist unterschiedlich. Wirklich gute Teams bleiben länger zusammen als jeweils im Branchendurchschnitt üblich – warum sollte man auch freiwillig wechseln wollen? Doch damit gute Teams auch mit neuem Personal gut bleiben, dürfen nur gute Leute eingestellt werden, logisch! Hier aber machen schlechte Chefs häufig Fehler: Irgendeiner verschwindet aus dem Team, und dann muss schnellstmöglich Ersatz her – egal, ob er passt. Also wird husch, husch irgendein Neuer eingestellt – meist einer, der gerade zur Verfügung steht. Und entweder passt der Neue dann, oder er passt eben nicht. Ein reines Glücksspiel, das leider oft danebengeht!

Superman gesucht

»Oh ja, kenne ich!«, schimpft Günter. »Da hat man einen Neuen eingestellt, erklärt ihm die Arbeit, und dann stellt er sich als Niete heraus – pfui, bah!« Leider sind solche Fehler teuer: Sie kosten Zeit, Geld, Produktivität und Lust. »Und dann das ganze Gedöns, um den Neuen wieder loszuwerden! Aussprachen, Verhandlungen, Aufhebungsverträge, …« Es erscheint also viel schlauer, erst dann Leute einzustellen, wenn sie auch wirklich sicher für den Job passen. Deshalb dreh beim Einstellen einfach die Denkweise um: Nicht erst einstellen und dann gucken, ob es passt – sondern erst mal gucken, ob es passt, und dann einstellen! Also denk vorher scharf nach: Wie soll der perfekte Angestellte sein? Definiere klipp und klar den perfekten Kandidaten! Und dann erst geht es in die Recruiting-Phase.

»Und was, wenn die Zeit drängt?« Dann erst recht, Günter! Denn der allergrößte Zeitverlust wäre eine falsche Neueinstellung. Suche also unbedingt nach dem Besten für den Job – und nicht nach dem Besten, der gerade verfügbar ist! Mittelmaß kannst du nicht gebrauchen. Deine neuen Mitarbeiter sollten also besonders gut sein und es nicht nur fachlich draufhaben, sondern auch Management- und Leadership-Fähigkeiten vorweisen können. Sie sollten so etwas wie kleine Supermänner oder -frauen sein – sogar besser als du! »Besser als der Chef?«, ruft Günter ungläubig. Aber ja: Denn erstklassige Führungskräfte suchen sich erstklassige Mitarbeiter. Zweitklassige hingegen suchen sich drittklassige …

Echte Leader einstellen

»Das klingt wieder mal nach Leadership-Fähigkeiten!«, kombiniert Günter. Und ob! Denn nur echte Leader erfüllen deine hohen Ansprüche. Nur sie garantieren, die Verantwortung übernehmen zu können, die du verlangst.

»Und woran erkennt man das Potenzial zum Leader unter den Bewerbern?« Dafür gibt es eine ganze Reihe von Indikatoren: Such doch einfach nach Menschen mit hoher Intelligenz, Selbstbestimmung und Eigeninitiative! Such nach Menschen mit guten Beziehungsfähigkeiten, hoher Energie, positiver Einstellung und Stimmung! Such nach Menschen mit viel Neugier, mit dem Wunsch, zu wachsen und besser zu werden, sich fortzubilden und zur Not auch wieder die Schulbank zu drücken! Such nach verlässlichen Menschen, nach pünktlichen, nach solchen, die nicht motzen, wenn sie abends länger bleiben und morgens früher kommen sollen! Such nach offenen Menschen, auf die andere gerne zugehen, um sich Hilfe zu holen! Such nach Menschen mit gesundem Menschenverstand, nach Menschen, die Talent zu haben scheinen – unabhängig von ihrer Ausbildung und von ihren Zeugnissen! Wetten, dass du dann ziemlich sicher an echte Leader geraten wirst?

A-, B- oder C-Mitarbeiter?

Der bekannte Personalvordenker Prof. Jörg Knoblauch unterteilt Mitarbeiter in drei Kategorien: die A-, B- und C-Mitarbeiter. Salopp formuliert er: »Der A-Mitarbeiter zieht den Karren, der B-Mitarbeiter läuft nebenher und der C setzt sich oben drauf.«

Ziel seiner Arbeit ist es unter anderem, Unternehmern und Führungskräften Kriterien und Werkzeuge an die Hand zu geben, mit denen sie möglichst viele A-Mitarbeiter finden und binden, da diese hoch motiviert und leistungsfähig sind und auch andere Top-Mitarbeiter fürs Unternehmen anziehen.

A-Mitarbeiter

- übertreffen gesetzte Ziele und Aufgaben durch ein ungewöhnliches Maß an Engagement und Erfolg
- denken voraus und handeln proaktiv
- sind flexibel hinsichtlich Arbeitsplatz und -zeit
- betreiben das Geschäft, als gehörte es ihnen
- interessieren sich sehr für Weiterbildung
- haben exzellente Ideen
- betrachten Kollegen und Vorgesetzte als Kunden, weshalb sie schnell und zuvorkommend liefern

B-Mitarbeiter

- erreichen vorgegebene Ziele meistens und erfüllen dazugehörige Aufgaben
- kommen und gehen pünktlich, um ohne kontrolliert werden zu müssen solide ihre Arbeit zu machen (wobei sie unangekündigte Überstunden nicht leisten werden)
- erreichen bei manchen Aufgaben durchaus die Ergebnisse der A-Kräfte

lösen allerdings auch hin und wieder Fragen aus wie »Hast du daran gedacht?«, »Kann ich das bitte sehen, bevor es rausgeht?« und »Warum haben Sie hier nicht nachgefasst?«

- halten andere dadurch unnötig auf

C-Mitarbeiter

- haben innerlich gekündigt
- legen wenig oder geringe Kundenorientierung an den Tag
- haben kaum oder gar keine Bereitschaft zur Weiterbildung
- sind gegen jeden Wandel und verhalten sich bei Veränderungen destruktiv
- tragen die Unternehmensphilosophie nicht mit beziehungsweise sabotieren sie sogar
- erledigen zwar viele Aufgaben ordentlich, wobei es dennoch Gebiete gibt, in welchen die Qualität ihrer Arbeit mangelhaft ist
- machen Fehler, die von ihren Kollegen korrigiert und aufgefangen werden müssen
- vergraulen durch ihr Verhalten Kunden

B-Mitarbeiter sollten die Möglichkeit bekommen, sich zu A-Mitarbeitern zu entwickeln. Und C-Mitarbeiter sollten möglichst unschädlich gemacht werden, sofern sie nicht glaubhaft das Potenzial und den Willen haben, sich weiterzuentwickeln.

REFLEXION

WELCHE MITARBEITER HABEN SIE?

Gehen Sie Ihr Team anhand obiger Beschreibung durch:

Wie viele A-, B- und C-Mitarbeiter haben Sie?

Was bedeutet das für Ihr Unternehmen und Ihre Führung?

Wie können Sie Ihren A-Mitarbeitern noch bessere Arbeitsbedingungen schaffen?

Wie können Sie B-Mitarbeiter darin unterstützen, A-Mitarbeiter zu werden?

Was unternehmen Sie gegen Ihre C-Mitarbeiter?

Die perfekte Stellenbeschreibung

Auch eine gute Stellenbeschreibung ist wichtig. Aber verwende dabei nicht die üblichen Phrasen im Stile von »Verkaufsleiter Region Süd gesucht, perfekte Selbstorganisation, unternehmerisches Denken, gutes Gespür für den Kunden« oder »Senior Controller gesucht zur Ergänzung des Teams Finanzen mit Aufgabengebiet Ergebnisbeobachtung und Analyse sowie zum Aufzeigen von Handlungsalternativen für die Niederlassung Ruhr-West«. Solche Beschreibungen sind schwammig formuliert, starr gemeint und schreiben die Tätigkeit des Bewerbers schlimmstenfalls für lange Zeit fest.

Viel schlauer sind klare, knackige Stellenanzeigen mit Verfallsdatum: »Bis April 20XY Verkaufsleitertätigkeit Region Süd, diese und jene Aufgaben, danach gegebenenfalls Anpassung«. Definiere darin auch ganz klar Gehalt oder Stundensätze, Zuständigkeiten, Anforderungen, Fähigkeiten und alles weitere, was dir zur Stelle einfällt. Wetten, dass du so viel genauer die Leute ansprichst, die du haben willst? Und dadurch, dass die Stelle ein Verfallsdatum hat, kannst du sie bei jeder weiteren Vertragsverlängerung immer optimal an das jeweils neu benötigte Anforderungsprofil anpassen. Woher sollst du heute wissen, was in zwei Jahren ist? »Und was, wenn es in der Branche unüblich ist, Stellen zeitlich zu begrenzen?« Aber Günter: Wer sagt denn, dass der neue Jobinhaber aus der gleichen Branche kommen muss? Frischer Wind weht meist aus einer anderen Richtung ...

Strukturierte Interviews

»Und was passiert, wenn dann der Bewerber vor dir sitzt?«, will Günter wissen. »Wie läuft dann das Bewerbungsgespräch ab?« Im Idealfall möglichst strukturiert und objektiv. Denn jeder – auch ein guter Chef – hat die Tendenz, sich bei Bewerbungsgesprächen von genau solchen Typen um den Finger wickeln zu lassen, die einem persönlich besonders sympathisch sind. Das allerdings sagt noch lange nichts über die Qualität des Bewerbers aus!

Also versuche deine eigenen blinden Flecken durch möglichst strukturierte Fragen auszugleichen und dadurch das optimale Teammitglied zu finden! Eines, das gut zur Anforderung passt. Stell allen Bewerber dabei Fragen, die Nachdenken erfordern und nicht nur mit Ja oder Nein zu beantworten sind! Stell auch allgemeine Fragen zur Bildung! Und lass die Bewerber ihr Können möglichst unter Beweis stellen! So wirst du unter den potenziellen Kandidaten schnell diejenigen finden, die wirklich optimal passen. Und wie gesagt: Scheue auch nicht davor zurück, besonders gute Leute einzustellen, die vielleicht sogar schlauer sind als du selbst! Wozu solltest du auch immer alles selbst wissen müssen?

Referenzen checken

»Super!«, freut sich Günter. »Du hast den optimalen Mitarbeiter gefunden: Er ist 34, Wirtschaftsingenieur, ledig, leistungsstark, war zuvor jahrelang sehr erfolgreich bei einer Maschinenbaufirma tätig und sucht jetzt eine neue Herausforderung. Na, wie klingt das?« Klingt toll, zugegeben. Aber: Ist auch alles Gold, was glänzt? »Wie meinst du das?« Nun, stimmen all diese Angaben auch so? Oder besser formuliert: Würdest du den Kandidaten genau so beschreiben, wenn du in seinem ehemaligen Team Mäuschen gespielt hättest?

»Worauf willst du hinaus?«, fragt Günter. Ganz einfach: Wenn dich ein Bewerber wirklich interessiert, dann checke auf jeden Fall auch persönlich seine Referenzen! Stimmt tatsächlich alles so, wie er sagt? Also sprich mit seinen ehemaligen Mitarbeitern! Bitte die ehemaligen Vorgesetzten um eine informelle Beurteilung am Tele-

fon! Wenn es niemanden in Schwierigkeiten bringt, kannst du auch mal am
aktuellen Arbeitsplatz nachfragen:
Was ist der Kandidat für ein Typ?
Wo liegen seine Stärken? Wo seine Schwächen? Denk daran: Fehler bei der Einstellung sind teuer.
Nicht, dass sich plötzlich heraus-
stellt, dass dein Wunderkandidat
weniger leistungsstark war als ange-
geben. Dass man sich über seine Suche nach einer neuen Herausforderungen ziemlich freut. Oder dass die »ledige«
Lebensweise am Montagmorgen oft mit einem Kater vom Wochenende verbunden ist ...

Teamkompatibilität beachten

»Jetzt wird es aber pingelig!«, beschwert sich Günter. »Willst du
nicht gleich noch einen Privatdetektiv anheuern, der ihn Tag und
Nacht beschattet?« Warum so zickig, Schweinehund? Du wirst
doch nicht etwa auf den Halo-Effekt hereinfallen? »Den was?«
Den Halo-Effekt, oder auch Heiligenschein-Effekt genannt. Davon spricht man, wenn ein Bewerber besonders kompetent erscheint, obwohl er das längst nicht sein muss. Vielleicht ist er ja
besonders attraktiv? Oder er kann gut verkaufen? Oder hat in der
gleichen Stadt studiert wie du? Kurz: Vielleicht gibt es irgendeine
Eigenschaft, die alles andere »überstrahlt«, wie bei einem Heiligen-
schein? Und dann siehst du nicht mehr scharf.

Eine weitere Hilfe, um schärfer zu sehen, ist dein Team: Beziehe die
Teammitglieder unbedingt in den Selektionsprozess mit ein! Wollen sie den neuen Mitarbeiter haben oder nicht? Denn immerhin

muss sich der Neue auf jeden Fall mit den anderen verstehen. Vergleiche es mal mit der Mieterauswahl für eine Wohngemeinschaft: Wird dort ein Zimmer frei, sollte der Nachmieter auch stets allen anderen WG-Mitgliedern gefallen – und nicht nur einem einzigen ...

Willkommen im Team!

»Okay, alles klar!«, freut sich Günter. »Das Team hat auch Ja gesagt! »Na, dann steht der Einstellung ja nichts mehr im Wege – sicher wird der Neue wirklich eine Bereicherung für eure Arbeit. Aber Vorsicht: Gerade am Anfang droht für den Neuankömmling schnell die große Überforderung! Schließlich muss er alles erst mal kennenlernen: Firma, Branche, Abläufe, Werte, Rituale – da kommt eine ganze Menge zusammen. Auch die persönlichen Bindungen müssen erst mal wachsen. Also braucht der »Neue« zunächst mal viel Zeit fürs Kennenlernen. Eine Zeit, in der er noch keine tragende Rolle spielen und euch tatkräftig unterstützen kann. Also lass ihm diese Zeit, okay?

»Natürlich!«, beschwichtigt Günter. »Bin ja schließlich nicht auf die Rübe gefallen ...« Eine schlaue Abkürzung fürs Kennenlernen gibt es allerdings: betriebsinterne Checklisten und Handbücher. In den Checklisten steht drin, welche wichtigen Schritte im Betrieb ein Neuer machen soll, um einen möglichst guten Überblick zu bekommen. Er muss sie nur Stück für Stück abarbeiten und abhaken: »Produktion 1? Erledigt. Anlieferung? Erledigt. Nähstube? Erledigt. Produktion 2? Morgen. Betriebsarzt? Übermorgen.« Und so weiter. Und mit den Handbüchern kann er sich schnell in die jeweiligen Arbeitsabläufe einarbeiten. »Super! Und mit dem Team macht man sich am besten nach Feierabend vertraut: bei einem schönen Grillabend oder auf der Geburtstagsfeier des Kollegen Müller.« Genau, Günter.

7. ERFOLG
ist eine Reise

Vorsicht: Erfolg macht satt!

»Sehr schön!« Zufrieden lehnt sich Günter zurück. »Alles ganz einfach: Kandidaten definieren, genau suchen, nur Leader einstellen, Referenzen checken, das Team mit einbeziehen, Zeit geben – auch das mit dem Recruiting ist machbar!«

Und schon geht Günter wieder zur Tagesordnung über – schließlich läuft die Firma jetzt. Alles ist Friede, Freude, Eierkuchen. Der Erfolg kommt scheinbar wie von selbst, schön regelmäßig und jedes Jahr zur gleichen Saison. Die Mitarbeiter sind zufrieden, der Betriebsrat auch. Das Leben ist schön, so schön! Manchmal zwar, da wird es nun ein wenig langweilig im Job – aber zum Glück hast du ja das Golfspielen angefangen. Auch um deine anderen Hobbys kannst du dich nun kümmern: die Verschönerung des Eigenheims, die Hundeerziehung und um deine Selbstverwirklichung als Pastellfarbkünstler. Was für ein Glück du hast, Chef zu sein! Alle zwei Jahre steht dir ein neuer Dienstwagen zu, mit den A-Kunden geht es

ab und zu ins Luxusrestaurant, und den verdienten Jahresurlaub verbringst du auf den Malediven. Und irgendwo in all der schönen, heilen Welt geht dir langsam etwas verloren: der Spaß an deiner Arbeit! Und bald auch der Erfolg ...

Ständiges Muss: schneller, höher, weiter

»Verstehe ich nicht!«, motzt Günter. »Du machst alles richtig und verlierst den Erfolg trotzdem wieder?« Genau, darum geht es: Denn mit der Zeit konzentrieren sich zu bequeme Erfolgreiche wieder nur aufs Richtigmachen – und nicht mehr darauf, ob sie noch das Richtige tun. Und dann übersieht man schnell mal die Vegetarier unter den Gästen, die Internet-User unter den Kunden, die Weiterentwicklung der Konkurrenz und die Staubschicht über den eigenen Strukturen und Systemen! Zwar erscheint alles schön gemütlich, dabei ist es aber schon viel zu gemütlich: Die chronische Unterforderung kostet Motivation, die Arbeit macht kaum mehr Spaß, die Erfolge lassen langsam nach, und Veränderung erscheinen immer mühsamer. Schnarch ...

Doch die Welt entwickelt sich ständig weiter – egal, ob mit dir oder ohne dich! Also betrachte deinen Laden immer wieder aus der Außenperspektive! Stimmt alles noch? Erreichst du deine Ziele wirklich? Erfüllst du wirklich noch den Sinn des Unternehmens? Oder bist du mittlerweile schon betriebsblind geworden und eingerostet? Mach dir klar: Nicht nur die Neuen müssen sich anstrengen, sondern auch die alten Hasen! Gerade sie sind es, die oft am meisten zu sagen haben, mit ihrer Erfahrung wertvolle Beiträge leisten können – und in mentaler Routine erstarren. Deshalb: Wenn du deine Ziele erreicht hast, schön! Aber: Was kommt nach den Zielen? Motiviere dich also immer wieder neu! Lass das Feuer in dir immer weiter brennen!

Freiwillige Veränderung

»Verstanden!«, lenkt Günter ein. »Am besten gar nicht erst zu viel Zufriedenheit aufkommen lassen!« Richtig. Und weil du weißt, wie wichtig es ist, in Bewegung zu bleiben, betrachtest du deine Führungsaufgabe als einen niemals endenden Prozess: Irgendwo gibt es immer etwas zu verbessern. Also finde heraus, wo. Und dann verbessere es! Strategische Veränderungen müssen sein, dauerhafter Erfolg braucht immer den nächsten Schritt. Also müssen alte Routinen immer wieder aufgebrochen und neue eingeübt werden – nur so bleibst du langfristig flexibel und auf höchstem Niveau erfolgreich.

»Aber führt das nicht auch immer wieder zu neuem Chaos?«, will Günter wissen. »Wer etwas Neues macht, muss es schließlich erst mal lernen.« Schlau kombiniert! Jede Veränderungsphase ist natürlich eine Zeit, während der keine Spitzenleistungen abrufbar sind – dafür ist das Neue noch nicht eingespielt genug. Dennoch führt nur ständige Erneuerung langfristig zu Erfolg. Also betrachte Veränderungen einfach als Investitionen in die Zukunft! Vorübergehende Ungleichgewichte sind da gerne willkommen.

Den freien Treibstoff verbrennen

»Aber woher sollst du immer wissen, was gerade verbessert werden muss?«, sorgt sich Günter. »Immerhin steckst du nicht in jedem einzelnen Ablauf drin ...« Du nicht. Aber deine Mitarbeiter! Jeder kennt sich am eigenen Arbeitsplatz schließlich selbst am besten aus. Also sieht auch jeder, was da verbessert werden könnte: eine kleine Veränderung der Kommunikationswege, Bestellabläufe, Softwarenutzung – es gibt immer viel zu tun, wenn es erlaubt ist. Voraussetzung allerdings: Jedes Teammitglied muss Verbesserungspotenzial suchen, sehen und konkrete Vorschläge machen dürfen.

All das muss sogar aktiv erwünscht sein! Denn schlechte Chefs reagieren oft schnell mal zickig: Was nicht von ihnen selbst kommt, wird abgebügelt oder ausgesessen. Und dann war's das gewesen mit dem kontinuierlichen Verbesserungsprozess – bis zur drohenden Pleite ...

Also: Jeder einzelne Mitarbeiter hat gute Ideen! Dieses Potenzial musst du als Chef ausschöpfen! Es wirkt wie zusätzlicher Treibstoff für deine ganze Organisation – und ist völlig umsonst zu haben. Weck deshalb bei allen im Team den Hunger auf Neues, auf Verbesserungen und Weiterentwicklung! Und mach ihnen Mut zu Verbesserungsvorschlägen! Und zwar nicht nur im Rahmen eines freiwilligen betrieblichen Vorschlagwesens – nein, es soll sogar zur Pflicht jeden Mitarbeiters gehören, regelmäßig Verbesserungen vorzuschlagen! Und dann setz die Verbesserungen auch möglichst schnell um! Weiter abzuwarten wäre Quatsch.

Krisen überstehen

Trotz aller Mühe, lieber Günter, geht einem als Chef übrigens trotzdem immer wieder etwas daneben: Ab und zu verliert man Kunden, hat Ärger im Team, bekommt Schwierigkeiten mit den Produkten und sorgt sich um die Zukunft. Das ist völlig normal, es gehört zum Chefsein dazu.

Also lerne auch, mit Rückschlägen umzugehen! Sie werden kommen, so sicher wie das Amen in der Kirche. Besser, du legst dir rechtzeitig ein dickes Fell zu: Nimm dir den Frust auf keinen Fall zu sehr zu Herzen! Du bist Chef, nicht Gott – und insofern menschlich fehlbar statt unfehlbar perfekt. Deshalb nimm dich und deine Arbeit auch nicht allzu ernst und wichtig: Du bist ein Teil des Universums, nicht dessen Mittelpunkt. Insofern wird sich die eine oder andere Schieflage sicher stets reparieren lassen – selbst wenn du an ihrer Entstehung beteiligt warst. Analysiere einfach nüchtern, was verbessert werden muss, verbessere es, und dann mach weiter! Denn das ist dein Job. Übrigens: Erwarte von anderen auch keine große Dankbarkeit, wenn du als Chef meist alles richtig machst! Denn auch das ist dein Job. Dazu bist du schließlich Chef. Das sollte dein Ego schon verkraften ...

Sich selbst immer weiterentwickeln

Du siehst, Günter: Ganz ohne vereinzelte Ausrutscher und Rückschläge wird es nicht gehen. Auch Chefs sind nicht unfehlbar. »Au weia! Ist das schlimm?« Aber nein: Denn wenn du aus deinen Fehlern lernst, sind auch sie nur Stufen auf dem weiteren Weg nach oben – Gelegenheiten zum Lernen und ständigen Besserwerden! Versuche also gar nicht erst, als Chef unbedingt perfekt zu sein – Hauptsache, du bemühst dich, der Beste zu sein, der du gerade sein kannst. Dabei liegt dein Maßstab nicht außen, sondern innen. In dir selbst. Denn nur du weißt, ob du stets alles gibst, was dir möglich ist. Oder ob da noch irgendwo Verbesserungspotenzial schlummert ...

Also entwickle auch du dich immer weiter! In deinen Fähigkeiten als Führer, Manager, Chef. In deinem Charakter als fairer, gerechter und ausgeglichener Mensch. In deinem Ego, deinem Optimismus, deinem Erfolgswillen. Und im Dialog mit deinem inneren Schweinehund. Denn dann ist egal, was passiert: Pleiten? Pech? Pannen? Steckst du alle lässig weg und machst das Beste daraus. Du bist jetzt schließlich ein Leader! Du weißt, was zu tun ist.

Günter ist Chef

Kennst du Günter? Günter ist dein innerer Schweinehund. Er lebt in deinem Kopf und bewahrt dich vor allem Übel dieser Welt. Immer, wenn du etwas Neues tun oder etwas Ungewohntes ausprobieren willst, ist Günter zur Stelle: »Lass mich helfen!«, sagt er dann. »Das schaffst du schon!«, feuert er dich an. Oder: »Dafür bist du selbst verantwortlich!«, erinnert er dich. Und weil das Leben voller spannender Herausforderungen steckt, entwickelst du dich stetig weiter – kein Wunder!

Außerdem hilft dir Günter, ein guter Chef zu sein. Er erinnert dich, worauf es dabei ankommt und worum es geht: auf die Richtung und den Weg, auf die Aufgaben und deren Sinn, um den Überblick und das Auge für Details, um Leadership und Mitarbeiter, um Stärken statt Schwächen, um Systeme und Strukturen, um Feedback und Korrekturen, um Motivation und Manieren, um Wahrheit statt Wunsch, um Werte statt Preise, um Flexibilität und Veränderungsbereitschaft, um Rückschläge und Lernen und um Team statt um Ego. Günter weiß genau: »Der Preis des Erfolges ist günstiger als die Kosten des Scheiterns.« Und so wird er dir auch weiterhin brav dienen. Dir, dem Chef. Wie cool ist das denn!?

Die ZEHN GEBOTE erfolgreicher Führung

In den Führungsseminaren unserer GEDANKENtanken Akademie (www.gedankentanken.com) arbeiten wir mit den folgenden »zehn Geboten erfolgreicher Führung«, die wir mit einzelnen Modulen zu jedem Gebot trainieren.

1.) Führe dich selbst!

Die Organisation, für die Sie verantwortlich sind, ist langfristig der Spiegel Ihrer selbst. Sie sind Vorbild für vieles, was um Sie herum geschieht. Also: Was sehen Sie? Und was folgt daraus?

Menschen folgen anderen auf Dauer nur freiwillig. Um eine Führungskraft als solche zu akzeptieren, darf sie nicht nur hierarchisch höher stehen. Sie muss auch als Mensch und Persönlichkeit überzeugen. Dann wird sie respektiert – und vielleicht sogar gemocht.

Zwei Faktoren sind demnach für erfolgreiche Führung unabdingbar: erstens die Bereitschaft und Fähigkeit einer Führungskraft, sich selbst zu führen. Nur wer seine eigenen Gedanken, Launen und Handlungen aktiv steuern will und kann, erhält von anderen die Erlaubnis, sie auch zu führen. Und zweitens sich selbst als Führungskraft zu verstehen. Nur wer andere wirklich führen will, baut eine innere Kraft auf, an der sich andere orientieren können und wollen.

2.) Diene dem Sinn des Unternehmens!

Wir Menschen sind sinngetriebene Wesen. Ohne Grund tun wir kaum etwas freiwillig – und sind nicht motiviert. Also: Was ist der Sinn Ihrer Organisation? Kennen Sie ihn? Kennen ihn alle

Mitarbeiter? Sprechen Sie darüber? Ordnen sich ihm alle unter?

Falls nein, besteht Handlungsbedarf: Erst wenn alle das große Wozu kennen und ihm folgen, stimmt der Kurs wirklich – scheinbar mühelos und ohne strenge Regeln. Also klären und kommunizieren Sie den Sinn Ihrer Unternehmung! Und dann dienen Sie ihm! Sprechen Sie auch oft über die Hintergründe aktueller Projekte: Helfen Sie Mitarbeitern, die größeren Zusammenhänge zu erkennen, damit sie gerne mit an Bord sind!

3.) Fördere und fordere!

Ihre Mitarbeiter machen die operative Arbeit. Also ist es Ihre Führungsaufgabe, jeden im Team bestmöglich zu fördern und zu fordern – und so einzusetzen, dass jeder tut, was er kann, will und womit er hilfreich ist. Also setzen Sie Ihre Mitarbeiter gemäß ihrer Stärken und Neigungen ein: Was wird im Unternehmen gebraucht? Wer kann was besonders gut? Wer hat wobei Spaß?

Schaffen Sie Strukturen, in denen man gerne arbeitet und die den individuellen Bedürfnissen entsprechen: Wer braucht was, um optimal Leistung abzurufen? Und helfen Sie jedem, sich weiterzuentwickeln! Aber fordern Sie Lern- und Leistungsbereitschaft auch aktiv ein! Jeder muss wollen – wer sich verweigert, passt nicht ins Team.

Und lassen Sie nur Mitarbeiter mit den richtigen Kompetenzen in Ihre Mannschaft: Gute Typen machen gute Arbeit – und ziehen andere gute an. Schlechte Typen hingegen vergraulen die guten. Lassen Sie am besten nur Mitarbeiter ins Team, die in ihren Bereichen besser sind als Sie: Erstklassige Chefs holen sich erstklassige Mitarbeiter, zweitklassige holen sich drittklassige.

4.) Sorge für Projekte!

Motivierte Mitarbeiter wollen engagiert und möglichst selbstständig gute Arbeit machen. Neben dem großen Unternehmenszweck brauchen sie dafür auch die richtigen Ziele und Projekte. Und die stoßen Sie an, als Führungskraft: Was gibt es zu tun? Wo soll es hingehen? Warum? Wie? Und (bis) wann? Sie treffen die Entscheidung.

Für gute Projekte zu sorgen, ist Chefsache. Sie sollten wissen, was zu tun ist: eine Idee haben, eine Vision, einen

Plan. Seien Sie Initiator, fassen Sie die großen Themen an: Sorgen Sie dafür, dass es Konkretes zu tun gibt – und geben Sie den Startschuss. Wichtig ist, dass die Projekte Ihren Mitarbeitern ermöglichen, sie mitzugestalten und zu verbessern, sich also selbst aktiv einzubringen. Das steigert die Qualität und bewirkt, dass Ihr Team gerne involviert ist.

Wenn Projektideen aus dem Team kommen, stehen Sie ebenfalls in der Pflicht. Sie müssen beurteilen: Welche sind sinnvoll, welche nicht? Stehen Ressourcen zur Verfügung? Ergänzen Projekte einander oder behindern sie sich gegenseitig? Und dann müssen Sie wieder entscheiden: Was ist zu tun? Wo soll es hingehen? Warum? Wie? Und (bis) wann?

Allerdings dürfen Sie sinnvolle Projekte nicht behindern oder gar stoppen, nur weil sie nicht von Ihnen gekommen sind. Es geht um den Sinn des Unternehmens, nicht um das Ego vom Chef.

5.) Kläre Prioritäten!

Nur im Zusammenspiel macht ein Orchester Musik, ohne entsteht Krach.

Gleiches gilt für Ihre Organisation: Nicht Projekte machen Ihr Unternehmen erfolgreich, sondern koordinierte Projekte. Und Koordination ist Chefsache, denn Ihre Mitarbeiter bearbeiten ihre Aufgaben nur aus ihrer jeweiligen Perspektive heraus. Individuelles Engagement ist dabei löblich, kann aber das Zusammenspiel stören. Das Orchester braucht einen umsichtigen Dirigenten: Sie.

Also, Sie als Führungskraft sollten die Vogelperspektive einnehmen, stets den Überblick bewahren, Prioritäten erkennen – und sie Ihrem Team vermitteln. Was ist wichtig, was unwichtig? Was ist jetzt zu tun, was später? Worauf sollte sich jeder Einzelne konzentrieren? Worauf (noch) nicht? Je klarer die Prioritäten, desto besser die Ergebnisse!

6.) Mach Platz für andere!

Oft sind Herausforderungen komplex. Also, delegieren Sie an gute Mitarbeiter nicht nur eng umschriebene Aufgaben, sondern geben Sie auch möglichst viel Verantwortung ab: Wer seinen Bereich selbst verantwortet, ist engagierter, denkt mehr mit – und bewirkt bessere Ergebnisse. Denn so arbeitet sich Ihr kompetenter Mitarbeiter tief in die

Materie ein – und beurteilt und handelt qualifiziert. Sie hingegen sollten sich nur in Ausnahmefällen in Details einarbeiten. Und zwar um die Dinge richtig zu beurteilen – nicht, um die operative Arbeit zu machen.

Vorsicht! Darf Ihr Mitarbeiter nur eine eng umschriebene Aufgabe übernehmen, überlässt er das Denken dem Chef und schafft höchstens Mittelmaß: Warum sich engagieren, wenn das nicht erwünscht ist? Und sobald eine Aufgabe fertig ist, wartet er passiv auf die nächste. Potenzial verschenkt: Die Führungskraft wird so zum Nadelöhr und begrenzt die Leistungsfähigkeit des Teams.

Also, lassen Sie los und machen Sie Ihren Mitarbeitern Platz! Es geht nicht um Ihr Ego, es geht darum, Ihre Mitarbeiter zu stärken. Vor allem Leistungsträger brauchen im Job möglichst viel Autonomie, Vertrauen und eine »lange Leine«, um das Beste aus sich herauszuholen. Ein guter Chef umgibt sich gerne mit Menschen, die besser sind als er selbst. Denn er weiß: Kompetenz ist wichtiger als Hierarchie.

7.) Erschaffe funktionierende Systeme!

Eine gute Führungskraft macht sich im operativen Geschäft überflüssig: Wenn sie sich um alles kümmern muss, hat sie nicht die richtigen Abläufe und Systeme etabliert. Sie sollte also eher an der Firma arbeiten, nicht in der Firma.

Klären Sie: Welche Abläufe bringen gute Ergebnisse? Wie lässt sich gewährleisten, dass die Abläufe möglichst automatisch erfolgen, ohne dass Sie als Chef ständig daran beteiligt sind? Was können und müssen Sie dazu beisteuern? Und was in Zukunft nicht mehr? Gelingt ein Ablauf gut, ist definiert, welche Lösungsschritte zukünftig notwendig sind. Das nächste Mal weiß Ihr Team selbst, was zu tun ist.

Bieten Sie Ihre Unterstützung an, aber greifen Sie nur in Ausnahmefällen ein: Ihr Ziel sollte sein, nicht ständig selbst gebraucht zu werden – und sich anderen Aufgaben zu widmen! Außerdem müssen Sie Ihrem Team alle benötigten Werkzeuge zur Verfügung stellen. Ansprüche und Mittel müssen aufeinander abgestimmt sein und einander entsprechen.

8.) Arbeite mit Feedback!

Ihre Organisation gibt Ihnen Feedback. Immer. Und Feedback ist sehr wichtig, denn es zeigt, was funktioniert und was nicht: zufriedene Kunden? Gute Atmosphäre? Schnelle Prozesse? Gutes Feedback! Unzufriedenheit? Ärger? Häufige Fehler? Schlechtes Feedback! Auch schlechtes Feedback ist gutes Feedback, denn es zeigt Ihnen, was noch zu tun ist.

Besonders Feedback vom Team ist wichtig: Nehmen Sie sachliche Kritik ernst und seien Sie offen für Verbesserungsvorschläge.

Ihre Aufgabe als Führungskraft ist es, bewusst auf Feedback zu achten und zu reagieren: Was geschieht? Und was bedeutet es? Gehen Sie jedem Problem auf den Grund und beseitigen Sie seine Ursachen – so lange, bis das Problem behoben ist. So werden Misserfolge zu Wegweisern, die Sie unterm Strich besser machen.

Ergebnisse sind das objektivste Feedback für Ihre Unternehmung: Also, kontrollieren Sie die Ergebnisse regelmäßig und genau! Stimmen sie? Oder stimmen sie nicht? Was sagen die Zahlen? Gute Führungskräfte schauen hin, schlechte schauen weg.

Aber machen Sie nicht den Fehler, in den Zahlen den eigentlichen Sinn Ihrer Unternehmung zu sehen. Gute oder schlechte Zahlen sind nur die Ergebnisse guter oder schlechter Handlungen. Also fokussieren Sie nicht die Zahlen, sondern korrigieren Sie die Handlungen, die zu den Zahlen führen. Richten Sie die Handlungen nach dem Sinn aus. Und dann achten Sie wieder auf Feedback.

9.) Verbessere und erneuere!

Alles verändert sich. Immer. Also müssen sich auch die Abläufe in Ihrer Organisation mitverändern. Sonst passen sie nicht mehr zur Realität – und das schadet auf Dauer. Deshalb ist es Ihr Anspruch und Ihre Aufgabe als Führungskraft, Prozesse stets weiter zu verbessern. Auch wenn die Gegenwart stabil erscheint, ist sie nur ein vorübergehendes Stadium, das morgen veraltet sein kann.

Stellen Sie sich und Ihrem Team daher täglich die wichtige Frage: »Was

machen wir heute ein bisschen besser als gestern?« Und dann verbessern Sie sich! Täglich!

Allen muss klar sein: Veränderung und Verbesserung gehören unabdingbar zu Ihrer Unternehmenskultur. Die eigene Komfortzone darf niemals eine Ausrede sein, um anstehende Veränderungen zu verschlafen. Stellen Sie Altes permanent infrage: Was gilt noch? Und was ist überholt? Dann handeln Sie konsequent, wo es nötig ist, und treffen Sie klare Entscheidungen: Was wollen Sie nicht mehr tun? Was tun Sie stattdessen?

Hierzu gibt es keine Alternative! Alles ist ein Prozess! Er hört niemals auf!

10.) Fördere Kommunikation!

Das wichtigste Werkzeug guter Führungskräfte ist Kommunikation: Sprechen Sie viel miteinander! Und sprechen Sie gut miteinander! Kommunizieren Sie offen, ehrlich, wertschätzend, einfühlsam, konstruktiv, geduldig, vertrauensvoll, klar und präzise!

Schaffen Sie eine vertrauensvolle Atmosphäre und gute Beziehungen zu

Ihren Mitarbeitern. Das ist die Basis jeder Kommunikation. So haben Sie dauerhaft einen guten Draht zueinander, sind erster Ansprechpartner bei Problemen und können sich auch informell austauschen.

Achten Sie besonders in schwierigen Situationen auf Feedback in der Kommunikation: Hören Sie anderen genau zu und versuchen Sie zu verstehen, was man Ihnen (wirklich) mitteilen möchte. Nicht nur verbal, sondern auch nonverbal. Seien Sie empfänglich für Hinweise und Ratschläge. Hören Sie nie auf, Ihre eigene Kommunikation zu hinterfragen und sich zu verbessern.

Drücken Sie sich möglichst verständlich aus. Gute Kommunikation zeigt sich beim Empfänger: Tut er, was Sie von ihm wollten? Nein? Dann liegt es vielleicht an Ihnen.

Sparen Sie nicht mit Lob und Anerkennung. In Selbstkritik sind die meisten ganz gut. Aber korrigieren Sie andere, wenn sie etwas falsch machen, möglichst zeitnah. Feedback ist wichtig, um besser zu werden. Manchmal müssen Sie auch kritisieren und Konflikte austragen. Das ist zwar nicht angenehm, aber noch unangenehmer sind ständige Fehler und ungeklärte Konflikte.

Ach ja, und falls Ihnen eines der »zehn Gebote« schwerfällt: Erinnern Sie sich an Gebot Nummer eins ...

REFLEXION

DIE ZEHN GEBOTE IN IHREM FÜHRUNGSALLTAG

Hand aufs Herz: Wie sehr erkennen Sie die »zehn Gebote« in Ihrem eigenen Führungsalltag wieder?

Führen Sie gemäß der »zehn Gebote«?

Welche Gebote setzen Sie erfolgreich um?

Welche Erfahrungen machen Sie damit?

Welche Gebote missachten Sie bislang?

Welche Erfahrungen machen Sie damit?

Was sollten, können und werden Sie tun, um im Einklang mit allen »zehn Geboten« zu führen?

III. GÜNTER,
der innere Schweinehund,
WIRD
UNTERNEHMER

1. Ein SCHWEINEHUND entdeckt die WIRTSCHAFT

Günter, dein innerer Schweinehund

Günter kennst du ja!? Er ist dein innerer Schweinehund. Er lebt in deinem Kopf und bewahrt dich vor allem Übel dieser Welt. Immer, wenn du etwas Neues tun oder etwas Ungewohntes ausprobieren willst, ist Günter zur Stelle: »Lass das sein!«, sagt er dann. »Das ist viel zu schwierig!«, bremst er. Oder: »Besser, das machen andere!«, hält er dich zurück. Und obwohl das Leben voller spannender Herausforderungen steckt, die dich weiterbringen können, betrachtest du sie lieber als Probleme, die es zu vermeiden gilt – und trittst auf der Stelle. Günter sei Dank.

Dumm nur, dass es zwar kurzfristig bequem erscheint, nicht aus dem Quark zu kommen, aber langfristig viel unbequemer ist! Denn weil sich das Leben ständig verändert, musst auch du dich verändern: Herausforderungen annehmen, stets dazulernen, dich weiterentwickeln. Sonst bist du schon morgen von vorgestern. Und aus kleinen Problemen sind große geworden. So wie es immer schon war – und immer sein wird. Günter hin oder her.

Dein bequemes kleines Leben

»Unsinn!«, protestiert Günter. »Es ist doch alles gut: Du hast einen sicheren Job, kriegst jeden Monat dein Gehalt, kannst davon auch mal 'ne Pizza essen gehen und in den Urlaub fliegen. Was willst du mehr?« Na zum Beispiel Jobs schaffen, dir selbst (und anderen) ein gutes Gehalt zahlen, so oft ins Restaurant gehen, wie du willst, und dein ganzes Leben führen wie einen Abenteuerurlaub. Alles was du dafür tun musst, ist, dir dein eigenes funktionierendes Unternehmen aufzubauen.

»Ein eigenes Unternehmen gründen?«, zweifelt Günter. »Klingt riskant, anstrengend, größenwahnsinnig ...« Oder vernünftig, einfach und angemessen – je nach Perspektive. Denn Unternehmen sind ein bisschen wie Menschen: Bei den einen fluppt es, weil sie ein paar wichtige Dinge draufhaben. Sie kennen sich selbst, ihre Richtung im Leben und wissen, was zu tun ist, damit es so bleibt. Bei anderen gibt es Probleme: Sie irren umher und fallen ständig auf die Schnauze. Sinn? Richtung? Ergebnisse? Fehlanzeige! Wer also in einem Problemunternehmen arbeitet, hat mit Sicherheit keinen sicheren Job, sondern lügt sich in die eigene Tasche, wenn er sich einredet, alles sei in Ordnung. In einem funktionierenden Unternehmen hingegen sind die Jobs nicht sicher, weil Jobs per se sicher sind, sondern weil das Unternehmen funktioniert. Wer also wie ein guter Unternehmer sehen, denken und handeln kann, steht immer auf der richtigen Seite. Ob mit Job oder ohne.

Vom Jucken und Kratzen

»Gute Unternehmen? Schlechte Unternehmen?«, wundert sich Günter. »Davon hast du doch keine Ahnung! Dafür sind andere zuständig: die Chefs, BWL-Professoren, Unternehmensberater, ...« Vielleicht. Noch! Denn wenn du in die Vogelperspektive gehst, erkennst auch du leicht, was Sache ist. Und du kannst dir deine Minderwertigkeitskomplexe um den Rüssel knoten, Schweinehund.

Aber eines nach dem anderen. Beginnen wir mit zwei simplen Fragen: Warum gibt es Unternehmen? Und wozu? Nehmen wir zum Beispiel einen Frisör. Der hat mal gelernt, Haare zu schneiden und zu frisieren. Und weil Menschen nicht verzotteln wollen, entsteht ein Geschäftsmodell: Haare schneiden und dafür Geld bekommen. Warum? Weil der Frisör es kann. Wozu? Um Menschen zu verschönern. Angebot und Nachfrage. Den einen juckt es, der andere kratzt gut.

Das Unternehmen ist nun die Organisation, in welcher der Frisör seine Arbeit macht. Und die kann sehr unterschiedlich sein: Manche Frisöre haben einen eigenen kleinen Laden, andere eine ganze Kette von Läden. Manche sind in einem fremden Frisörunternehmen angestellt, wieder andere fahren auf eigene Rechnung von Haushalt zu Haushalt, um Haare zu schneiden. Trotzdem geht es in allen Unternehmen im Kern immer ums Gleiche: ums Jucken und Kratzen.

Profit für alle!

Oder wir nehmen eine Internetplattform, die umsonst Menschen verbindet, damit sie miteinander in Kontakt treten und sich austauschen können. Warum ist sie entstanden? Weil sie von ein paar schlauen Leuten ausgedacht wurde. Wozu? Um Menschen zu verbinden? Klar. Aber auch, um mit präzise platzierter Werbung Geld zu verdienen! Denn weil die Plattform genau weiß, welche Typen sie benutzen, können andere Firmen dort sehr gezielt ihre Produkte bewerben: Nur wer sich für ein bestimmtes Angebot interessieren könnte, bekommt es auch angezeigt. So verbraten werbende Firmen weniger Geld woanders – und bezahlen die Plattform.

»Äh, Moment!«, räuspert sich Günter. »Heißt das, dass die Internetplattform eigentlich zwei Arten von Kunden hat?« Ganz genau: zum einen die Menschen, die sich gerne mit anderen vernetzen. Zum anderen die Firmen, die davon profitieren. Beide juckt es an unterschiedlichen Stellen, beide werden gekratzt. Die einen umsonst, die anderen bezahlen. Die einen Kunden bekommen Kontakte, die anderen bringen ihr Business voran. Und die Plattform verdient Geld. Alle profitieren, das Unternehmen funktioniert. Es bietet Nutzen – und gute Jobs.

Ökologische Ökonomie

»Okay, verstanden!«, freut sich Günter. »Dann ist ein Unternehmen also dann gut, wenn es die Wünsche seiner Kunden erfüllt.« Gehen wir noch einen Schritt weiter: nicht nur die seiner Kunden. Denn ein Unternehmen steht mit vielen Beteiligten in Kontakt: mit seinen Produzenten, Mitarbeitern oder Wettbewerbern zum Beispiel. Und jeder hat eigene Wünsche und Bedürfnisse. Ja, mit der Gesellschaft insgesamt!

So braucht das Frisörunternehmen Produktionsmittel wie etwa Scheren, Föhns und Shampoos. Die bezieht es von Unternehmen, die ihrerseits darauf angewiesen sind, ihre Produkte zu verkaufen. Und seine Mitarbeiter brauchen ein angenehmes Arbeitsumfeld mit gutem Handwerkszeug, motivierender Atmosphäre, liquiden Kunden, funktionierenden Strukturen und angemessener Bezahlung. Auch die Wettbewerber möchten Kunden gewinnen – in der gleichen Zielgruppe oder einer anderen. Dafür strengen sie sich ebenfalls an. So entwickeln sich alle weiter und lernen voneinander. Wenn das System gut funktioniert, wächst der Markt: Immer mehr Menschen gehen zum Frisör. Alle sehen toll aus – und zahlen sogar Steuern.

So sind Firmen, Märkte und Gesellschaft ein Ökosystem. Alles hängt zusammen und voneinander ab. Funktioniert es, fließen Geld und Nutzen. Ökonomie ist ökologisch.

Die komplexe Welt der Wirtschaft

»Klingt logisch!«, resümiert Günter. »Aber auch ein wenig kompliziert.« Nein, eher komplex. Kompliziert wäre es, wenn sich alles genau erklären und entwickeln ließe, linear wie bei einer Maschine. Drückt man im Auto aufs Gas, fährt es schneller. Baut man eine Automatik ein, muss man nicht mehr kuppeln. Das ist zwar kompliziert, aber machbar. Ist die Maschine fertig, funktioniert sie – auf eine klar vorhersagbare Weise. Geht ein wichtiges Teil kaputt, funktioniert sie nicht mehr. Sie muss erst wieder repariert werden.

Unternehmen und Märkte hingegen sind komplex, also vielschichtig verwoben und nicht wirklich gut überschaubar. Wie genau sie funktionieren, weiß letztlich keiner. Lineare Zusammenhänge gibt es nur wenig. Und alles verändert sich. Immer. Will der Frisör mehr Kunden gewinnen, bringt es ihm nichts, nur mehr Scheren einzu-

kaufen oder neue Frisöre einzustellen. Er muss an weiteren Stellschrauben drehen: zum Beispiel an Werbung, Service, Preis oder
seiner Marke. Trotzdem kann er sich der Kunden nicht sicher sein.
Vielleicht macht nebenan ein besserer Frisör auf? Oder ein nette-
rer? Oder er verliert viele männliche Kunden, weil Glatzen in Mode
kommen? Die kann sich jeder selbst schneiden: mit einem elektrischen Schneidegerät aus Internet, Kaufhaus oder Elektrofachhan-
del. Pech für den Frisör.

Der Sinn des Unternehmens: wozu?

»Hey, das ist gemein!«, motzt Günter. »Warum soll dann überhaupt
irgendwer Produktionsmittel kaufen und Leute einstellen, wenn er
dabei so ein Risiko eingeht?« Falsch gestellte Frage, Schweinehund:
Wer im Markt zu sehr nach dem Warum fragt, hat vor allem seine
eigenen Bedürfnisse im Blick: »Weil wir gut sind!«, »Weil wir wachsen wollen!«, »Weil wir etwas ganz Bestimmtes können!« Und wem
nützen die eigenen Bedürfnisse? Einem selbst? Nur wenn die Kunden mitspielen ...

Also zurück zur Ausgangsfrage: Woran erkennt man ein gutes Unternehmen? Es kann nicht nur gut kratzen. Es weiß vor allem, wo
es kratzen muss! Und zwar diejenigen, die es juckt. Deshalb fragt es
sich nicht nur, warum es wachsen will, Ziele erreichen, Produkte
verkaufen und so weiter. Das wäre egozentrisch. Es fragt sich vor allem: wozu? Und die Antwort ist simpel: um den Kunden zu helfen,
ihre eigenen Ziele zu erreichen, also ihre Produkte zu verkaufen,
selbst zu wachsen, sich gut zu fühlen und so weiter. Es geht darum,
seine Leistungsfähigkeit in den Dienst der Kunden zu stellen. Das
ist der Sinn des Unternehmens. Erst wenn ein Unternehmen das
versteht und umsetzt, wird es Geld verdienen, wachsen und wirklich sichere Jobs schaffen.

Der »arme« Frisör

»Blödsinn!«, protestiert Günter. »Was soll der arme Frisör denn machen, wenn ihm die männlichen Kunden weglaufen? Keine Chance hat er da!« Im Gegenteil, Schweinehund: Gerade wenn sich Märkte verändern, sind die Chancen besonders groß. Denn dann werden die Karten neu gemischt. Und es gewinnen die Pfiffigen, nicht die Selbstbezogenen. Zum Beispiel könnte sich dein Frisör auf das Schneiden von Bärten spezialisieren – wenn es im Trend liegt. Oder er könnte seinen eigenen Social-Media-Kanal aufmachen, darauf in selbstgedrehten Videos kostenlos Styling-Tipps geben – und sich so neue Kunden erschließen. Oder er tut sich mit anderen Frisören zusammen und sie bauen eine gemeinsame Infrastruktur, um Kosten zu senken: eine Buchhaltung statt vieler, ein Werbetopf, eine Marke.

Der Frisör ist also nicht »ärmer dran« als alle anderen. Er muss nur seine Hausaufgaben machen und seinen Spielraum nutzen, so wie jedes Unternehmen. Auch die großen und etablierten. Sonst sieht es düster aus. Erinnerst du dich? Es gab mal den Katalogriesen Quelle – bis er das Internet verpennt hat. Oder die Filmfirma Kodak – bis die Digitalfotografie kam. Und Nokia war lange Zeit Marktführer bei den Mobiltelefonen – bis die Smartphones auftauchten ...

Die große Evolution

»Also verändern sich Märkte!«, resümiert Günter. »Sie kommen und gehen. Oft bleiben sie zwar eine Weile, aber nichts ist für immer. Und wer stets nach dem Wozu fragt, ist im Vorteil: Er passt sich dem Markt an.« Streber ...

Tatsächlich ist es wie bei der Evolution: Wer Veränderungen mitmacht, überlebt. Wer sie verpennt, stirbt. Aber wer nach ihnen

sucht, sie rechtzeitig erkennt und sich schnell anpasst, streicht fette Gewinne ein: Früher hat die Post ihr Geld mit Briefen verdient. Wozu? Damit Menschen einander schreiben konnten. Dann kam das Internet – und kostenlose E-Mails. Doch es kamen auch E-Commerce und Online-Kaufhäuser – und die Post verdient heute immer noch Geld: mit Paketen. Wozu? Damit Menschen bekommen, was sie online gekauft haben. War was? Nee. Das Unternehmen hat sich angepasst. Warum? Weil sie das halt können bei der Post.

Heute fährt man noch Taxi. Fahren wir morgen alle Uber? Heute schreiben wir noch Einkaufszettel. Mailt uns den morgen der Kühlschrank? Heute lassen wir uns noch Ersatzteile liefern. Kommen sie morgen schon aus dem 3D-Drucker? Und schreiben wir bald vielleicht wieder Briefe mit der Hand, weil wir nicht wollen, dass ständig Geheimdienste mitlesen?

VORSICHT, DISRUP-TION!

Manche Innovationen sind so vorteilhaft, dass sie bestehende Technologien, Produkte oder gar ganze Märkte verdrängen. Das nennt man dann Disruption.

So hat das Auto etwa die Pferdekutsche verdrängt, die Halbleiterelektronik die Elektronenröhren und Desktop-Publishing den Bleisatz. CAD ersetzte das technische Zeichnen, Flachbildschirme die Röhrenbildschirme und Diesel- und Elektrolokomotiven die Dampfloks. Smartphones mit Touchscreens verdrängten Handys mit Tastatur und die DVD VHS-Kassetten. Zur Zeit verdrängen rein digitale Filmformate die DVD – schließlich können sie heute bequem gestreamt oder heruntergeladen werden. Wer braucht da noch die doofen Silberscheiben?

Vermutlich verdrängen in absehbarer Zeit Autos mit Elektromotoren solche mit herkömmlichen Verbrennungsmotoren, was für die bislang erfolgreiche deutsche Automobilindustrie mit all ihren spezialisierten Zulieferern eine große Gefahr ist. Wie groß wird unser volkswirtschaftlicher Schaden sein, wenn wir nicht rechtzeitig darauf reagieren? Auch das autonome Fahren

271

wird bald kommen – in den USA werden manche Autos schon heute nur vom Computer gesteuert. Und dass die eigentliche Wertschöpfung des Autos bald nicht mehr darin besteht, Menschen einen fahrbaren Untersatz zur Verfügung zu stellen, sondern in den Daten, die Autos bald über ihre Fahrer erheben, ist ebenfalls schon absehbar: Dann zeigt uns die vollvernetzte Mittelkonsole während des Heimwegs die aktuellen Sonderangebote des Baumarktes an, an dem wir gerade vorbeifahren. Schließlich weiß das Gerät genau, wie oft wir schon auf dem Parkplatz des Baumarktes standen, also wahrscheinlich zur Kundenzielgruppe gehören.

Gerade in Zeiten der Digitalisierung laufen Disruptionen in bislang nie dagewesener Geschwindigkeit und Häufigkeit ab – und haben die Kraft, alles zu verändern:

- Die weltgrößte IT-Firma produziert keine Programme: Facebook.
- Die weltgrößte Handelskette unterhält kein einziges Lager: Alibaba.
- Das weltgrößte Taxiunternehmen besitzt keine Autos: Uber.
- Der weltgrößte Musikverkäufer produziert keine Musik: iTunes.
- Die weltgrößte »Hotel«kette besitzt kein einziges Hotel: Airbnb.
- Die weltgrößte Kinokette unterhält keine Kinos: Netflix.

REFLEXION

WO LAUERT IHRE NÄCHSTE DISRUPTION?

Ich hoffe sehr, die Aussicht auf Disruptionen macht Ihnen keine Angst? Denn sie werden sowieso kommen – und sehr viele Branchen und Geschäftsmodelle erwischen. Besser also, jeder bereitet sich schon mal auf sie vor.

Wann hat Ihre Branche die letzte Dispruption erlebt? Welche?

Welche möglicherweise disruptiven Entwicklungen und Trends laufen derzeit ab?

Was würden diese Veränderungen für Sie bedeuten?

Ab wann sind Sie davon betroffen?

Welche Gefahren drohen?

Welche Chancen ergeben sich daraus?

Was müssten Sie tun, um Chancen zu ergreifen?

Was können Sie tun, um der Disruption zuvorzukommen?

Wie können Sie eigene disruptive Entwicklungen auslösen, indem Sie Ihre derzeitigen Geschäftsmodelle selbst mit Innovationen angreifen?

Berufe kommen und gehen

Nun empört sich Günter:»Aber wenn Märkte verschwinden, sterben doch auch Berufe aus!« Klar. Wenn sie keine Bedeutung mehr haben. Vermissen wir noch Schriftsetzer, Laternenanzünder oder Köhler? Natürlich nicht. Dafür entstehen ständig neue Berufe: Heute brauchen wir Programmierer, Altenpfleger oder Online-Marketingexperten. Und die spezialisieren sich auch immer weiter: etwa auf App-Entwicklung, Demenz oder Facebook-Marketing. Oder auf Systemadministration, Palliativpflege oder Suchmaschinenoptimierung. Kurz: Es ist egal, wenn ein Beruf verschwindet. Es wachsen ständig neue nach. Welche es wohl morgen gibt?

Tragisch ist nicht die ständige Veränderung. Sondern, dass schlechte Unternehmen oft sehenden Auges in die Zukunft schlittern, ohne Veränderungen wahrhaben zu wollen. Allgemeiner Nachwuchsmangel?»Die jungen Leute sollen sich nicht so anstellen! Lehrjahre sind keine Herrenjahre!« Social Media?»Brauchen wir nicht, wir schreiben hier noch Pressemeldungen!« Mal schnell eine Info im Netz nachlesen?»Bei uns ist Internet während der Arbeit verboten!« Und tschüss, du alte Firma ...

Von Kuchen und Kuchenstücken

»Märkte kommen, Märkte gehen. Firmen fallen, bleiben stehen«, sinniert Günter poetisch.»Nur wer mitmacht, der bleibt munter. Alle andern gehen unter.« Och, Schweinehund ...

»Dann sind für untergehende Firmen also schlechte Unternehmer verantwortlich?« Ja. Und schlechte Mitarbeiter. Denn sie verlieren das Wesentliche aus den Augen: Das Warum passt nicht mehr zur Zeit. Und das Wozu nicht mehr zum Kunden. Sie verteidigen kleine Kuchenstückchen und übersehen, dass der Kuchen schwindet.

»Wieso Kuchen?« Weil man Märkte und Marktanteile damit gut beschreiben kann. Der Kuchen entspricht dem ganzen Markt, das Kuchenstück dem Marktanteil. Nehmen wir die Firma Apple. Früher hat sie mal den Kuchen der einfach zu bedienenden Heimcomputer erfunden. Daraus wurde sie bis auf ein kleines Kuchenstück fast ganz verdrängt, obwohl der gesamte Kuchen stark wuchs. Warum? Unter anderem weil sie darauf bestand, Hardware und Software gemeinsam in einem Gerät zu produzieren und (zu) teuer zu verkaufen. Konkurrent Microsoft hingegen hatte sich nur auf Software spezialisiert und die Computerproduktion anderen überlassen. So wurde Microsoft schneller, günstiger, flexibler und erst mal erfolgreicher.

Der Kuchen ist tot, lang lebe der Kuchen!

Wie ging die Geschichte weiter? Apple kam fett zurück: Mit einem neuen schicken Computer, dem iMac. Der begann, das eigene Kuchenstück wieder größer zu machen. Außerdem brachte Apple weitere Kuchen auf den Markt: das Smartphone mit Touchscreen zum Beispiel, das iPhone. Oder den Tablet-Computer, das iPad. Auch eroberte Apple mit seinen praktischen Neuerungen andere Kuchen: So veränderten Smartphones und Tablets als elektronische Alleskönner die ganze Musik- und Videoindustrie. CDs hören? DVDs angucken? War da mal was? Natürlich kämpfen nun wieder andere Anbieter mit Apple um Kuchenstücke – nur: Vermisst noch irgendjemand die alte Technik? Nein, die Welt hat sich weitergedreht. Obwohl Apple immer noch Hardware und Software in einem Gerät verkauft, um es den Kunden möglichst leicht zu machen, das Gerät zu bedienen.

Bedient eine Branche das Wozu eines Kunden besonders gut, können riesige Kuchen entstehen, die alles verändern! Erinnerst du dich noch an eine Zeit vor YouTube oder Facebook? Vor Navigationsgeräten im Auto? Vor Handys? Vor dem Internet? Bevor es das Fernsehen gab? Vor der Glühbirne, dem elektrischen Strom, der Dampfmaschine? Wer weiß, welche Kuchen noch auf uns warten, deren heutige Nichtexistenz wir uns morgen überhaupt nicht mehr vorstellen können?

2. Das liebe
UNTERNEHMERTUM

Unternehmerisch denken und handeln

»Hey, das ist interessant!«, freut sich Günter. »Und so spannend! Richtig abenteuerlich!« Womit wir wieder beim Ausgangsthema wären: Denn wie entstehen all die spannenden Geschichten? Wer denkt sich die interessanten Dinge aus und macht sie wahr? Unternehmer! Unternehmerische Menschen! Unternehmen!

»Ups!«, stutzt Günter. »Da war doch die Sache mit Risiko, Anstrengung, Größenwahn ...« Oder eben mit Sicherheit, Leichtigkeit und Vernunft. Eine Frage der Perspektive. Was ist riskanter: ein verfaulendes Kuchenstück zu verteidigen oder einen neuen Kuchen zu backen? Einen Job zu haben oder welche zu schaffen? Im System zu handeln oder es zu bestimmen? Auf die Welt zu reagieren oder sie zu gestalten?

Klar: Je mehr »gute Unternehmer« im Unternehmen mit an Bord sind und je mehr sich jeder mit Unternehmertum auskennt und mitdenkt, desto wahrscheinlicher wird Erfolg. Und je weniger man unternehmerisch kapiert und denkt, desto größer das Risiko – sogar für Nichtunternehmer. Also solltest auch du unternehmerisch denken können. Egal, ob du selbst Unternehmer werden willst.

Unternehmerische Mitarbeiter?

»Unternehmerische Mitarbeiter, die keine Unternehmer sind?«, wundert sich Günter. »Verwirrend.« Gleich nicht mehr, Schweinehund. Denn was entscheidet, ob eine Firma funktioniert? Vor allem die großen Zusammenhänge: Produkte, Nutzen, Kunden, Märkte, Wettbewerb, Rentabilität, Marketing, Verwaltung – und so weiter. Lauter große Stellschrauben. Viele Mitarbeiter hingegen beschäftigen sich lieber mit ihren eigenen Stellschrauben – und die sind meist kleiner: ein Angebot schreiben, den Schreibtisch aufräumen, einen bestimmten Teilprozess erledigen, miteinander in der Kantine schnacken ... Natürlich sind all diese Dinge wichtig! Aber eben nur in Kombination mit dem großen Ganzen.

Was fällt dir auf, Günter? »Wer sich nur mit seinem Kleinklein beschäftigt, hat keinen Blick fürs Große.« Genau. Und das ist gefährlich! Es sei denn, die Mitarbeiter kennen auch die großen Zusammenhänge – und sie dürfen, wollen und sollen mitdenken: ihre Arbeit besonders engagiert machen, dabei immer besser werden, Ideen spinnen und gute verwirklichen, sich gegenseitig korrigieren, den Kunden und dem Wohl der Firma dienen, aus sich das Beste herausholen. Und so weiter. Also das vermeintlich »Kleine« richtig gut machen. Weil sie damit dem großen Ganzen helfen. So entsteht ein unternehmerisches Umfeld mit unternehmerischen Mitarbeitern. Klar jetzt? »Jou.«

Die vier Typen des Berufslebens

»Aber kann denn jeder unternehmerisch denken?«, zweifelt Günter. »Hat einem ja niemand beigebracht ...« Guter Punkt, Schweinehund. Tatsächlich leben wir in einer ausgeprägten Angestelltenkultur, in der man meist nicht unternehmerisch denken muss: Wir gehen brav zur Schule, machen eine Ausbildung oder wir studieren. Oft mit dem Ziel, einen bestimmten Beruf zu erlernen und sich dann fest anstellen zu lassen. So bekommen wir ein regelmäßiges Gehalt, sind sozialversichert und fühlen uns beschützt. Für uns denken und entscheiden sollen lieber andere. Wozu gibt es Chefs? Und ist der Job mal weg, hilft zur Not das Amt. Am großen Rad mitdrehen? Geschäftsideen verwirklichen? Nichts für Günter ...

»Genau so, wie es sein soll!«, freut sich der Schweinehund. »Oder gibt es etwa auch eine andere Art zu arbeiten?« Und ob. Genauer gesagt kommen im Berufsleben sogar vier Typen vor, die sich in ihrem Arbeitsstil ziemlich unterscheiden: Fachkräfte, Manager, Selbstständige und Unternehmer. Und nachdem wir nun geklärt haben, dass große Zusammenhänge und Übersicht wichtig sind, wird es Zeit, sich die vier Typen genauer anzuschauen.

Die Fachkraft

Typ Nummer eins ist die mit Abstand häufigste Spezies im Berufsleben: die Fachkraft. Fachkräfte führen in Organisationen ganz bestimmte Tätigkeiten aus, die sie oft jahrelang gelernt haben und die unbedingt gebraucht werden: Sie sind etwa Verkäufer, Ärzte, Buchhalter, Frisöre, Computerspezialisten, Lageristen und so weiter. Ihre Aufgabe ist es, in ihrem Gebiet einen guten Job zu machen. Im Idealfall brennen sie für ihr Fachgebiet, bilden sich darin ständig weiter und werden immer besser. So helfen sie dem ganzen Unternehmen mit ihrem Know-how. Fachkräfte sind also sehr wichtig: Ohne sie geht operativ gar nichts.

Die meisten Fachkräfte sind Angestellte. Sie stellen ihr Wissen und Können der Firma zur Verfügung und erhalten dafür monatlich Geld. Das Unternehmen stellt ihnen den Arbeitsplatz zur Verfügung – mit allem, was dazugehört: Schreibtisch, Computer, Telefon, Strukturen. Und die Fachkräfte gehen zur Arbeit, um ihren Job zu machen. That's it. Die Kompetenz der Fachkräfte liegt also in der Tiefe ihres Gebiets, nicht im Überblick. Sie denken vor allem aus der Perspektive ihrer Aufgabe heraus. Zusammenhänge und Unternehmertum erscheinen für sie weniger wichtig.

Der Manager

Typ Nummer zwei ist die zweithäufigste Spezies: der Manager. Manager sind die Vorgesetzten der Fachkräfte. Ihre Aufgabe ist es nicht, operativ mitzuarbeiten, also das Gleiche zu tun wie die Fachkräfte, sondern deren Tätigkeiten so zu organisieren und zu koordinieren, dass das große Ganze funktioniert, also die vielen wichtigen Teilaufgaben richtig ineinandergreifen. Dafür brauchen Manager nicht das Spezialwissen der Fachkräfte, sondern vor allem Überblick übers System. Und sie brauchen die Befugnis, ins System einzugreifen, um die Fachkräfte mit Strukturen, Prozessen, Kennzahlen oder Informationen zu unterstützen.

Auch Manager sind in der Regel Angestellte der Organisation, welche ihnen ein Gehalt bezahlt. Das ist meist höher als das der Fachkräfte. Wegen der höheren Verantwortung. Für ihren Job qualifizieren sich Manager auf verschiedene Arten: Meistens sind sie zuvor sehr gute Fachkräfte gewesen, denen die Firma einen Aufstieg in der Hierarchie ermöglicht. Oder sie haben von Beginn an eine Führungskarriere eingeschlagen, ohne vorigen Umweg als Fachkraft. Zum Beispiel über ein Studium. Oder aber sie haben schon in einem anderen Unternehmen und Umfeld gezeigt, was sie draufhaben – und wurden gezielt geholt, um die Organisation voranzubringen.

Der Selbstständige

Typ Nummer drei ist der Selbstständige. Wie die Fachkräfte führen auch Selbstständige bestimmte qualifizierte Tätigkeiten durch: sie beraten, schreiben, planen, führen aus – sehr vieles von dem, was Fachkräfte innerhalb einer Organisationen tun, lässt sich auch selbstständig von außerhalb leisten.

Allerdings gibt es drei große Unterschiede zu den Fachkräften: Erstens arbeiten Selbstständige nicht fest für eine Firma, sondern haben mehrere Auftraggeber. Sie bekommen also kein regelmäßiges Gehalt, sondern müssen immer neue Kunden finden und bedienen. Dadurch tragen sie, zweitens, eine höhere Verantwortung und müssen unternehmerisch denken: »Wo sind lohnenswerte Kunden? Was kann ich für sie tun? Wie komme ich an sie heran?« Deshalb müssen Selbstständige, drittens, sowohl die fachlichen Details im Auge behalten als auch die geschäftliche Übersicht bewahren: Was ist wichtig? Was weniger? Sie müssen alles, was neben der eigentlichen Arbeit zu tun ist, auch noch hinkriegen: Rechnungen schreiben, sich weiterbilden, den Markt beobachten, fürs Alter vorsorgen. So tragen Selbstständige die Risiken der Freiheit: Verluste, Pleiten, Überarbeitung. Aber sie profitieren auch von deren Chancen: Gewinne, Selbstverwirklichung, Eigenbestimmung.

Der Unternehmer

»Und Typ Nummer vier?«, fragt Günter ungeduldig. Nun, das ist die seltenste Spezies des Berufslebens: der Unternehmer. Unternehmer sind die Besitzer der Firmen oder Organisationen, in denen (und für die) alle anderen arbeiten. Sie haben eine Geschäftsidee und gründen (oder kaufen oder erben) ein Unternehmen. Ihr Job ist es nicht, in der Firma operativ mitzuarbeiten. Sondern sie müssen die Mittel zur Verfügung zu stellen, die die Firma braucht, um

zu existieren. Dafür müssen sie das große Ganze verstehen und die wichtigsten Entscheidungen treffen: Welches Business wollen sie machen? Mit wem? Wann und wie?

Unternehmer tragen also die größte Verantwortung, können aber auch am meisten gestalten – und gewinnen (oder verlieren). Dabei arbeiten sie nicht in der Firma, sondern an der Firma. Sie fragen sich ständig: Was lohnt sich? Und was nicht? So ermöglichen sie die Arbeit aller anderen, weil sie deren Arbeitsumfeld erschaffen.

Geld verdienen Unternehmer auf verschiedene Weisen: Entweder sie lassen sich von ihrer Firma ein Gehalt auszahlen. Oder sie überweisen sich immer wieder so viel Geld, wie sie gerade brauchen. Oder sie verkaufen ihre Firma oder Anteile daran – im Idealfall mit Gewinn, wenn der Unternehmenswert steigt.

Mischformen

»Ich fasse zusammen«, grunzt Günter. »Im Berufsleben gibt es vier Typen. Fachkräfte haben eine bestimmte Aufgabe, mit der sie sich gut auskennen. Sie arbeiten als Angestellte und haben eher Details im Blick als das große Bild. Manager koordinieren die Tätigkeiten der Fachkräfte. Auch sie sind bei einer Firma angestellt. Doch sie haben größere Zusammenhänge zu beachten. Auch Selbstständige führen qualifizierte Arbeiten durch, aber unabhängig und auf eigene Rechnung. Sie haben mehrere Kunden, die sie finden und pflegen müssen. Deshalb müssen sie sich gut organisieren und neben den Jobdetails immer auch das große Bild sehen. Unternehmer hingegen sind die Gründer und Inhaber der Firmen, in denen die anderen arbeiten. Ihnen geht es ums Große, nicht ums Kleine.«

Genau, Günter, brav! In der Realität kommen natürlich noch allerlei Mischformen vor: zum Beispiel Unternehmer, die sich operativ einmischen. Oder es gibt Selbstständige, die ein kleines Team angestellt haben, damit sie sich selbst auf das Wesentliche konzentrieren können. Oder es gibt Führungskräfte, die den Überblick verlieren und an Details kleben. Und es gibt Fachkräfte, die ihre Arbeit hervorragend auf das große Ganze ausrichten. Die Arbeitswelt ist bunt.

Stärken und Schwächen der vier Typen

»Und was bedeutet das jetzt fürs unternehmerische Denken?« Zunächst, dass jeder seinen Typus kennen sollte, mit seinen Stärken und Schwächen. Und sich dann ehrlich fragen, wie er seiner Firma oder Organisation unternehmerisch helfen kann.

Die Fachkraft zum Beispiel kennt sich in ihrem Bereich aus. Aber sie neigt vielleicht dazu, sich zu wichtig zu nehmen und andere Bereiche zu übersehen? Doch es muss nicht nur ihr Teilbereich, sondern die Gesamtheit funktionieren. Und der Manager beherrscht vielleicht das System, aber schaut dabei zu sehr auf Zahlen, Prozesse oder Regeln – und übersieht die Belange und Fähigkeiten der Mitarbeiter. Oder er »vergisst« Strategie und Erfolg der Firma – und sichert lieber seine eigene Position ab, was der Firma schadet. Der Selbstständige ist meist fleißig und motiviert. Doch er arbeitet, wie der Name schon sagt, selbst und ständig – und verliert dabei auch mal den Überblick, weil er keine Prioritäten setzt. Oder die falschen. Und der Unternehmer ist vielleicht ein Gewohnheitstier. Also verpennt er die wirklich großen Fragen und seine Firma bleibt stehen. Oder er ist ein Visionär, träumt zu viel und übersieht Realitäten. Warum auch? Läuft doch alles. Noch ...

Na? Bei welchem der vier Typen hast du dich am ehesten wiedergefunden? Und was bedeutet das für deine unternehmerischen Fähigkeiten?

REFLEXION

DIE VIER TYPEN

Überlegen Sie:

In welchem der vier Typen finden Sie sich heute am ehesten wieder?

Was bedeutet das für Ihre unternehmerischen Ambitionen?

Wo sehen Sie demnach Ihre Stärken?

Welche Schwächen oder blinden Flecken haben Sie?

Innerhalb welcher der vier Quadranten haben Sie bereits gearbeitet?

Welche unternehmerischen Erfahrungen haben Sie dort gemacht?

Welche wichtigen Erfahrungen fehlen Ihnen noch?

Günter will es wissen

»Na, so ein bisschen was von jedem steckt doch in uns allen drin, oder?« Klar, Günter. Aber eben in unterschiedlicher Ausprägung. Die Pole sind: Fachtätigkeit oder koordinierende Tätigkeit. Angestellt sein oder sich selbst bezahlen. Verantwortung für den eigenen Bereich übernehmen oder das große Ganze. Relative Sicherheitsorientierung oder unsichere Chancenorientierung. Wobei mittlerweile klar ist, dass auch die vermeintlich sichersten und geregeltsten Jobs nur funktionieren, wenn das Unternehmen funktioniert, sich also jemand auch um den Gegenpol kümmert. (Und andersherum natürlich.)

»Hm, mal angenommen, man würde Unternehmer werden wollen. Wie geht das denn?« Wow! Jetzt will es Günter aber wissen. Am besten spielen wir dazu ein konkretes und recht einfaches Beispiel durch: Nehmen wir an, du willst dich mit deinen Fähigkeiten selbstständig machen. Du willst sozusagen dein eigenes kleines Ein-Schweinehund-Unternehmen gründen, aus dem vielleicht bald ein richtig großes entsteht. Okay? Dann brauchst du dafür eigentlich nur drei Dinge: Leidenschaft, Kompetenz und einen Markt.

Zündstoff Leidenschaft

Beginnen wir mit der Leidenschaft. Die solltest du schon haben, wenn du dich selbstständig machen beziehungsweise eine Firma gründen willst – und zwar für dein angedachtes Geschäft. Du wirst nämlich (vor allem am Anfang) so viel Energie in dein Business stecken müssen, dass dir ohne Leidenschaft nach kurzer Zeit die Luft ausginge. Und ohne langen Atem wirst du vielleicht eine Weile Anlauf nehmen, aber nicht abheben. Also frag dich ganz kritisch: Was liebst du? Wofür brennst du wirklich? Was könntest du von mor-

gens bis abends spielen, ohne dass es dir langweilig würde?

»Spielen?«, wundert sich Günter. »Ist das nicht ein bisschen kindisch?« Im Gegenteil, Günter: Die erfolgreichsten Selbstständigen lieben, was sie tun. Daher erscheint ihnen ihr Job oft wie ein Hobby, das sie freiwillig ausüben, fast spielen. Du weißt schon: das berühmte »Hobby zum Beruf machen«. Deshalb arbeiten sie auch häufig länger als andere – ganz freiwillig! Und wer gerne und lange Vollgas gibt, kommt gut voran: Konkurrenz? Nein. Nur leidenschaftslose Mitbewerber ...

Natürlich geht nicht immer alles glatt. Hin und wieder wird es mühsam. Mit Leidenschaft aber kommt die Motivation nach einer Durststrecke zurück.

Erfolgsbooster Kompetenz

Neben deiner Leidenschaft brauchst du aber auch Kompetenz. Und zwar ziemlich viel davon, denn es tummeln sich in den meisten freien Märkten eine Menge kompetenter Menschen und Firmen. Mit denen musst du mindestens mithalten können, ja, im Idealfall in einigen Bereichen mehr draufhaben.

»Warum denn?«, wundert sich Günter. »Reicht Leidenschaft nicht aus, um nach oben zu kommen? Hört man doch immer wieder, dass vor allem der Wille zählt ...« Na ja, es spielen auch viele Menschen gerne Fußball, singen oder tanzen, ohne dass es für eine berufliche

Karriere reicht. Müssten diese Menschen in einer Profitruppe bestehen, hätten sie ein Problem ...

So hart es klingt: Es hat da draußen niemand auf dich gewartet. Du wirst in den meisten Märkten nur dann bestehen, wenn du mindestens genauso viel kannst wie die anderen. Besser noch: mehr. Also: Was kannst du wirklich gut? Worin bist du definitiv besser als die meisten anderen? Was fällt dir im Gegensatz zu anderen leichter und verschafft dir so einen Wettbewerbsvorteil?

Umsatzrakete Markt

Womit wir bei Punkt drei wären: beim Markt. Denn es nützt dir nichts, wenn du etwas gerne tust und gut kannst, solange dich keiner will und braucht. Du kannst noch so gut kratzen können – das bringt dir nur etwas, wenn es irgendwen juckt. Viele Neu-Selbstständige scheitern, weil sie ihre Märkte nicht richtig einschätzen: Sie produzieren Dinge, die keiner will. Handeln mit Zeug, auf dem sie sitzenbleiben oder mit dem sie zu wenig verdienen. Und sie bieten Dienstleistungen an, für die kaum jemand zahlt. Und dann heißt es bald: Hallo Arbeitsamt ...

Also: Was braucht die Welt? Was will die Welt? Was gibt es noch nicht, von dem du sicher bist, dass man es dir aus den Händen reißt? Oder: Was gibt es bereits da draußen als Geschäftsmodell, was du aber viel besser hinkriegst? Sei kritisch mit deiner Businessidee: Ist sie wirklich gut? Hast du nun eine Ahnung davon, was du willst, kannst und der Markt will? Glückwunsch: Dann leg gleich los! Oder bist du noch unsicher? Dann lies weiter: Sicher werden deine Fragen im Laufe der weiteren Kapitel beantwortet und deine Zweifel verflüchtigen sich oder werden stärker. Im ersten Fall kannst du dein Business starten. Im zweiten lieber doch nicht.

... oder lieber doch nicht?

»Also sind Selbstständigkeit und Unternehmertum doch gefährlich?«, zittert Günter. Nun ja: Wer Angst vorm Schwimmen hat, sollte es entweder lernen wollen oder lieber an Land bleiben. Schwimmen geht halt nur im Wasser ...

Das heißt aber nicht, dass du dann ein schlechterer Mensch bist. Wie gesagt: Die allermeisten im Berufsleben ziehen es vor, als Fachkräfte und Manager zu arbeiten. Und das ist völlig okay. Denn natürlich sind Leidenschaft, Kompetenz und Marktfähigkeit auch im Unternehmen wichtig (und um funktionierende Unternehmen geht es ja): Wofür brennst du mehr als deine Kollegen? Was kannst du besser als sie? Welche deiner Fähigkeiten kann deine Firma besonders gut brauchen? Im Prinzip die gleichen Fragen, nur in einem anderen Setting. Also: Alles ist gut. Du musst kein Unternehmer oder Selbstständiger werden, du kannst. »Aber was passt besser zu dir? Lieber angestellt bleiben oder dein eigenes Ding machen?« Kommt darauf an, ob du ein Selbermacher-Typ bist. Denn um produktiv und erfolgreich zu sein, brauchen Unternehmer und Selbstständige vor allem drei Tugenden: die Bereitschaft, mitzudenken, Verantwortung zu übernehmen und Initiative zu ergreifen. Hier lohnt sich ein kritischer Blick in den Spiegel.

Selbermacher-Check I: Denkst du gerne mit?

Los geht's mit der Nabelschau! Passt die Lebens- und Arbeitsweise eines Selbstständigen oder Unternehmers zu dir – oder eher doch nicht? Und falls (noch) nicht: Kannst du dir vorstellen, zukünftig so zu leben? Also wirklich ein Mensch (Schweinehund) zu werden, der so lebt? Falls nein, bleib lieber angestellt.

Selbstständige und Unternehmer müssen immer alle Businessfaktoren im Blick behalten: Produkt, Marke, Abläufe, Kundengewinnung, Buchhaltung, Markt, Finanzen, Weiterbildung, Steuer, Krankenversicherung, Social Media und so weiter – der Selbermacher muss bereit sein, sich mit allem auseinanderzusetzen, was fürs Geschäft wichtig ist. Mit allem. »Wirklich mit allem?« Ja, mit allem.

Daher also zum ersten wichtigen Punkt: Denkst du wirklich gerne mit? Oder lässt du lieber andere für dich denken? Arbeitest du dich selbst aktiv in neue Themen ein? Oder wartest du gerne ab, bis dich dein Chef zum Seminar schickt? Weißt du bei komplexen Aufgaben meist selbst, was zu tun ist? Oder brauchst du oft Rücksprachen? Löst du komplexe Probleme lieber selbstständig? Oder brauchst du dabei Hilfe? Gehst du auch gerne in die Vogelperspektive und denkst abstrakt in die Zukunft? Oder klebst du lieber an Details und verlierst manchmal den Überblick?

Selbermacher-Check II: Übernimmst du gerne Verantwortung?

»Oh, oh …«, sorgt sich Günter. »Fiese Fragen …« Nein, Schweinehund: wichtige Fragen, um nicht pleitezugehen! Also gleich weiter zum Punkt zwei: zur Eigenverantwortung. Denn ob ein Selbermacher erfolgreich ist, hängt im Kern von ihm selbst ab. Nur wer Verantwortung übernimmt, überlebt auch.

Also: Kannst du dich und deine Arbeit gut selbst organisieren? Oder brauchst du Strukturen, die dir andere vorgeben? Machst du dir Erfolge lieber selbst? Oder ist für dich Erfolg, wenn du gelobt wirst? Liebst du eher deine Freiheit? Oder die Sicherheit? Ergreifst du lieber Chancen? Oder vermeidest du eher Risiken? Arbeitest du gerne alleine? Oder brauchst du stets andere als Ansprechpartner? Kannst du Unklarheit ertragen? Oder brauchst du Berechenbarkeit, um dich beschützt zu fühlen? Kannst du ohne klaren Rahmen handeln? Oder brauchst du eine Jobbeschreibung? Bist du lieber Gestalter? Oder Verwalter? (Oder gar Opfer?)

»Stopp!«, ruft Günter. »Man kann sich doch nicht für alles verantwortlich fühlen!« Nein, natürlich nicht. Doch man kann sich verantwortlich fühlen, wie man auf das reagiert, was alles geschieht: auf Konjunktur, Konkurrenz, Krankheit, Kram. Denn so kann man irgendwie doch auf alles Einfluss nehmen. Und sei es nur ein bisschen.

Selbermacher-Check III: Ergreifst du gerne Initiative?

Die dritte Tugend erfolgreicher Unternehmer und Selbstständiger ist: Eigeninitiative. Im Klartext: die Fähigkeit – ohne Extradruck von außen –, den Arsch hochzukriegen. Denn das Wesen vom Selbermachen ist ja gerade, etwas selbst zu tun, was sonst nicht (oder von einem anderen) getan würde: ein Produkt entwickeln, ein Geschäft eröffnen, einen potenziellen Kunden anrufen. Wer ständig Startschüsse braucht, hat keine Chance – andere sind da fitter drauf.

Also: Bist du bereit, etwas einfach zu tun, obwohl du noch nicht weißt, wie es ausgeht? Oder neigst du dazu, lange zu grübeln und zu zögern? Bist du jemand, der Dinge gerne praktisch und pragmatisch anpackt? Oder musst du vorher immer erst alles genau eruieren und theoretisch verstehen – und lässt dir dadurch oft Chancen entgehen? Beherrschst du die Kunst, Dinge zu beginnen, obwohl nicht alles planbar und noch nicht perfekt ist? Oder tüftelst du so lange über Kleinigkeiten herum, bis du aufgrund deiner Unsicherheit einen Grund gefunden hast, warum ein Plan nicht klappen kann? Liebst du es, aktiv Ergebnisse zu schaffen? Oder träumst du lieber nur herum, was du alles tun könntest, würdest, solltest, weil du es eigentlich viel cooler findest, passiv zu bleiben und dich treiben zu lassen?

Unternehmer oder Unterlasser?

»Okay, verstanden!«, sagt Günter. »Man muss halt machen wollen.« Genau. Denn es gibt da draußen in der Welt unendlich viele Möglichkeiten, Chancen und Wege, die auf dich warten. Und wer nur auf Sicherheit aus ist, wird stets Gelegenheiten verpennen. Geht gar nicht anders.

Also, willst du spielen, um zu gewinnen oder um nicht zu verlieren? Willst du Geld verdienen oder es lieber sparen? Willst du die Welt besser machen oder weniger schlecht? Willst du dich Herausforderungen stellen oder sie aussitzen? Willst du wachsen oder weniger schrumpfen? Willst du dein Leben nutzen oder es dahinplätschern lassen? Also, willst du aus den Dingen mehr machen oder nicht weniger? Kurz: Willst du ein Unternehmer sein oder ein Unterlasser?

»Ich! Hab's! Verstanden!« Schon klar, Günter. Nur sollte es auch jeder Leser verstehen, wie wichtig eine optimistische und positive Grundhaltung für Selbermacher ist. Wie wichtig es ist, davon auszugehen, dass alles immer mehr werden kann, dass das Leben voller Überfluss steckt. Und dass Knappheit und Mangel, Angst und Lähmung meist im eigenen Kopf beginnen ...

RATTEN, die das Schiff als Erste verlassen ...

Kennen Sie folgende Situation?

Sie liegen entspannt in der Badewanne. Schon eine Weile. Von Zeit zu Zeit füllen Sie warm nach, denn Ihr Badewasser kühlt sonst aus. Ja, so lässt es sich aushalten.

Das Badewannenproblem

Wobei: Wenn Sie ehrlich sind, ist es nicht mehr so schön wie zu Beginn. Die Haut schrumpelt schon. Ein bisschen langweilig wird es auch. Außerdem hätten Sie noch etwas anderes zu tun. Trotzdem bleiben Sie liegen. Jetzt aufstehen? Wo Sie gerade so entspannt sind? Und (wenn auch nur für kurze

Zeit) die kalte Luft ertragen, bevor Sie sich abtrocken? Och, nö. Jetzt noch nicht. Sie beschließen, erst in ein paar Minuten aufzustehen.

Was passiert wohl, wenn Ihnen das Aufstehen »in ein paar Minuten« immer noch schwerfällt? Klar, es entsteht ein Konflikt: liegen bleiben, weil das am bequemsten ist? Oder aufstehen, weil Sie es sollten und eigentlich wollen? Wie oft kippen Sie noch warmes Wasser nach und retten sich in die Verlängerung?

Das Problem dabei: So entspannt wie zuvor fühlen Sie sich nicht mehr. Ihre Haut schrumpelt immer mehr und die innere Stimme drängt Sie mal in die eine, dann in die andere Richtung. Und das, obwohl Sie längst wissen, wie Sie sich entscheiden werden! Das Einzige, was Sie hinauszögern, ist der Zeitpunkt, Ihre Entscheidung umzusetzen.

Irgendwann springen Sie entschlossen aus der Wanne, trocknen sich schnell ab – und alles ist gut. Schlimm war's natürlich nicht. Überhaupt nicht. Wie Sie schon vorher wussten. Also warum, zum Schweinehund, haben Sie so lange gebraucht, sich zu entscheiden? Warum der unnötige Stress?

Festhalten an Bestehendem

Ich hoffe, Sie empfinden das Szenario als etwas überzeichnet? Doch ganz ehrlich: Ich kann mich an etliche Badesessions in weit jüngeren Jahren erinnern, die so oder so ähnlich abliefen. (Und ich amüsiere mich jedes Mal insgeheim, wenn mein kleiner Sohn nicht aus der Wanne klettern will, obwohl es längst Zeit ist.) Denn wir haben es mit einem sehr menschlichen Phänomen zu tun: dem bequemen Festhalten an Bestehendem.

Faszinierend ist, dass wir oft dazu neigen, selbst dann an Bestehendem festhalten zu wollen, wenn uns klar ist, dass wir es bald loslassen sollten (und werden). Zum einen ist es leicht, einen bereits bestehenden Zustand beizubehalten, zum anderen ist ein Wechsel des Zustands mit Aufwand verbunden. (Igitt!) Wobei wir wissen, dass sich der nächste stabile Zustand wieder genauso bequem anfühlen wird wie der vorherige. Aber eben erst, wenn wir ihn gewechselt haben.

Das Muster ist stets das gleiche: morgendliches Aufstehen, überfällige Jobwechsel, klärende Gespräche – wir schieben das vermeintlich Unangenehme vor uns her, um einen quasi sicheren Status zu bewahren, obwohl wir eigentlich in den nächsten wollen. Wir lassen nicht los und halten uns dadurch selbst fest.

Drei alte Bekannte

Bizarr ist dieses Verhalten vor allem dann, wenn wir etwas hinauszögern, was ganz offensichtlich geschäftlich richtig wäre: den Kunden ansprechen, der sich neugierig in unserem Laden umschaut, den Mitarbeiter sofort kritisieren, der gerade Bockmist baut, den mit etlichen Icons überfüllten Desktop endlich aufräumen. Was also hält uns zurück?

Drei gute alte Bekannte (von denen es natürlich auch Mischformen gibt):

- die Angst vor sozialer Zurückweisung: »Was, wenn mich mein Mitarbeiter danach nicht mehr mag?«
- die Angst vor Misserfolg: »Wenn ich den Desktop aufräume, finde ich dann noch meine wichtigen Dateien?«
- die Angst vor Anstrengung (vulgo auch »Bequemlichkeit« oder »Faulheit«): »Wenn ich mich dem Kunden

widme, wie herausfordernd wird das? Wo ich doch gerade so entspannt bin ...«

Der Trick der Erfolgreichen

Wie also geht man mit solchen Situationen zukünftig besser um? Der »Trick« besteht letztlich darin, nicht mit sich selbst zu diskutieren:

- Etwas muss ohnehin gemacht werden?
- Der beste Zeitpunkt ist jetzt sofort?
- Eine Entscheidung hinauszuzögern, würde die Situation nur verschlimmern?
- Dann besser: Augen zu – und durch! Los geht's!

Einer der größten Irrtümer über Motivation lautet: »Jetzt warte ich erst mal, bis die Motivation kommt – und dann fange ich an!« Denn Motivation kommt automatisch, wenn wir einmal angefangen haben: das unangenehme Gespräch begonnen, den Staubsauger aus dem Schrank geholt, beim Joggen einfach losgelaufen sind. Einmal in Schwung, bleiben wir in Schwung.

Genau dieses entschlossene Verhalten (»Ich diskutiere doch nicht mit mir selbst!«) ist ein Muster vieler erfolgreicher Menschen: »Problem analysiert? Entscheidung getroffen? Machen! Sofort!« Denn letztlich sind es unsere Handlungen, die aus Gedanken Ergebnisse machen. Wer nur denkt, ohne zu handeln, hat Hirnfürze.

Und wer sich angewöhnt, nicht nur zu denken, sondern auch zu machen, muss sich bei kleineren Unbequemlichkeiten nicht einmal anstrengen: Man übersieht sie leicht, wenn man ihnen keine Beachtung schenkt.

Ratten auf dem sinkenden Schiff

Na? Aus welcher Badewanne sollten Sie längst aussteigen?

Denken Sie daran: Fitte Typen grübeln nicht unnötig, sie machen. Und zwar gleich. Je fitter, desto fixer. Oder um bei der Überschrift dieses Textes zu bleiben: Die Ratten, die das sinkende Schiff als Erste verlassen, können am besten schwimmen.

3. Der Start
ins eigene BUSINESS

Ein Dienstleistungs-Business gründen

Also legen wir mal los mit dem Ein-Schweinehund-Business: ganz simpel in Form einer Dienstleistung, die auf deinen Fähigkeiten beruht. Was kannst du? Frisieren, zeichnen, programmieren? Prima. Hast du vielleicht sogar eine qualifizierte Ausbildung? Bist du Frisör-Meisterin, Diplom-Designer oder Informatikerin? Noch besser. Und bist du auch gut in dem, was du tust? Hervorragend. Also wäre das Warum schon mal geklärt: weil du es kannst. Du kannst anderen damit dienen.

Nun zum Wozu: Wem nützen deine Fähigkeiten konkret? Vielleicht gerade deiner Nachbarin, die sich die Spitzen schneiden lassen will? Oder dem Laden um die Ecke, der neue Werbeflyer braucht? Oder der Firma am Ortsrand, die mit ihrer IT nicht klarkommt? Lauter potenzielle Kunden!

Also kannst du der Nachbarin die Haare machen, den Flyer designen, die IT auf Vordermann bringen – und dafür Geld verlangen! Jucken und kratzen. Angebot und Nachfrage. Ganz simpel. Und was du einmal tust, geht auch mehrmals: Dein Business kann losgehen.

Melde dein Geschäft an!

Oft lassen sich Dienstleistungsgeschäfte ohne großen Aufwand starten: Meist kann man sich einfach selbstständig machen und dann sofort loslegen mit dem professionellen Betreuen, Beraten, Bedienen. In Deutschland meldest du dafür in der Regel ein Gewerbe an, oder bei bestimmten Berufen eine Freiberuflichkeit. Ausnahmen sind besonders regulierte, seriöse oder traditionelle Branchen wie zum Beispiel Medizin, Jura oder Handwerk. Hier muss man genau nach den Regeln spielen, sonst gibt es Ärger. »Ärger? Oh weh!«, zittert Günter. Ach, über diese Regeln kann man sich informieren und sie befolgen – dann hat man keinen Ärger.

Ebenso ist es kein Hexenwerk, die rechtlichen Rahmenbedingungen der Selbstständigkeit festzuzurren: Natürlich sind die von Land zu Land unterschiedlich, aber auch darüber kann man sich informieren. Du musst dich halt bei Ämtern durchfragen und durch Formalitäten wurschteln.

Außerdem ist es ratsam, sich an einen Steuerberater zu wenden, der einem den Kram mit dem Finanzamt abnimmt. Meist lotst er einen auch sonst ganz gut durch den Dschungel bürokratischer Regularien.

Die einfache Erstausstattung

»Und was brauchst du noch für deine neue Selbstständigkeit?«, will Günter wissen. Gar nicht so viel: Du brauchst Zeit, um zu lernen, wie dein neues Geschäft wirklich funktioniert, und um Kunden zu gewinnen. Und du brauchst Geld, um über die Zeit zu kommen, in der du dein Geschäft so aufbaust, dass es dich finanziell trägt.

Außerdem brauchst du eine minimale Erstausstattung: zum einen die wichtigsten Arbeitsmaterialien für deine Dienstleistung, wie etwa Scheren für die Frisörin oder Grafik-Programme für den Designer. Zum anderen einen Computer und ein Telefon. Wenn du magst auch einen guten Namen für dein Geschäft und vielleicht schon ein schönes Logo, eine coole Webseite, professionelle Briefbögen, Visitenkarten, Werbebroschüren, damit du dich deinen Kunden auch zeigen kannst.

»He!«, protestiert Günter. »Und was ist mit einem Büro?« Kommt darauf an: Viele Dienstleister brauchen gar kein eigenes Büro. Papierkram kann man auch zuhause machen. Und Platz zum Arbeiten (samt WLAN) gibt's im Café um die Ecke.

Überschaubare Kosten

»Klingt machbar«, findet Günter. »Aber was kostet das alles?« Gar nicht so viel: Computer und Telefon hat heute sowieso fast jeder. Praktischerweise kann man sie als Selbstständiger zum Teil von der Steuer absetzen. Die Kosten fürs Amt sind meist zu vernachlässigen. Und eine schöne Webseite, Logo und designte Unterlagen sind mittlerweile auch schon günstig zu kriegen – recherchier mal im Internet! Wie teuer deine Arbeitsmaterialien sind, ist natürlich von deiner Branche und deinem eigenen Anspruch abhängig. Aber sicherlich findest du auch hier eine schmale Lösung, wenn du eine suchst. Fest steht jedenfalls: Noch nie war es so günstig, als Dienstleister in die Selbstständigkeit zu starten wie heute!

Natürlich sollte dein Geld eine Weile für den Lebensunterhalt reichen: Verpflegung, Miete, Haushalt und so weiter. Da darfst du in der ersten Zeit ruhig besonders sparsam leben, um dir Spielraum zu verschaffen, dein Geschäft aufzubauen. Viele erfolgreich Selbstständige kriegen es sogar hin, ihre Lebenskosten massiv herunterzufahren, lange bevor sie sich selbstständig machen. Was sie nicht ausgeben, sparen sie, bis sie einen schönen Batzen Geld zusammenhaben – und dann starten sie ihr eigenes Geschäft mit dem sicheren Gefühl, genügend Rücklagen zu haben. Oder sie starten recht bald nach Ausbildung oder Studium, bevor sie sich an einen Lebensstil auf großem Fuß gewöhnt haben.

Das Marshmallow-Problem

»Geld sparen? Sich zurücknehmen? Seh ich nicht ein!«, protestiert Günter. Und zeigt damit eine der größten Herausforderungen, vor der Selbstständige stehen: ihre eigenen Impulse zu kontrollieren. Wer jedem Impuls nämlich sofort nachgibt und sich unnötige Ausgaben leistet, hat es schwerer, erfolgreich zu werden.

In einem bekannten wissenschaftlichen Experiment verbrachten vierjährige Kinder ein paar Minuten alleine in einem Raum. Vor ihnen lag ein Marshmallow – für die meisten Kinder eine Köstlichkeit. Ihre Aufgabe war es, das Marshmallow nicht zu essen. Schafften sie es, sollten sie später zur Belohnung einen zweiten zusätzlich bekommen. Was passierte? Zwei Drittel der Kinder aßen ihr Marshmallow zu früh. Ein Drittel aber lenkte sich zum Teil sehr mühevoll ab und hielt tapfer durch. Das heißt: Diese Kinder verstanden, wie wichtig es ist, Belohnungen zu verzögern, um Erfolg zu haben! Sie hatten Selbstdisziplin.

Was wurde aus den Kindern? Eineinhalb Jahrzehnte später waren die, die das Marshmallow nicht gegessen hatten, deutlich erfolgreicher als die anderen: Sie hatten bessere Schulnoten, Beziehungen, Lebenspläne und auch sonst rosige Aussichten.

Vorsicht, Selbstsabotage!

»Was haben diese Marshmallows mit Selbstständigkeit zu tun?«, wundert sich Günter. Eine ganze Menge! Wer sich nämlich selbstständig macht oder ein Unternehmen gründet, geht ähnlich vor wie die vierjährigen Kinder: Man verzichtet oft erst eine Weile, um später mehr zu bekommen. Wer aber immer gleich etwas bekommen will, ohne bereit zu sein, dafür auch mal zu verzichten, dessen Persönlichkeit sabotiert den eigenen Erfolg.

Vor allem wer seine Selbstständigkeit erst in späteren Berufsjahren startet, hat oft zu kämpfen: Der gewohnte Lebensstandard ist zu hoch. Damit steigt das Risiko, dass das Geld ausgeht, bevor sich das Geschäft trägt – und es steigt die Hürde, eine Selbstständigkeit zu beginnen. Zumal das Marshmallow-Beispiel streng genommen auf jeden übertragbar ist, der sich nach Ausbildung oder Studium zunächst für eine längere Festanstellung entscheidet: Er nimmt lieber gleich das sichere und bequeme Geld (isst also das Marshmallow) und schlüpft in die Rolle einer Fachkraft oder eines Managers. Nur: Sein eigenes Business als Selbstständiger oder Unternehmer baut er in dieser Zeit nicht auf – und er lernt auch nicht, was er dafür braucht. Dass aber gute Selbstständige und Unternehmer oft mehr Geld verdienen können (zwei Marshmallows essen), bemerkt er erst spät. Oder gar nicht.

Mehr Geld brauchen

»Quatsch!«, protestiert Günter. »Du kannst doch auch zur Bank ge-hen und dir Geld leihen!« Klar. Du kannst auch deine Abfindung vom vorherigen Arbeitsplatz verwenden (falls du eine bekommen hast). Oder du kannst vom Amt einen Gründungszuschuss bean-tragen (sofern das in deinem Land möglich ist). Du kannst dein Haus verpfänden oder verkaufen (wenn du eines hast). Du kannst Freunde und Familie anschnorren (wenn sie deiner Geschäftsidee trauen). Wege zum Startkapital gibt es viele – aber auch so manche Abhängigkeiten, in die du dich nicht begeben musst, sofern du be-reit bist, dich selbst zu disziplinieren.

Aber bislang reden wir wirklich nur von minimalen Kosten. Neh-men wir tatsächlich noch ein Büro hinzu, wird es schon teurer. Oder wenn du flexibel von A nach B musst und dafür ein Auto brauchst. Oder einen Ort, um deine Kunden zu beraten, zu behandeln oder zu bedienen. Zum Beispiel als Steuerberater, Zahnärztin oder Café-betreiber. Nun reden wir nicht mehr nur von Lebenserhaltungskos-ten, sondern von relevantem Startkapital für Möbel, Geräte, Wa-ren oder sogar schon Personal. Und wenn wir die Dienstleistungen ganz verlassen und uns mal Produktion oder Handel verschiedens-ter Waren anschauen, wird es schnell noch kostspieliger ...

Investitionen oder Kosten?

»Halt!«, protestiert Günter. »Da mache ich nicht mehr mit! Viel zu teuer!« Kommt darauf an, Schweinehund, was genau du unter »teuer« verstehst. Insbesondere sollte man zwischen den Begriffen »Investition« und »Kosten« unterscheiden.

Investitionen sind nicht teuer: Wer eine Investition tätigt, gibt kurz-fristig für etwas Geld aus, um damit mittel- und langfristig mehr

Geld zu verdienen. Wer zum Beispiel in den Kauf einer Maschine investiert, will damit Waren produzieren, um möglichst viele gewinnbringend zu verkaufen. Bald schon hat sich die Anschaffung der Maschine gelohnt. Oder wer sich Werbung leistet, will damit Kunden gewinnen, die mehr Geschäft machen, als zuvor für Werbung ausgegeben wurde. Teuer? Nö.

»Klasse!«, freut sich Günter. »Dann investieren wir jetzt in fette Luxusautos und modernste Büromöbel!« Falsch, Schweinehund: Jetzt willst du Kosten produzieren. Und das ist wirklich zu teuer! Denn statt der Luxuskarre tut es meist auch ein normales Auto. Und statt mit Designermöbeln lässt sich ein Büro auch günstig schick einrichten. Statt das Geld zum Fenster rauszuwerfen, investierst du es besser: in weitere neue Maschinen, noch bessere Werbung oder gute Mitarbeiter. Damit bald noch mehr Geld daraus wird. Sonst ist es einfach nur weg. (Beziehungsweise hat es ein anderer.)

Opportunitätskosten

»Maschinen kaufen? Mitarbeiter einstellen? Werbung machen? Und das findest du nicht teuer?« Noch teurer wäre es, Schweinehund, all das nicht zu tun. Und zwar wegen der Opportunitätskosten, der Kosten entgangener Möglichkeiten.

Stell dir mal vor, du hast eine alte Maschine, die langsam und teuer produziert. Und ein großer Kunde will von dir mehr Ware und einen günstigeren Preis. Also wandert er zur Konkurrenz ab – weil du nicht rechtzeitig bereit warst, in eine neue Maschine zu investieren. Du hast dir eine Möglichkeit entgehen lassen – und das war vielleicht teurer, als es die Maschine gewesen wäre. Oder stell dir vor, du sparst viel Geld bei Werbung und Marketing ein – mit dem Ergebnis, dass dich weniger Kunden kennen und bei dir kaufen. So hast du zwar zwischenzeitliche Ausgaben vermieden, aber langfristig mehr Geld verloren, als du sparen konntest: das all der Kunden, die du hättest gewinnen können.

Klar jetzt, was Opportunitätskosten sind? Damit dir keine Möglichkeiten durch die Lappen gehen, musst du immer wieder an den richtigen Stellen Geld ausgeben: für gute Leute, eine neuere Website, deine Weiterbildung, dein Netzwerk, für technische Neuerungen ...»Ja, schon gut! Ich hab's verstanden.«

Cashflow: Immer schön flüssig bleiben!

»Also dann: Raus mit dem Geld!«, freut sich Günter. »Je mehr du auf die Kacke haust, desto lauter klingelt die Kasse!« Kann sein, Schweinehund. Aber nur, wenn der Cashflow stimmt. »Der was?« Der Fluss des Geldes: Wer hat es wann?

Stell dir mal vor, du verkaufst einer großen Bekleidungskette 10000 T-Shirts für 50000 Euro. »Geil!« Ja, das Problem ist nur, dass du die Ware erst produzieren musst. Und das kostet dich 20000 Euro. »Kein Problem!«, widerspricht Günter. »Du kriegst doch 50000!« Ja, schon. Aber die Kette will dich erst zwei Monate nach Lieferung bezahlen. »Ups ...« Genau: Du brauchst nun dringend 20000 Euro, um 50000 zu bekommen. Dieses Geld musst du erst mal haben, um es investieren zu können. Vielleicht musst du es dir teuer leihen? Der Cashflow stimmt für die Bekleidungskette – aber nicht für dich.

Viel besser ist es also, wenn du erst mal Geld von deinen Kunden einsammelst und es dann eine Weile bei dir bleibt, bevor du es wieder investierst, während du gleichzeitig woanders wieder Geld einsammelst. Nun ist der Cashflow positiv: Du bleibst flüssig. Das Geld fließt zu dir und du schiebst es wie eine Bugwelle vor dir her. Wenn du dein Geschäft so konstruierst, ist alles gut.

Dein Businessplan

»Okay, du darfst also ruhig viel Geld ausgeben, solange es Investitionen sind. Für die bekommst du mehr, als du ausgegeben hast«, resümiert der Schweinehund. »Und du musst darauf achten, dass du während deiner Geschäftätigkeit immer gut flüssig bleibst.« Genau, Günter. Denn im Prinzip geht es erst mal nur um eine einzige Frage: Wie viele Tage kannst du im Geschäft bleiben, ohne pleitezugehen?

Und damit da keine bösen Überraschungen auf dich warten, schreibst du am besten erst mal einen Businessplan: Liste all deine laufenden Kosten und Investitionen auf und verteile sie über die nächsten Monate! Wann gibst du was aus? Dem stellst du deine Einnahmen gegenüber: Wie hoch ist dein Startkapital? Was steht dir monatlich aus Rücklagen zur Verfügung? Welche Umsätze erwartest du realistisch, idealerweise und im schlimmsten Fall? Gibst du mehr aus, als du einnimmst? Wann soll sich das ändern? Schau Monat für Monat, wie sich deine Liquidität, also deine finanzielle Flüssigkeit, entwickelt.

Natürlich sind das nur grobe Eckdaten, die du regelmäßig überprüfen musst. Planen ist auch nur schätzen oder sogar raten. Aber du bekommst so grobe Eckdaten: Wann verdienst du Geld? Wann nicht? Und was kann gehen, wenn es gut läuft?

SIEBEN Stellschrauben
für mehr CASH

Natürlich können Sie an mehreren Stellschrauben drehen, um mehr Cash zur Verfügung zu haben. Hier sieben typische Beispiele:

1. Erhöhen Sie Ihre Preise! Ziel ist es, davon dann auch mehr zu behalten. Vorausgesetzt natürlich, Ihre Kunden machen mit und Ihr Umsatz bricht nicht ein.

2. Steigern Sie Ihren Umsatz! Danach mehr Cash zu haben, ist ein angenehmer Nebeneffekt, es sei denn, die Methoden zur Umsatzsteigerung sind im Vergleich zum erwarteten Gewinn sehr teuer. Dann kann es sein, dass es teurer ist, mehr Umsatz zu machen, als aus dem bestehenden Umsatz mehr Gewinn rauszuholen.

3. Reduzieren Sie Ihren Wareneinsatz! Müssen Sie wirklich mit Kanonen auf Spatzen schießen? Vielleicht finden Sie Sparpotenziale, indem Sie Ihre Produktion schlanker aufstellen.

4. Reduzieren Sie die Gemeinkosten! Wo im Unternehmen leisten Sie sich Luxus, der eigentlich Verschwendung ist? Wie würde Dagobert Duck reagieren?

5. Reduzieren Sie das Zahlungsziel Ihrer Debitoren! Jeder Tag, den Ihre Kunden früher bezahlen, ist ein Gewinn für Ihre Cashsituation.

6. Reduzieren Sie die Lagerdauer! Ihr Ziel sollte es sein, sich so wenig wie möglich aufs Lager zu legen, um die Kosten hierfür einzusparen. Je kürzer die Lagerzeit für Ihre Produkte, desto besser.

7. Lassen Sie Ihre Kreditoren Ihr Zahlungsziel erhöhen! Klar: Je später Sie zahlen müssen, desto länger bleiben Sie flüssig.

Fallen Ihnen weitere Möglichkeiten ein, die für Ihre Situation passen? Denken Sie nach!

4. GESCHÄFTSIDEEN
finden

Hallo Geschäftsidee!

»So einen Businessplan aufzustellen, klingt logisch«, sagt Günter.
»Und machbar.« Genau. Das Prinzip ist eigentlich immer das
gleiche: Du musst etwas ausgeben, um etwas zu bekommen. Idealerweise bekommst du mehr Geld,
als du zuvor ausgibst. Bei jeder Geschäftsidee.
»Geschäftsidee? Was ist damit eigentlich genau
gemeint?« Nun, vielleicht willst du nicht in
deinem eigenen Beruf tätig werden, etwa als
Frisörin, Programmierer, Krankengymnastin
oder Koch, sondern etwas anders machen.
Weil du eine Idee hast, mit der du ein Geschäft eröffnen und Geld verdienen kannst.
Ein Produkt, das jemand gut brauchen
könnte. Eben eine Geschäftsidee.

Geschäftsideen entstehen oft aus heiterem
Himmel, wie Geistesblitze. Und dann denkt
man: »Wieso ist da vorher noch keiner drauf gekommen?« Zum Beispiel auf Online-Kaufhäuser, Sil-
vesterraketen, Kaffeemaschinen mit Kapsel oder Social-
Media-Apps. Irgendwann gab es das alles noch nicht. Im Grunde
entspringen die meisten Dinge und Dienstleistungen unseres täg-

lichen Lebens den Geschäftsideen Einzelner, die sie bis zur Markt-
reife entwickelt haben: Autowaschanlagen, IT-Programme, Nagel-
scheren. Oder Yogakurse, Finanzberatung, Waxing. Alles heute da,
weil gestern jemand Geschäftsideen hatte und sie unternehmerisch umsetzte.

Probleme, Ängste, Leidenschaft

Oft lösen gute Geschäftsideen Probleme, welche die Unterneh-
mensgründer selbst bereits erfahrenen haben: Du findest Hotels zu
teuer? Dann erfinde doch einen Online-Marktplatz für die günstige
Vermietung von Unterkünften! Ach, Airbnb gibt es schon ... Oder
es nervt dich, dass dein Kind ständig mit fremden Schnullern aus
der Spielgruppe kommt? Dann erfinde doch welche mit Namen
drauf! Ach, gibt es auch schon ... Also: Wofür gibt es noch keine Lösung, obwohl es dich täglich ärgert? Vielleicht versteckt sich darin
deine Geschäftsidee?

Auch menschliche Ängste und Leidenschaften sind lohnenswerte
Geschäftsfelder. Angst vor Krankheit? Erfinde ein gesundes Ge-
tränk! Angst vor Einsamkeit? Gründe eine Gruppe! Angst vor Ar-
mut? Kreiere ein Finanzprodukt! Leidenschaft für eine Musikband?
Gut für deren Merchandising-Kollektion! Leidenschaft für fremde
Länder? Werde Reiseveranstalter! Leidenschaft für Fortbildung? Es
lebe die Seminarbranche!

Also frag dich: Wofür brennen Menschen? Wovor haben sie Angst?
Wobei haben sie Probleme? Sie suchen nach Lösungen – und sind
bereit, dafür Geld ausgeben!

Gute Kombinationen

Eine weitere Möglichkeit, Produkte und Geschäftsideen zu finden, ist es, bereits Bestehendes miteinander zu kombinieren. Es gibt Fahrräder und es gibt Elektromotoren – also baut man Elektrofahrräder. Es gibt Medikamente und es gibt Brause – also stellt man Brausetabletten her. Es gibt Hotels und es gibt Reisebusse – also gehen auch Hotelbusse. Es gibt Ratgeberbücher und es gibt Cartoons – also kann man Bücher über Günter schreiben, den inneren Schweinehund.

Es lassen sich oft auch mehrere bestehende Komponenten in einem einzigen Produkt zusammenführen: Schau dir nur mal dein Smartphone an – was da alles drin steckt! Na, war das iPhone nicht eine phänomenale Geschäftsidee? »Schon, nur ist halt nicht jeder ein Steve Jobs ...«, murrt Günter. Schon klar, Schweinehund. Aber Steve Jobs kam auf gute Ideen, weil er für sie offen war. Er hat sich nie mit dem zufriedengegeben, was gerade da war, sondern er wollte immer etwas Besseres und Neueres machen. Im Prinzip hat er dabei nur konsequent in Bereichen gewirkt, die ihn selbst auch interessiert haben: Technik, Musik, Design, Film. Er hatte zu jedem seiner Geschäftsfelder einen persönlichen Bezug. Er hat sich sozusagen ständig selbst gekratzt. Also: Wo juckt es dich eigentlich? Vielleicht solltest du dich mal kratzen. Bestimmt juckt es da nämlich auch andere ...

Die Architektur des Geschäfts

»Toll! Dann kann also jeder aus allem eine Geschäftsidee machen?« Fast. Voraussetzung ist, dass die Geschäftsidee auch funktioniert, was vorher strenggenommen noch niemand weiß. Aber es gibt ein paar Kriterien, an denen man sich schon gut orientieren kann. Faktoren, an denen du bereits zu Beginn die Architektur deines Geschäfts prüfen solltest.

»Wieso Architektur? Bauen wir jetzt etwa ein Haus?« Metaphorisch gesprochen schon. Ähnlich eines Hauses sollte auch ein Geschäftsmodell schon zuvor gut durchgeplant sein: Wo soll es stehen? (Und wo nicht?) Wie soll es aussehen? (Und wie nicht?) Wer soll drin wohnen? (Und wer besser nicht?) Wer eine Bruchbude in der falschen Nachbarschaft baut und dort einzieht, braucht sich nicht zu wundern, wenn es mit dem schönen Wohnen nicht so klappt – selbst wenn man schicke Möbel hat ...

Also: Was genau willst du tun? (Und was nicht?) Welche Kunden willst du kriegen? (Und welche nicht?) Wie soll dein Geschäftsmodell funktionieren? (Und wie besser nicht?) Je genauer du das vorher durchdenkst, desto eher wirst du Erfolg haben.

Simpel und schnell umsetzbar

Eine recht einfache Methode, um dein Business auf Tauglichkeit zu checken, sind die vier großen S: Ist deine Geschäftsidee simpel, schnell umsetzbar, skalierbar und systemisierbar?

Je simpler eine Geschäftsidee ist, desto besser. Was willst du tun? Einen Zweimannhubschrauber mit Hybridantrieb entwickeln, der knapp unter Schallgeschwindigkeit fliegt? Oder schicke schlichte Holzrutschen für Kleinkinder betuchter Eltern bauen? Was benö-

tigst du dafür? Spezialisierte Ingenieure, fette Produktionsanlagen, viel Zeit und Geld? Oder nur einen guten Designer, eine günstige Schreinerei und eine schöne Webseite?

Auch je schneller sich eine Geschäftsidee umsetzen lässt, desto besser ist sie. Also willst du mit einem Team von Wissenschaftlern ein Allheilmittel gegen aggressive Viruserkrankungen entwickeln? Dann plan schon mal ein paar Jahrzehnte ein – bei hohem Risiko und ungewissem Ausgang. Oder willst du einen Kiosk übernehmen und darin eine besonders reiche Auswahl leckerer Limonaden anbieten? Na, dann leg los! Deine Kunden warten schon.

Skalierbarkeit

Außerdem sollte dein Angebot möglichst skalierbar sein, sich also in beliebig hoher Zahl verkaufen lassen, damit du dir keine künstlichen Grenzen auferlegst. Produzierst du zum Beispiel Textilien, kannst du sie kilometerweise herstellen und verkaufen. Das ist Skalierbarkeit.

»Aber wie soll man eine Dienstleistung skalieren?«, wundert sich Günter. Gut mitgedacht, Schweinehund! Eine Dienstleistung an sich ist erst mal begrenzt: Ein Taxifahrer kann täglich nur eine limitierte Anzahl Gäste fahren, ein Psychotherapeut nur ein paar Patienten pro Tag empfangen. Dennoch haben sie Möglichkeiten, ihr Business voranzubringen: Der Taxifahrer kann besonders freundlich sein, sein Auto sehr sauber halten, seinen Gästen immer die neuesten Zeitungen bereitstellen, sich Chauffeur nennen – und dafür mehr Geld verlangen. Oder der Psychotherapeut kann sich spezialisieren und besonders gut und bekannt werden – zum Beispiel indem er zum anerkannten Spezialisten für Liebeskummer wird. So kann auch er seinen Preis erhöhen, denn im Vergleich zu »normalen« Psychotherapeuten ist er nun konkurrenzlos. Außerdem kann er sein Spezialwissen in Online-Kurse packen und unbegrenzt im Internet verkaufen. Vielleicht sogar auf Englisch, Spanisch oder Chinesisch? Und schon kann er sein Geschäft skalieren!

Systeme schaffen

»Und was macht der arme Taxifahrer?«, empört sich Günter. »Er kann nicht skalieren.« Nein, aber er kann ein System bauen! Wenn er ein funktionierendes Geschäftssystem schafft, welches nicht nur von ihm als Person abhängig ist.

Stellen wir uns vor, der pfiffige Taxifahrer, der sich nun Chauffeur nennt, findet Kunden ohne Ende. Anscheinend hat er also einen klugen Marktzugang entdeckt. Dann kann er anderen Taxifahrern beibringen, auf seine ganz spezielle Weise freundlich zu sein, das Auto sauber zu halten, Zeitungen bereitzustellen und sich Chauffeure zu nennen. So schafft er ein von ihm selbst unabhängiges System. Er wird nun vielleicht Taxiunternehmer und lässt nach seinem System ganz viele »Chauffeure« für sich arbeiten. In vielen Städten: Denn auch in Zürich, Kiel, Innsbruck oder Dresden wollen die Leute gerne mit seinen Super-Taxis fahren.

Übrigens kann auch der Liebeskummertherapeut systemisieren: wenn er seine speziellen Therapiebausteine anderen Psychotherapeuten beibringt, die nun auf seine Weise den Liebeskummer ihrer Patienten heilen. Klar?

5. POSITIONIERUNG, MARKETING und KUNDEN

Mut zum Anderssein

»Ganz schön mutig von dem Taxifahrer und dem Psychotherapeuten!«, staunt Günter. »Wenn sie sich so spezialisieren, machen sie doch ihre Kundschaft kleiner.« Nein, es ist genau andersherum: Aus geschäftlicher Sicht ist es viel riskanter, sich der großen Masse anzupassen und sein zu wollen wie alle anderen. Denn damit steigt die Konkurrenz und man wird austauschbar. Schau dir mal die Taxischlangen vor dem Hauptbahnhof an! Total egal, in welches du einsteigst, oder? Und wer als Psychotherapeut wirklich alles behandelt, hat zwar einen guten Überblick, aber den haben andere Psychotherapeuten auch. Also machen der spezialisierte Chauffeur und unser Liebeskummerexperte ihre Kundschaft größer statt kleiner, weil sie sich von allen anderen unterscheiden!

313

Das Problem ist meist, dass Menschen (und Schweinehunde) gelernt haben, sich einander anzupassen. Sie fragen sich zuerst: »Was ist normal? Was tun die anderen?« Und dann machen sie es brav nach. Erfolgreiche Selbstständige und Unternehmer hingegen machen es genau andersherum! Sie fragen sich: »Was gibt es noch nicht? Worin kannst du dich von anderen unterscheiden?« Sie sind lieber mutig und entwickeln große Visionen, anstatt Einheitsbrei zu kochen. Sie ignorieren sozusagen die »echte« Welt und sehen Dinge, die es noch gar nicht gibt.

Mächte im Markt

»Wettbewerb!«, ruft Günter laut. »Es geht um Wettbewerb!« Genau. Und je schlauer du vorgehst, desto weniger hast du davon. Also schauen wir mal genau hin, durch welche Mächte im Markt er zustande kommt.

Erstens entsteht Wettbewerb durch Konkurrenz: Je mehr dich deine Kunden mit anderen Anbietern vergleichen können, womöglich mit besseren, desto gefährlicher für dich. Zweitens entsteht Wettbewerb durch starke Lieferanten: Wenn dein Geschäft vom Wohlwollen deiner Zulieferer abhängt, hast du eine schwache Position. Drittens durch die Macht deiner Käufer: Hast du nur einige wenige, die du unbedingt brauchst, sitzt du am kürzeren Hebel. Genau wie wenn dir deine Kunden all ihre Bedingungen diktieren können. Und viertens durch Ersatzprodukte: Wer von deinem Angebot einfach auf ein anderes, vielleicht ähnliches Angebot umsteigen kann, hält die Zügel in der Hand – im Gegensatz zu dir.

Um dich also nur wenig Wettbewerb auszusetzen, solltest du: erstens möglichst wenig Konkurrenz haben, zum Beispiel durch Spezialisierung. Dich zweitens so wenig wie möglich von andern abhängig machen. Dir drittens Kunden suchen, die dich wirklich brauchen. Und viertens etwas anbieten, das nicht ersetzbar ist.

Positionierung im Baum

»Okay, ich verstehe«, fasst Günter zusammen. »Du musst also genau darüber nachdenken, wo du dich im Markt aufstellst.« Genau. Es geht um deine Position im Verhältnis zu den anderen Marktteilnehmern. Um deine sogenannte Positionierung. Je besser sie durchdacht, je klarer sie zu sehen ist und je mehr sie sich von anderen unterscheidet, desto weniger Wettbewerb hast du. Und wenn du dann noch viele Kunden findest und ein gutes Geschäftsmodell aufbaust, sind deinem Erfolg keine Grenzen gesetzt.

»Aber wie genau geht das mit der Positionierung?« Nun, am einfachsten lässt sich das mit deiner Position innerhalb eines Baumes vergleichen: Der hat einen Stamm, aus dem Äste wachsen, aus denen wiederum Zweige entstehen, die schließlich Blätter hervorbringen. In Märkten sieht es ähnlich aus: Der Stamm entspricht der Branche, die Äste einer Untergruppe daraus, die Zweige sind eine Unter-Untergruppe und die Blätter schließlich eine spezielle Marktposition. Also angenommen, du willst ein Restaurant eröffnen (Stamm), das gesundes Essen anbietet (Ast), und zwar für Vegetarier (Zweig), aber auf Sterneniveau (Blatt). Oder eine Burgerbraterei (Ast), die schicke Gasträume hat (Zweig) und nur allerbestes Fleisch verwendet (Blatt). Je klarer also die Position im Baum, desto besser.

Den Stamm erobern?

»Kapiert!«, freut sich Günter. »Wir schreiben witzig illustrierte motivierende Ratgeberbücher in Alltagssprache und verwenden dabei die Metapher vom inneren Schweinehund, der zudem noch einen Namen hat. Und weil das sehr speziell und damit konkurrenzlos ist, können wir über viele verschiedene Themen schreiben: Unternehmertum, Flirten, Ernährung, egal – die Leser mögen unseren Stil. Thema? Schnurz! Es kommt immer ein echter Günter raus.« Prinzip begriffen, Kompliment.

Noch spannender allerdings wäre es, wenn irgendwann so viele Menschen Günter-Bücher läsen, dass er zum Synonym für Ratgeberbücher insgesamt würde! (Für viele Menschen ist »Günter« tatsächlich bereits zum Synonym für innere Schweinehunde geworden, obwohl es über sie auch andere Bücher gibt.) So wie man Tempo sagt anstatt Papiertaschentuch. Oder UHU statt Klebstoff. Oder Nutella statt Nussnugatcreme. In diesen Fällen haben einzelne Marken den ganzen Baumstamm erobert. Man nennt ihren Namen und meint damit eine ganze Geschäftsgattung. Sie sind so stark geworden, dass sie sich nicht mehr von anderen unterscheiden müssen, um wahrgenommen zu werden. Im Gegenteil: Nun versuchen Nachahmer, sich dem Original anzunähern – und werden es trotzdem nie erreichen. UHU bleibt UHU, Tempo bleibt Tempo – und Schweinehunde heißen Günter.

Sei zuerst da – oder anders!

»Kling cool, das mit dem Baumstamm!«, findet Günter. »Aber auch ziemlich anstrengend, so eine Markteroberung. Geht es nicht leichter?« Schon: indem du dir deinen eigenen Baum pflanzt. Wenn du nämlich der Erste bist, der einen Markt eröffnet, gehört er dir eine Weile. Und wenn du dich nicht allzu blöd anstellst oder zu klein bleibst, wirst du in den Köpfen der Kunden den Stamm behalten: Du eröffnest in deiner kleinen Ortschaft das allererste Café? Du erfindest einen neuen Musikstil? Du denkst dir ein ganz neuartiges Produkt aus? Super: Pflanz den Baum!

»Und was, wenn du nicht mehr der Erste bist, weil den Baum schon ein anderer gepflanzt hat?« Dann kannst du eine neue Kategorie eröffnen, in der du wiederum Erster bist. Du lässt dann sozusagen einen neuen Ast oder Zweig wachsen. Apple zum Beispiel hat die Smartphones erfunden und den Stamm besetzt: mit dem teuren iPhone. »Moment!«, protestiert Günter. »Was ist mit den Galaxy-Modellen von Samsung? Von denen gibt es auch sehr viele!« Genau. Aber eben in anderen Marktsegmenten: mit Android-Betriebssystem und zu günstigeren Preisen. Auf einem ganz neuen Ast also, der für Samsung funktioniert. Apple hingegen sitzt immer noch am Touchscreen-Smartphone-Stamm. Und teuer ist das iPhone auch geblieben.

Auch Bäume verändern sich

»Also bleiben Stämme immer bestehen?«, fragt Günter. Nein, nicht unbedingt. Die Welt dreht sich ständig weiter. Und manches, was gestern aktuell war, ist heute überholt. (Hatten wir ja schon.) Auch ein Baum kann verschwinden oder sich verändern. Denk noch mal an Nokia: Die waren vor ein paar Jahren wirklich noch Weltmarktführer bei den Mobiltelefonen! Dann hatten sie zwischenzeitlich ihre Handysparte verkauft. Weil sie gegen die Smartphones keine Chance hatten.

Mit dem Baummodell kannst du in fast jedem Markt deine Positionierung checken: Willst du zum Beispiel in einem kleinen Ort ein durchschnittliches Café eröffnen? Nicht schlau, wenn es schon eines gibt, das seit Jahrzehnten gut läuft. Mach besser eines auf, das ganz anders ist:

mit ausgefallenen Kaffeesorten, Kuchen im Glas, Sessel zum Ab-
hängen, cooler Musik – gibt's alles nur bei dir! Neue Kategorie eben.
Oder bist du Facharzt für Chirurgie und hast eine Praxis wie viele
andere in deiner großen Stadt? Dann spezialisiere dich auf etwas
eher Seltenes wie zum Beispiel Handchirurgie – und schon kommen von überall Patienten! Es geht immer ums gleiche Prinzip: Ist
der Stamm besetzt, weich auf den Ast aus! (Und wenn es schon Bücher über innere Schweinehunde gibt, dann arbeite eben mit Namen und Zeichnungen.)

Die Kundschaft kennen

»Okay, dann machst du eben alles immer anders als die anderen –
aus Prinzip!«, schlägt Günter vor. Nun, ganz so einfach ist es auch
wieder nicht. Du musst dir vor deiner Positionierung schon ein
möglichst gutes Bild von deiner Kundschaft machen: Für wen genau soll dein Produkt sein? Und für wen nicht? Also wer ist deine
Zielgruppe? Zuerst definierst du, der Rest folgt nach.

Vor allem zu Beginn deines Geschäftsaufbaus ist diese Herangehensweise sehr wichtig, weil du dich sonst leicht ablenken lässt.
Wahrscheinlich werden dir viele Menschen gut gemeinte Ratschläge geben: Dein Kumpel findet das Produkt doof? Dann sollst du ein
anderes bauen. Deine Mutter mag das Design nicht? Dann sollst du
es überarbeiten. Deine Partnerin findet dein Angebot zu teuer? Also
sollst du den Preis senken. Purer Blödsinn! Solange Kumpel, Mama
und Partnerin nicht zu deiner definierten Zielgruppe gehören,
brauchst du nicht auf sie zu hören! Du kannst im Baum schließlich
nicht alle Zweige besetzen, du willst nur einen einzigen haben: den
oben links, wo sie dein Produkt mögen, das Design schick finden
und bereit sind, gut zu zahlen. Wenn du den Geschmack der anderen nicht triffst, darf es dir wurscht sein. Sollen die doch ihr eigenes
Business starten!

Die **FÜNF**
Prinzipien
der
EXPERTEN-
Positionierung

Sie sind Experte Ihres Fachs? Glückwunsch. Doch Expertise ist in den meisten Märkten nur Voraussetzung, um überhaupt dabei sein zu dürfen. Wirtschaftlich leider oft eher schlecht als recht: Ständiger Preisdruck und der Kampf um Kunden sind allgegenwärtige Faktoren im Verdrängungswettbewerb. Dennoch gibt es in jedem Markt besonders erfolgreiche Menschen, Marken, Organisationen. Solche, die scheinbar mühelos Kunden gewinnen und höhere Preise verlangen können – weil sie bekannter sind und als werthaltiger wahrgenommen werden: dank ihres sichtbaren Expertenstatus.

Expertenstatus – wozu?

Das bedeutet: Es ist unwichtig, ob Sie sich selbst für einen Experten halten. Viel wichtiger ist, ob es Ihre Kunden tun. Denn Expertenstatus wird vom Markt verliehen – nicht vom eigenen Selbstbild. Also ist die Frage: Wer außer Ihnen (und Ihrer Mutter) weiß, dass Sie Experte sind? Hoffentlich viele ...

Glücklicherweise folgt der Aufbau eines professionellen Expertenstatus allgemein gültigen Prinzipien. Das heißt: Jeder kann sichtbaren Expertenstatus aufbauen und sich eine erfolgreiche Marktposition schaffen – wenn er diese Prinzipien kennt und anwendet. Auch Sie. Die folgenden fünf Prinzipien sind erste machtvolle Werkzeuge für Ihren Erfolg. Wenn Sie sie konsequent und systematisch nutzen, erkennt Sie wirklich jeder als Experte Ihres Fachs.

1. Prinzip: Unterscheiden und spezialisieren Sie sich!

Weniger erfolgreiche Menschen, Marken und Organisationen versuchen, sich allgemeinen Marktstandards anzupassen. Motto: »Was alle machen, kann so falsch nicht sein.« Unsere allgemeine Gleichschaltung in Ausbildung, beruflichen Rollen und sozialen Erwartungen trägt ihren Teil dazu bei.

Irrtum! Denn Anpassung führt auch zu allgemeiner Vergleichbarkeit und Beliebigkeit. Die Folgen: ähnliche Produkte ähnlicher Anbieter, niedrige Preise und Verdrängungswettbewerb. Schade ...

Besser ist es daher, sich von anderen Marktteilnehmern zu unterscheiden – und diese Unterscheidung bewusst hervorzuheben! Welches Merkmal Ihres Produktes, Angebots, Ihrer Herangehensweise ist im Markt einzigartig?

Was machen Sie anders als alle anderen?

Wer sich auf solch ein Merkmal, eine Herangehensweise, eine Produkt- oder Vertriebseigenart spezialisiert, hat kaum Konkurrenz. Er besetzt ein spezielles Thema und durchdringt es mit der Zeit. Dadurch sammelt er mehr Expertise rund um das gesamte Themengebiet, bleibt aber spitz in der Formulierung seines eigenen Themas.

In der Folge werden Spezialisten von Kunden leichter gefunden, weil sie sich eben unterscheiden – und dadurch auffallen. Außerdem erbringen sie dank ihrer besonderen Expertise (Tiefe statt Breite!) bessere Leistungen als der Durchschnitt – und werden besser bezahlt. Daher gilt: Nach oben ist in jedem Markt Luft!

2. Prinzip: Finden Sie Ihre optimale Positionierung!

Eine große Hilfe für Sie ist es, sich in Ihrem Markt optimal zu positionieren, also genau die Nische zu finden, in der Sie sich sinnvoll von anderen unterscheiden und spezialisieren können. Doch wie findet man eine solche Nische? Und in Bezug auf welches Merkmal ist eine solche Unterscheidung sinnvoll?

Zunächst sollten Sie sich ehrlich fragen: Was motiviert Sie wirklich? Welche Bereiche, Merkmale, Themen Ihrer Branche beziehungsweise Ihres Produktes interessieren Sie so sehr, dass Sie dauerhaft mit Leichtigkeit die Energie aufbringen, die Sie benötigen, um langfristig am Ball zu bleiben? Denn Positionierung braucht Zeit. Dafür benötigen Sie Ausdauer und Leidenschaft.

Dann gilt es, sich klarzumachen: Welche Stärken haben Sie zu bieten? In welchen Bereichen sind Sie wirklich besser als andere? Und in welchen nicht? Es ist leichter und erfolgversprechender, seine Stärken zu nutzen, als Schwächen zu verbessern.

Schließlich sollten Sie analysieren: In welchen Marktsegmenten bieten Ihre Stärken und Interessen optimale Geschäftsmöglichkeiten? Und in welchen eher nicht? Ihre optimale Nische finden Sie in der Schnittmenge aus Ihren Stärken, Interessen und guter Marktnachfrage.

3. Prinzip: Professionalisieren Sie Ihr Erscheinungsbild!

Echte Experten treten auch wie echte Experten auf. Denn Profis erkennt man am professionellen Erscheinungsbild. Sie verstehen und inszenieren sich als starke Marken. Starke Marken haben eine starke zentrale Aussage, einen Slogan, ein »Mission Statement«, welches alles durchdringt. Wie lautet Ihres? Wozu tun Sie, was Sie tun? Welche Identität steht hinter Ihrer Darstellung nach außen? Vermitteln Sie diese Identität Ihren Kunden auch, zum Beispiel durch einen starken, aussagekräftigen und unverwechselbaren Firmennamen? (Nein, hiermit sind keine nichtssagenden Akronyme gemeint ...)

Mach Sie sich klar: Ziel Ihres professionellen Erscheinungsbildes ist es, Wertigkeit zu transportieren. Und die Messlatte liegt in Zeiten professionellen Marketings (und dank anderer hochpreisiger Experten) sehr hoch: Sie brauchen mindestens eine aktuelle, zeitgemäße, mobile-fähige, professionelle Webseite. Diese sollte (wie sämtliche anderen Geschäftsunterlagen) ein modernes Design sowie ein Logo haben und technisch auf dem neuesten Stand sein sowie professionelle (!) Fotos und Grafiken enthalten. Darüber hinaus brauchen Sie hochwertig gestaltete Unterlagen (wie Broschüren, Visitenkarten oder Briefpapier).

Arbeiten Sie hierfür mit einer professionellen Agentur zusammen – Selbstgemachtes sieht leider oft wirklich »selbstgemacht« aus ... Trotz finanzieller Investition lohnt es sich, Profis zu engagieren. Denn: Wer es nötig hat, bei der Dicke seiner Briefe zu sparen, und eine hässliche, alte Webseite unterhält, braucht sich nicht zu wundern, wenn ihn Kunden weder finden noch ernst nehmen – und kaum etwas bezahlen wollen.

4. Prinzip: Bauen Sie Glaubwürdigkeit und Nähe auf!

Was geschieht, wenn Sie im Freundeskreis nach einem guten Zahnarzt fragen? Alle können sie Ihnen »den besten« empfehlen: ihren eigenen. Warum? Weil sie ihn kennen und er sich offensichtlich bewährt hat. Sie vertrauen ihm und empfehlen ihn gerne weiter. Das Vertrauen Ihrer Kunden zu gewinnen, ist also der größte Wert, den Sie sich erarbeiten können.

Doch Vertrauen folgt Glaubwürdigkeit und persönlicher Nähe. Wem man seine Expertise nicht abnimmt, gewinnt kein Vertrauen. Und wer unfähig ist, eine Beziehung aufzubauen, gewinnt keine Kunden.

Daher ist es wichtig, Ihre Expertise zu zeigen und den Zugang zu Ihnen zu erleichtern: zum Beispiel indem Sie Kostproben Ihres Könnens teilen, etwa in Form nützlicher Gratis-Tipps zum Download oder in einem eigenen Podcast-Kanal, was Ihren Kunden einen echten Mehrwert bietet. So beweisen Sie, was Sie können. Je mehr guten Content Sie der Welt zur Verfügung stellen, desto mehr vertraut man Ihnen – und desto leichter finden Sie Ihre Kunden und wollen von Ihnen kaufen. Ohne dass Sie etwas verkaufen müssten.

Besondere Nähe bauen Sie auf, indem Sie sich und Ihre Gedanken möglichst persönlich zeigen: etwa in Videos, in denen Sie Ihr Produkt selbst erläutern. Oder als Autor Ihres eigenen Buches, wodurch Sie Ihre Leser besser kennenlernen. Glaubwürdigkeit ist hier ein positiver Nebeneffekt. Man sagt nicht umsonst: »Autorität kommt von Autor«. Übrigens erfüllen Buchautoren zumeist auch die Relevanzkriterien für einen eigenen Wikipediaeintrag – ein echter Glaubwürdigkeitsverstärker!

Fürs Erste tun es aber auch klassische Referenzen und Empfehlungen: Über wen Kunden gut sprechen, der muss auch wirklich gut sein.

5. Prinzip: Seien Sie überall!

Manche sorgen sich:»Wenn ich zu viel verrate, verschenke ich dann nicht meinen Wert? Will dann überhaupt noch jemand kaufen?« Dabei gilt das Gegenteil: Menschen/Kunden wollen haben, was sie kennen. Nicht, was sie nicht kennen. Zu Konzerten geht man schließlich auch nicht, obwohl man die bekannten Songs schon kennt, sondern WEIL man sie kennt. Sie brauchen also keine Knappheits- sondern eine gesunde Überflussmentalität: Ihr Markt da draußen ist riesig! Sofern Sie wirklich bereit sind, ihn sich zu erschließen – indem Sie sich zeigen. Je größer ein Kuchen wird, desto egaler wird die Größe einzelner Kuchenstücke. Entsprechend steigen wahrgenommene Wertigkeit und Preis, je bekannter Sie werden.

Ein schönes Marketing-Bonmot lautet hierzu:»Es ist egal, wen du kennst. Wichtiger ist, wer dich kennt.« Also: Zeigen Sie sich! Immer! Und überall! Je mehr Menschen Sie die Möglichkeit geben, Sie und Ihr Produkt kennenzulernen, desto besser.

Glücklicherweise gibt es heute eine Unmenge technischer Möglichkeiten, mit Kunden in Kontakt zu treten, einfach Content zur Verfügung zu stellen und eine dauerhafte Beziehung aufzubauen: Früher war man meist auf Zeitung, Radio oder Fernsehen angewiesen, um sich bekannt zu machen. Heute kann jeder per Podcast ganz einfach seine eigene Radiosendung produzieren und senden, per Blog oder Newsletter seine eigenen Artikel publizieren, per YouTube seine eigenen TV-Sendungen und per Facebook, XING oder LinkedIn seine Freundes- und Fanliste aufbauen und systematisch netzwerken. Social Media sei Dank!

In Kombination mit intelligentem E-Mail-Marketing, schlauen CRM-Systemen, durchdachten Info-Kampagnen und etlichen weiteren technischen Tools sind dem unternehmerischen Erfolg für Experten heute faktisch keine Grenzen mehr gesetzt. Wir leben in goldenen Zeiten.

Innovatoren, frühe Anwender und Mehrheit

»Prima: Wer dein Produkt nicht mag, der mag es halt nicht!«, freut sich Günter. Wobei: Kunden brauchen schon auch etwas Zeit. Vor allem wirklich Neues nehmen manche schwerer an als andere. So entstehen fünf Kundengruppen: die Innovatoren, die frühen Anwender, frühe und späte Mehrheit und die Nachzügler.

Ein ganz neues Produkt oder eine Idee nehmen zunächst nur sehr wenige an: die Innovatoren. Ihnen kann nichts neu genug sein. Sie sind stets die Allerersten, die etwas Neues testen und nutzen wollen. Sie stehen an vorderster Front – selbst wenn sie damit mal auf die Schnauze fallen. Das ist ihnen die Erfahrung wert.

Als Nächstes sind die frühen Anwender dran, eine schon größere Gruppe. Sie sind Neuem gegenüber offen und lassen sich sehr leicht begeistern. Wenn dein Produkt diese Phase übersteht, wird es lukrativ für dich. Wenn! Denn nur wenn du genügend frühe Anwender überzeugst, geht es weiter mit deinem Business – dank der frühen Mehrheit, die zwar schon skeptischer ist, aber dafür weitaus zahlreicher. Für sie muss das Produkt wirklich praktisch sein und einen Mehrwert schaffen. Dein Erfolg ist auf dem Höhepunkt.

Späte Mehrheit und Nachzügler

In der späten Mehrheit kaufen zwar immer noch viele, allerdings werden es schon weniger. Denn diese Kunden kommen nur zu dir, weil du so viele andere hast – und sie haben Angst davor, vom Fortschritt abgehängt zu werden.

Und ganz am Ende der Entwicklung lassen sich endlich auch die besonders konservativen Nachzügler auf dein Produkt ein. Meist bleibt ihnen nichts anderes mehr übrig – sie müssen sich anpassen und haben damit bis zuletzt gewartet.

Also denken wir noch mal an das innovative Café in der kleinen Ortschaft: Am Anfang kommen einige womöglich nur, weil du neu aufgemacht hast. Dann bekommst du erste Fans, die total begeistert sind von deiner Idee. Nun strömen die Gäste in Scharen, schauen aber schon ganz genau hin, ob du alles gut machst. Danach kommen diejenigen, die noch nie da waren, aber auch mitreden wollen. Und schließlich kommen die, die keine Wahl mehr haben: die ehemaligen Stammgäste des benachbarten 08/15-Cafés. Denn das hat mittlerweile dicht gemacht, weil es zu altbacken war.

Werbung oder Vertrauen?

»Oha!«, stutzt Günter. »Ich dachte, es geht leichter. Immerhin bist du positioniert.« Doch, doch: Es geht schon leicht! Wenn dir deine Kunden vertrauen. Aber Vertrauen musst du dir erst verdienen.

»Vertrauen verdienen?«, motzt Günter. »Klingt mühsam. Kannst du nicht einfach Werbung schalten? Zum Beispiel in Zeitschriften. Oder im Internet.« Langsam, Schweinehund: Gedruckte Werbung in Zeitschriften, auf Plakaten oder sonst wo ist nur sinnvoll, wenn du mit ihr wirklich deine Zielgruppe ansprichst. Leider ist das kaum überprüfbar. Besser geht es im Internet, mit gezielten bezahlten Kampagnen: Du schaltest Anzeigen für klar definierte Typen, die zum Beispiel besondere Seiten besucht haben, einem passenden Profil entsprechen oder die nach ganz bestimmten Begriffen suchen. Die Anzeigen leiten die Interessenten dann auf deine Website weiter. Dort versuchst du, sie zu Kunden zu machen. Je nach Werbebudget, Besucherzahl und Kaufquote kannst du nun genau berechnen, was es dich kostet, einen einzelnen Kunden zu gewinnen.

»Praktisch!«, freut sich Günter. Schon. Aber wovon hängt es letztlich ab, ob der Interessent nur kurz bei dir vorbeischaut oder auch etwas kauft? Davon, ob er dir und deinem Angebot vertraut! Da kann die Werbung noch so gut sein ...

Vertrauen verdienen

»Du musst also möglichst viele Leute finden, die dir vertrauen?« Genau, Günter. Das ist die Aufgabe eines Neu-Unternehmers. Das Allerwertvollste ist es, von ein paar Kunden die Erlaubnis zu bekommen, ihnen dein Angebot zu verkaufen. Sie vertrauen dir – und wenn alles gut geht, werden sie zu Kristallisationskernen für dein weiteres Geschäft.

Eigentlich geht es beim Verkaufen immer nur um drei Kernfragen: Kennen dich deine Kunden? Vertrauen sie dir? Und passt dein Angebot zu ihrem Bedarf? Dreimal ja und du bist im Geschäft. Also: Woher kennen dich deine Kunden? Werbung und Marketing sind die eine Sache, Reputation eine ganz andere. Sie schafft Vertrauen. Deshalb: Stell den Nutzen deines Angebots heraus und beweise ihn! Immer wenn Marketing und Verkauf anstrengend sind, ist der Nutzen noch nicht sichtbar genug oder du bist unglaubwürdig. Also erzähl eine möglichst gute Geschichte über deinen Nutzen! Erkläre deiner Zielgruppe glaubhaft und genau, was sie von dir hat: die schnellste Maschine am Markt, eine Wurzelbehandlung ohne Schmerzen, die beste Fitness-App für Hobbysportler. Und dann halte unbedingt ein, was du versprochen hast! Beweise dich! Nur so verdienst du dir echtes Vertrauen und deine Kunden kommen wieder – oder empfehlen dich sogar weiter. Deine Reputation wächst.

Referenzen und Reputation

Eine simple Methode, dir Reputation aufzubauen, sind Referenzen. Bitte deinen ersten Kunden, dir ein paar Zeilen zu schreiben, wie zufrieden er mit dir war. Damit gehst du zum zweiten Kunden und bittest ihn um das Gleiche. Genauso beim dritten. Und diese Schreiben zeigst du dann den nächsten Kunden, die noch überzeugt werden wollen. Wetten, dass das nun leichter fällt? Wenn du von jedem zufriedenen Kunden Referenzschreiben hast, verkauft dich bald deine Reputation. Du musst es nicht mehr selber tun.

Je nach Produkt und Branche können deine Referenzen auch origineller ausfallen: etwa als Videobotschaften auf deiner Internetseite. Oder als Kommentare in deiner Facebook-Gruppe. Oder du trittst wichtigen Branchenverbänden bei, deren Logos du auf deine Webseite packst. Oder du gewinnst renommierte Preise. Mit der Zeit baust du so deine wichtigste Geschäftsgrundlage auf: deinen Kundenstamm und einen guten Ruf. Wenn du schlau bist, pflegst du die Beziehung zu deinen Kontakten regelmäßig, indem du ihnen ständig etwas Gutes anbietest: etwa Tipps in Newslettern. Oder Netzwerktreffen für ihr Business. Oder ab und zu Geschenke.

Und natürlich immer wichtige Neuigkeiten. Es kann so einfach sein.

Produkte für deine Kunden finden

»Wird es nicht langsam zu viel mit dem Beziehungsgedöns?«, mosert Günter. »Du hast deine Kunden doch schon längst!« Ja, aber nur für das bisherige Produkt. Wie wäre es, bald das nächste Geschäft zu starten – und dafür schon einen bestehenden Kundenstamm zu haben? »Wow!«, staunt der Schweinehund. »Das wäre fantastisch!« Genau. Denn so müsstest du nicht mehr erst mühsam Kunden finden und dir ihr Vertrauen verdienen. Stattdessen könntest du nutzen, was schon da ist: deine Kunden. Du skalierst nicht nur innerhalb eines Geschäftsmodells, sondern du skalierst Geschäfte innerhalb deines Kundenstamms. Schlau, oder?

Also stell dir vor, du produzierst ein schönes Spielzeug, für das du Kunden finden musst. Hast du sie gefunden, kannst du ihnen immer neue Spielzeuge verkaufen! Noch besser: Bevor du ein neues Spielzeug produzierst, kannst du sie fragen, ob sie es überhaupt kaufen würden. Du kannst sie sogar bitten, das Produkt erst zu bezahlen, bevor du es produzierst! (So funktionieren übrigens auch Crowdfunding-Plattformen im Internet.) Du pflegst deine Kundenbeziehungen und baust immer neue Produkte. Dein Risiko sinkt, der Erfolg wächst. Prinzip klar?

Also: Welches Produkt bietest du an? Finde dafür möglichst viele Kunden, bau eine gute Beziehung auf – und finde danach Produkte für deine Kunden! Am besten produzierst du sie erst dann, wenn deine Kunden sie schon bezahlt haben.

Deine Marke: Wer bist du?

»Begriffen!«, freut sich Günter. »Gute Kunden sind wie Fans. Sie kommen gerne wieder.« Richtig. So kaufen AC/DC-Fans immer die neuesten AC/DC-Alben, Apple-Jünger die neuesten Apple-Produkte und Leser bestimmter Autoren kaufen deren neueste Bücher. Es geht nicht mehr nur ums Produkt, sondern auch um den Anbieter. Darum, wer du bist, was du tust und wie: um deine Marke.

Womit wir wieder bei der Positionierung wären: Denn wer du bist, beeinflusst, wen du ansprichst – und andersherum. Du baust dir eine Businessidentität auf, die dich beschreibt und die deine Kunden mögen. Am besten bereits bei deinem Geschäftsnamen: »Tante Ilses Kaffeestube« spricht andere Kunden an als »Coffee & Cakes«. Im ersten Café erwarten wir Kaffee in Kännchen, verziertes Geschirr und Sahnetorten auf den Tellern. Im zweiten eher Coffee-to-go und schlichte Teller, auf denen Cookies liegen. »Und was, wenn du einen Namen ohne Bedeutung wählst? So wie zum Beispiel UHU, Nike oder Zalando?« Kannst du auch machen. Nur musst du dann den Namen mit Inhalt füllen: UHU macht Klebstoff, Nike Sportschuhe und Zalando hysterische Frauen. Sag es den Kunden!

REFLEXION

IHRE POSITIONIERUNG IN BRANCHE, NISCHE & ANGEBOT

Jede Marktpositionierung lässt sich mit einer Position in einem Baum vergleichen. Der Stamm ist die Branche bzw. der Gesamtmarkt, die Äste, Zweige, kleineren Zweige und so weiter entsprechen je weiteren Unterkategorien. Sie teilen sich immer weiter auf und führen im Idealfall zu einer genauen Marktposition in einer Nische. Je größer und ausdifferenzierter ein Markt bereits ist, desto wichtiger ist so eine spitze Positionierung in einer Nische. Gehen Sie jede der folgenden Fragen und Hinweise einzeln durch:

In welchem Markt (Baum) wollen Sie tätig sein/sind Sie tätig? Definieren Sie die wichtigsten Marktteilnehmer nach Stamm, Ästen, Zweigen und so weiter!

Wo sehen Sie Ihre Position im Baum?

Kultivieren Sie Unterschiedlichkeit statt Gleichheit!

Seien Sie nicht nur technisch hervorragend, seien Sie vor allem auffällig anders!

Haben Sie Ängste, hervorzustechen? Welche? Warum? Was können und werden Sie dagegen tun?

Seien Sie der Erste in Ihrem Markt(segment)! (Vermeiden Sie unbedingt Me-too-Positionierungen!) Wenn Sie nicht der Erste sind, eröffnen Sie eine neue Kategorie!

Seien Sie eher spitz statt breit! Es ist besser, spitz in einen Markt einzudringen als breit. Nach einem spitzen Markteintritt kann sich Ihr Angebot breit auffächern.

Seien Sie also nur dann breit, wenn Sie bereits spitz in den Markt eingedrungen sind!

Oder seien Sie breit, wenn der Markt noch klein und undifferenziert ist und Sie mit viel Marketing und Kraft in den Markt drängen!

Definieren Sie Ihre Zielgruppe genau (Alter, Geschlecht, Bildung, Einkommen, berufliche Position, Interessen, Freizeitbeschäftigungen, Perspektiven, Region und so weiter)!

Auch eine vermeintlich kleine Zielgruppe ist erfolgversprechend, wenn Sie ihr breite und tiefe Angebote machen können (nachdem Sie sie spitz erobert haben)!

Lösen Sie konkrete Probleme Ihrer Kunden!

Welches wirklich große Problem Ihrer Kunden lösen Sie? (Je größer das Problem, desto einfacher für Sie.)

Definieren Sie Ihren Nutzen und bestimmen Sie daraus Ihren Preis!

Was genau ist Ihr Produkt? Definieren Sie exakt!

Was genau sind die Vorteile Ihres Produkts im Vergleich zu Mitbewerbern?

Definieren Sie Ihre USP (»unique selling proposition« = Alleinstellungsmerkmal): Warum sollte der Kunde ausgerechnet bei Ihnen kaufen? Worin unterscheiden Sie sich von Ihren Mitbewerbern?

Welche wichtigen Mitbewerber konkurrieren um Ihre Zielgruppe? Wo sind deren Stärken und Schwächen im Vergleich zu Ihnen?

Wie können Sie bestehende Produkte/Angebote neu kombinieren, verändern, adaptieren oder auf ein anderes Gebiet übertragen, um neue Positionen im »Baum« zu erobern?

Sammeln Sie ständig neue Ideen, wie Sie Ihren Kunden helfen können!

Wie lautet Ihr Firmenname? Passt er wirklich zu Ihrem Angebot und zur Positionierung?

Vorsicht: Von welchen Verlockungen könnten Sie sich ablenken und Ihre Positionierung verwässern lassen? Was unternehmen Sie dagegen?

Aber: Limitieren Sie Ihre Möglichkeiten nicht durch unreflektiertes Anwenden von Positionierungsprinzipien! Flexibilität mit Augenmaß ist sehr hilfreich.

Bäume wachsen, Positionierungen entwickeln sich: Lähmen Sie sich also nicht mit Perfektionismus!

Wie finden Kunden zu Ihnen? Woran könnten sie dabei scheitern?

Welche Story erzählen Sie Ihren Kunden, damit sie sich mit Ihnen identifizieren?

Ist diese Story griffig, persönlich und emotional?

Ist Ihnen selbst, Ihren Mitarbeitern und Kunden wirklich klar: Wozu gibt es Sie?

Welche Argumente sprechen gegen Ihr Angebot und wie entkräften Sie sie?

Wen kennen Sie, der Ihre Kunden kennt und Kontakte herstellen kann?

Wer kann Sie weiteren Wunschkunden empfehlen? Können Sie bereits Testimonials vorweisen?

Warum bleiben Kunden bei Ihnen?

Welche Kunden sind am lukrativsten?

Wie und wo sorgen Sie für Sichtbarkeit in Ihrem Kundensegment (Webseite, Social Media, Medien, Netzwerke, Kongresse etc.)?

Sprechen Sie regelmäßig mit Ihren Kunden! Feedback und Beziehung sind wichtig!

Wo und wie können Sie Upsellings machen?

Können Sie neue Produkte kreieren, damit Ihre Kunden immer wieder bei Ihnen kaufen?

Was ist der Lifetime-Customer-Value Ihrer Kunden? Also welchen Wert haben Kundenbeziehungen über die Jahre hinweg für Sie?

6. GESCHÄFTSMODELLE und MÄRKTE

Geschäftsmodelle und Markttypen

»Jippieh!«, jubelt Günter. »Los geht's mit dem Business!« Moment, Schweinehund. Denken wir vorher lieber noch mal über das Geschäftsmodell nach, um es möglichst tief zu durchdringen: Welche Kundensegmente sprichst du wirklich an? Was genau ist der Wert deiner Ware? Über welche Kanäle erreichst du die Kunden? Wie trittst du mit ihnen in Beziehung? Wodurch verdienst du Geld? Wie gestaltest du den Preis? Was sind deine wichtigsten Ressourcen, Aktivitäten, Partnerschaften? Und welche Kosten produzierst du? Ist all das genau definiert, erkennst du, wie dein Geschäft wirklich funktioniert. Und dann kannst du rocken!

Fangen wir gleich wieder beim Markt an. Im Prinzip kannst du da drei Pole unterscheiden: Massenmärkte, Nischenmärkte und gemischte Märkte. In Massenmärkten herrscht starke Nachfrage, aber auch hohe Konkurrenz. In Nischenmärkten ist die Nachfrage geringer, aber es tummeln sich darin auch weniger Wettbewerber. In gemischten Märkten findet man beides gleichzeitig. Du willst Klopapier herstellen? Socken? Günstige Kopfhörer? Willkommen im Massenmarkt! Oder lieber Fair-trade-Pfeffer? High-End-Mikrofone für Tonstudios? Designerklamotten? Willkommen in deiner Nische! Du willst sowohl eine Tageszeitung verkaufen als auch die Anzeigen darin? Du bietest Girokontos an, aber auch Aktienpakete? Du heißt Apple und verkaufst sowohl Musik als auch Computer und neuerdings auch Uhren? Willkommen im gemischten Markt!

Massenmärkte

Wer in Massenmärkten unterwegs ist, braucht sich weniger Gedanken um seine Kundentypen zu machen: Klopapier, Socken, Kopfhörer braucht schließlich jeder irgendwie. Klar kann man auch hier verschiedene Marktsegmente herausarbeiten, aber im Prinzip geht es darum, dass sich alle irgendwie kratzen müssen, weil es wirklich (fast) jeden juckt. Der Wirtschaftskuchen ist riesengroß – und die Konkurrenten kämpfen um die Größe ihrer Kuchenstücke.

»Finger weg von den Massenmärkten!«, findet Günter, »Sonst klaut dir nur jemand deine Geschäftsidee!« Irrtum, Schweinehund. Das Problem vieler Unternehmen ist nicht, dass ihre Idee geklaut würde, sondern dass es nicht genug tun! Denn oft bestimmt erst die Größe eines Marktes den Wert eines Produktes – gerade wenn das Produkt für Massenmärkte taugt. Mode wäre sinnlos, gäbe es nur ein einziges Label: Warum schicke Shirts produzieren, wenn man Kleidung nur zum Warmhalten trägt? Oder es wäre bescheuert, ein Computerspiel zu programmieren ohne die riesige Computerspielbranche. Und ohne Musikindustrie bräuchten viel weniger Leute Kopfhörer. Also: Gäbe es noch kein Klopapier, keine Socken oder Mode, müsste man sie erfinden – und könnte einen Massenmarkt eröffnen!

Nischenmärkte und der lange Schwanz

»Oh, oh ...«, sorgt sich Günter. »Und was, wenn dein Angebot viel weniger Menschen anspricht?« Keine Sorge: Du brauchst nicht jeden Kunden, die meisten kaufen eh nichts von dir – nicht mal in einem Massenmarkt. Vielmehr brauchst du genau die Kunden, die dich brauchen, weil du speziell für sie etwas Besonderes hast, sie auf eine ganz spezielle Weise erreichst und mit ihnen eine ganz eigene Beziehung führst. Denn auch in Nischenmärkten findest du viele Kunden – wegen dem langen Schwanz. »Wie bitte? Langer was?«

Die Theorie vom langen Schwanz (Englisch: »long tail«) geht so: Nur wenige Produkte machen viel Umsatz, sehr viele andere deutlich weniger. Stellt man das in einem Schaubild dar, entsteht eine kurze hohe Kurve, die steil abfällt und sich dann über eine lange Strecke zieht, die aussieht wie ein »langer Schwanz« des hohen Umsatz-»Körpers«, klar? Beispiel: Es gibt nur wenige Bands, deren Musik oft im Radio läuft. So wie Madonna, Red Hot Chili Peppers oder Helene Fischer. Nur ein paar Musiker bedienen also den Massenmarkt. Sie gehören zum »Körper« der Kurve und machen viel Geld. Zum Glück gibt es noch den langen Schwanz! Wenn eine Band darauf ihre treuen Fans findet, kann sie immer noch gut leben: als bayerische Reggae-Combo, christliche Heavy-Metal-Band oder Schlagertruppe für den Ballermann. Ihr Markt ist spezieller, aber immer noch groß genug.

Gemischte Märkte und Plattformen

»Aber wie verdienen so kleine Bands Geld?«, will Günter wissen. Indem sie die Beziehung zu ihren Fans gut pflegen – und für sie leicht zu finden sind. Wer sich etwa für Kölsche Partymusik interessiert, findet Konzertdaten und Songs seiner Lieblingsband selbst aktiv im Internet – deren Musik muss dafür nicht im Radio laufen.

Und wenn sie ihre Songs selbst produzieren und (vor allem digital) vertreiben, streichen kleine Bands sogar einen Großteil der Gewinne ein.

»Stimmt!«, ruft Günter. »Du kannst dir fast jedes Lied bei iTunes kaufen!« Gutes Stichwort, Schweinehund: iTunes oder andere Plattformen bedienen einen gemischten Markt. Hier findest du sowohl die großen Stars als auch viele eher unbekannte Bands. Massenmarkt und Nische, vereint auf einer Plattform. Genau wie bei Amazon: Hier gibt es nicht nur die Bücher bekannter Autoren, nein, es gibt hier (fast) alle Bücher (fast) aller Autoren! Ach was, fast alle Produkte aller Hersteller! So verdienen sich die großen Plattformen dumm und dämlich: Im Gegensatz zum »realen« Fachmarkt, der sein Sortiment auf gefragte Produkte beschränken muss, können Online-Plattformen den ganzen langen Schwanz anbieten und damit fett Umsatz machen. Also: Danke, langer Schwanz!

Marktriesen

»Amazon und iTunes sind aber auch riesig!«, staunt Günter. »Gegen die haben andere keine Chance.« Vermutlich. Würdest du versuchen, so eine Plattform selbst zu bauen, hättest du einiges aufzuholen. Du müsstest dich unterscheiden und ein ganz anderes Kundensegment ansprechen. So wie die chinesische Online-Plattform Alibaba zum Beispiel: Bei ihr kaufen keine Endkunden ein, die Produkte nur einzeln haben wollen, sondern Händler, die eine größere

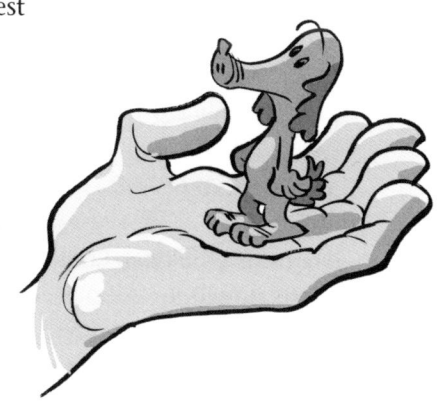

Stückzahl abnehmen, um sie wiederum selbst zu verkaufen. Du willst eine neue Uhr haben? Kriegst du bei Amazon. Du brauchst vom gleichen Modell zehn Stück? Geh zu Alibaba. Hier ist jede einzelne Uhr günstiger – wegen der Menge.

Dank ihrer Marktmacht sind Unternehmen wie Amazon oder Alibaba zu wahren Riesen geworden. Ihnen gehört ein fettes Kuchenstück vom Markt. Und zwar aus guten Gründen: etwa weil sie ein großes Angebot haben. (Denn sehr viele Händler wollen bei ihnen verkaufen, sodass die Kunden meist nicht extra auf mehreren Plattformen suchen müssen.) Oder weil sie leicht zu bedienen sind. (Denn Online-Plattformen dürfen nicht verwirrend sein.) Oder weil die Bezahlung einfach abläuft. (Denn hat man seine Daten und Bezahlweise einmal eingegeben, muss man sie nicht jedes Mal erneut eintippen.) Lauter solche Vorteile beschreiben das Wertangebot eines Unternehmens. Und je besser ein Wertangebot, desto erfolgreicher das Geschäft.

Wertangebote

»Welche Arten von Wertangeboten gibt es denn?«, will Günter wissen. Nun, eine ganze Menge. Im Prinzip schafft alles einen Wert, was Probleme löst oder Bedürfnisse erfüllt:

Zum Beispiel kann eine besonders gute Leistung das Wertangebot sein: wie bei einem sehr schnellen Auto oder größerem Speicher eines Computers.

Oder ein günstiger Preis: wie bei Billigfluglinie, Discounter oder Gratis-Angebot.

Auch Kostenreduktionen sind beliebt: Wer etwa fertige Online-Programme nutzt, muss sie nicht extra programmieren lassen.

Oder wer Geräte mit geringerem Stromverbrauch baut, spart seinen Kunden Geld (und hilft der Umwelt).

Ein weiteres sehr beliebtes Wertangebot sind Innovationen: wenn ein Unternehmen etwas Neues anbietet, was die Kundschaft zuvor gar nicht kannte. Ja, es gab eine Zeit vor Navigationsgeräten, Tablet-Computern oder Elektroautos!

Auch Produkte genau an Kundenwünsche anzupassen, kommt gut an: Welche Zutaten sollen in dein Müsli? Wie hättest du dein neues Auto gerne zusammengestellt? Was für Module braucht deine Webseite genau?

Oder ein Unternehmen macht besonders schicke Produkte. Dann ist das Design der Wert: wie etwa bei Möbeln, Brillen oder Mode.

Sogar sozialer Status kann ein Wertangebot sein! Er wird über die Marke vermittelt: Wer einen schicken Sportwagen fährt oder eine noble Uhr trägt, sagt etwas anderes über sich aus als die Fahrer von Familienkombis oder günstigen Plastikuhren. Beide Käufergruppen wollen sich voneinander unterscheiden.

Oder ein Produkt nimmt Kunden Arbeit ab: zum Beispiel durch besonderen Service. Oder weil ein Lieferant operativ unterstützt. Auch gute Wertangebote!

Andere Angebote minimieren Risiken: wie zum Beispiel Ein-Jahres-Garantien oder Versicherungen.

Ein tolles Wertangebot ist es, wenn Kunden ein Produkt bekommen, zu dem sie vorher nur schwer Zugang hatten: Investmentfonds zum Beispiel wären für die meisten nur mühsam selbst aufzubauen – zum Glück kann man Anteile erwerben! Oder Car-Sharing-Modelle, wenn man auf ein eigenes Auto verzichten möchte.

Auch Bequemlichkeit und Anwenderfreundlichkeit sind super Angebote: wie große Sortimente auf Online-Plattformen oder die einfache Bedienbarkeit eines Geräts.

»So viele Wertangebote!«, staunt Günter. Ja, tolle Sache, Schweinehund. Also bietest du alles an? Worin besteht dein Wertangebot? Dann finde deine Nische und definiere deine Kunden! So kannst du selbst bei kleiner Stückzahl stabile Preise verlangen und hohe Gewinne machen. Märkte gibt es ohne Ende: So werden zum Beispiel professionelle Redner mit besonderen Themen zu sehr hohen Gagen gebucht! Oder manche Yachten werden für Milliardäre komplett individuell gebaut! Verrückt, oder?

Die absolute Königsdisziplin ist natürlich das Monopol: Wenn ein Unternehmen ein bestimmtes Wertangebot nur ganz alleine anbietet. Dann bestimmt es selbst den Markt – Jackpot!

Kanäle zum Kunden

»Und wie erreichen Unternehmen ihre Kunden?«, will Günter nun wissen. »Immerhin müssen die irgendwie angesprochen werden, damit sie das Wertangebot kapieren.« Gut mitgedacht, Schweinehund! Nun, es gibt auch hier ein paar unterschiedliche Arten, also verschiedene Kanäle zum Kunden: Man kann Kunden durch eigene Kanäle erreichen oder durch die anderer. Und das kann man direkt tun oder indirekt. »Hä?«

Machen wir es konkret. Wer zum Beispiel eine eigene Verkaufsabteilung hat, vielleicht sogar eigene Filialen oder wer sein Produkt im Internet anbietet, erreicht seine Kundschaft selbst: wie etwa der spezielle Möbelladen an der Ecke, der seine eigene Kollektion anbietet, vielleicht sogar in mehreren Filialen. Auch einen Online-Shop hat er. Praktisch: So streicht er bei den einzelnen Möbeln höhere Gewinne ein. Unpraktisch: Die Absatzmenge bleibt begrenzt.

Wer hingegen über Großhändler oder Partnerfilialen geht, erreicht seine Kunden über andere Unternehmen: zum Beispiel wenn ein Möbelhersteller seine Sofas nur über Zwischenhändler vertreibt. Oder wenn er Partner lizensiert, die seine Möbel verkaufen. Unpraktisch: Die Gewinnspanne sinkt, denn auch die Partner müssen Geld verdienen. Praktisch: Der Möbelhersteller kann viel mehr Kunden erreichen.

Der richtige Kanal-Mix

»Und was bedeutet direkt oder indirekt?« Na, ob man direkten Kundenkontakt hat, wie im eigenen Laden, in einer eigenen Verkaufsabteilung oder beim Internetverkauf. Oder ob man seine Kunden indirekt bedient, wie über Filialen, Partner oder Zwischenhändler. Je direkter die Verbindung, desto teurer ist sie – man muss Leute bezahlen, Miete, Einzelversand. Aber auch die Gewinne je Verkauf sind höher. Je indirekter die Verbindung, desto günstiger wird sie – Miete, Menschen und Versand zahlen die Partner. Aber es bleibt vom einzelnen Produkt weniger Gewinn übrig.

»Komplizierte Sache!«, findet Günter. »Was ist denn am besten?« Das kommt auf deine persönlichen Ziele, Möglichkeiten und Strategie an. Willst du etwas Kleines, Exquisites machen? Hast du genügend Kapital, Muße und gute Nerven? Dann sind wohl eher eigene und direkte Kanäle geeignet. Oder willst du eine größere Stückzahl erreichen, dein Risiko begrenzen und dich um weniger Aspekte des Verkaufs kümmern? Dann bau dir eher Partnerschaften und indirekte Kanäle auf! Du kannst aber auch alle Kanäle miteinander kombinieren und ausbalancieren, also dir deinen eigenen klugen Kanal-Mix bauen – so wie es für dich am sinnvollsten ist.

Kundenbeziehung gestalten

»Direkte und eigene Kanäle haben einen großen Vorteil!«, ruft Günter. »Sie helfen dir, eine gute Beziehung zu den Kunden aufzubauen.« Nun, das kommt darauf an, wie du mit deinen Kunden in Beziehung treten willst. Denn auch hier gibt es Unterschiede. Am direktesten und nettesten ist natürlich die persönliche Ansprache, Betreuung und Unterstützung: durch einen freundlichen Verkäufer im Laden, kompetenten Berater am Telefon oder per E-Mail. So wird der einzelne Kunde gut betüddelt, es geht um zwischenmenschliche Interaktion – die Beziehung lebt! Obwohl es noch intensiver geht: wenn einzelne Kunden individuell betreut werden – durch ihre ganz persönlichen Kundenberater. Nun stehen die speziellen Bedürfnisse des Kunden im Mittelpunkt. Der Berater kennt ihn gut und gibt sich viel Mühe, weil der Kunde für das Unternehmen einen hohen Wert hat: zum Beispiel bei wichtigen Großkunden von Handelsfirmen. Oder wenn eine Bank ihre gut betuchten Privatkunden betreut.

Aber: Je standardisierter das Produkt ist, je niedriger sein Preis und je mehr es um Menge geht, desto unwichtiger wird der individuelle Kontakt. Bis hin zur Selbstbedienung: Im Supermarkt holt einem keiner das Müsli aus dem Regal. Bei Amazon füllt man den Warenkorb alleine. Auch am Buffet bedient sich jeder selbst.

Komplexere Beziehungen

Auch automatisierte Dienstleistungen bauen eine Kundenbeziehung auf. Hier bekommen Kunden eine Kombination aus Selbstbedienung und individueller Betreuung durch ein schlaues System: Loggt man sich mit seinem Profil in einer Online-Plattform ein, bekommt man automatisch Angebote gezeigt, die aufgrund der letzten Käufe den eigenen Interessen entsprechen.

Oder Unternehmen bauen Communitys für ihre Kunden auf, in denen sie sich untereinander austauschen können. Dort informiert das Unternehmen seine Kunden sehr gezielt und erfährt im Gegenzug, wo den Kunden der Schuh wirklich drückt.

Auch die aktive Mitbeteiligung der Kunden am Unternehmen ist eine Form von Kundenbeziehung: Ohne dass so viele Menschen ihre Videos einstellen, wäre YouTube sinnlos. Und ohne die vielen Posts hätte Facebook keine Fans. Und ohne originale Kundenrezensionen wäre Amazon wertloser – die Kunden wollen sich schließlich glaubhaft informieren.

Einnahmequellen

»Ganz schön viele Möglichkeiten!«, fasst Günter zusammen. »Und welche Beziehungstypen passen für dich am besten?« Das kommt unter anderem darauf an, auf welche Weise du Geld verdienen willst. Denn gute Produkte zu entwickeln ist das eine, sie zu verkaufen das andere. Zum Glück gibt es auch dafür viele Möglichkeiten!

Die simpelste und verbreitetste Methode, um Geld zu verdienen, ist der Verkauf des Eigentums an einem physischen Produkt oder einer Ware. Man kauft sich Maschinen, Häuser, Autos, Socken. Geld wechselt von A nach B, die Ware von B nach A. Sie gehört dem Kunden dann aber auch ganz. Er kann damit machen, was er will.

Allerdings kann der Eigentümer einer Ware die Ware auch behalten und nur ihre Nutzung verkaufen: sie also verleihen, vermieten oder verleasen. Der Kunde nutzt die Eigenschaft der Ware dann für begrenzte Zeit, muss aber weniger zahlen, als wenn er sie kaufte. Gut, bei Socken ist das nicht sinnvoll. Bei Maschinen, Autos oder Häusern schon eher.

Noch mehr Einnahmequellen

Auch Dienstleistungen berechnen meist eine Nutzungsdauer: die WLAN-Abrechnung im Hotel erfolgt stundenweise, die des Hotelzimmers tageweise, der Masseur erhält Geld für eine halbstündige Massage. Der Kunde erwirbt dabei kein Besitzrecht an WLAN, Hotelzimmer oder Masseur.

Mitgliedsgebühren hingegen schaffen einen fortlaufenden Zugang zu einer Ware – zum Beispiel zu Geräten eines Fitnessclubs oder den Filmen eines Videoportals.

Lizenzen wiederum bezahlt man für die Nutzung geistigen Eigentums, zum Beispiel von Musik, Grafik oder Texten.

Maklergebühren bezahlt man für Vermittlungsdienstleistungen. So erhalten etwa Kreditkartenunternehmen Provision für jede Transaktion. Immobilienmakler auch.

Und manche Branchen finanzieren sich vor allem durch Werbung: Zeitschriften zum Beispiel, private TV-Sender oder Veranstaltungen.

Zudem können Einnahmequellen aus einmaligen Zahlungen stammen oder aus wiederkehrenden Zahlungen wie etwa bei Ratenkauf oder der Miete.

Von Würmern und Fischen

»Wow!«, staunt Günter. »Ganz schön viele Arten, Geld zu verlangen.« Ja, aber eines haben sie gemeinsam: Sie sollten den Kunden dazu bringen, sein Geld auch wirklich auszugeben. Und dafür muss man manchmal ganz genau hinschauen …

Ein Beispiel: Bietest du auf deiner Webseite ein Produkt an, muss dein Kunde es auch einfach finden, verstehen, bezahlen und nutzen können. Baust du irgendwo eine künstliche Hürde auf, indem du ihn mit Schnickschnack ablenkst oder verwirrst, kannst du das Geld vergessen – dein Kunde kauft woanders.

Auch sehr wichtig: Kauft dein Kunde eigentlich für sich selbst (sogenanntes »B2C«-Geschäft, also »Business to customers«)? Oder kauft er für seine Firma und somit für seinen Boss (»B2B« oder »Business to business«)? Im ersten Fall geht es dem Kunden um einen persönlichen Nutzen: Verspricht dein Angebot Hilfe? Ist es profitabel? Dann riskiert er den Kauf. Im zweiten Fall versucht der Kunde vor allem keine Fehler zu machen: Will der Chef wirklich genau das haben? Es geht dem Kunden jetzt nicht ums Produkt, sondern um seine Jobsicherheit ...

Wie sagt man so schön: Der Wurm muss dem Fisch schmecken, nicht dem Angler.

Preis oder Wert?

»Okay, jetzt ist klar, wofür du Geld verlangst«, stellt Günter fest. »Aber wie viel Geld sollst du verlangen?« Willkommen in der Welt der Preisgestaltung! Oder besser: Wertfindung. Denn immerhin schaffen Produkte für ihre Kunden Mehrwert und Nutzen. Deshalb kann man sagen: Ein Preis wird immer dann bezahlt, wenn der gefühlte Nutzen größer ist als der Preis. Dann ist das Produkt seinen Preis wert.

Wie viel du also verlangen kannst, hängt vom Bedarf der Kunden und der Verfügbarkeit des Produktes ab. Wer in der Wüste beinahe verdurstet, würde einem Händler fast jeden Preis für ein Glas Wasser zahlen. Wollen ihm aber 100 Händler ein Glas Wasser verkaufen, werden sie ihr Wasser verramschen, nur um den einen Kunden zu kriegen. Klar?

Also: Je nachdem, wie viele Händler und Durstige gerade da sind, wird der Preis steigen oder fallen. Er ist variabel, wird also dynamisch nach Angebot und Nachfrage festgelegt oder verhandelt. Wäre die Anzahl Händler oder Durstiger hingegen stets ähnlich, würde der Preis stabil: Der Händler würde immer das Gleiche verlangen. Der Markt ist stabil und genau definiert.

Deine Position im Markt

Meist ist Preisgestaltung aber weniger dramatisch: Zunächst checkst du die Preise anderer Anbieter deines Produktes (oder eines vergleichbaren): Was wird üblicherweise gezahlt? Dabei werden viele ähnliche Preise verlangen, weil ihr Angebot ähnlich ist. Und ein paar wenige nehmen besonders hohe, andere wenige nehmen niedrige Preise. Die niedrigen gehen auf Masse, was nur bei entsprechender Marktgröße und Absatzmöglichkeit schlau ist. Die hohen hingegen bieten oft einen außergewöhnlichen Wert an, der nur für eine bestimmte Zielgruppe interessant ist.

»Nischenmarkt! Langer Schwanz! Zweig im Baum! Monopolstellung!«, triumphiert Günter. Genau. Natürlich gilt auch hier wieder das Gesetz der Positionierung: Es gibt Whiskys für 20 Euro und welche für 200. Manche Redner kosten 500 Euro, andere 50 000. Manche Häuser kosten 10 000 Euro, andere 10 Millionen.

Worauf läuft es also hinaus? Dein Preis ist abhängig von deiner Position im Markt: Wie groß ist die Nachfrage? Wie austauschbar bist du? Was ist dein spezieller Wert?

Deine wichtigsten Ressourcen

»Wann legst du jetzt endlich los?«, nervt Günter. »Mittlerweile weißt du doch schon alles!« Nicht ganz. Wir müssen uns noch mit deinen wichtigsten Ressourcen beschäftigen, mit deinen wichtigsten Aktivitäten, den wichtigsten Partnern und deinen Kosten. Erst dann überblicken wir das ganze Geschäftsmodell.

Beginnen wir mit den Ressourcen. Im Mittelpunkt steht hier die Frage: Was brauchst du, um dein Wertangebot zu schaffen und aufrechtzuerhalten?

Welche physischen Ressourcen benötigst du und woher kriegst du sie? Maschinen, Büros, Produktionsstätten, Lager, IT-Kapazitäten, Läden, Logistik? Liste sie auf.

Welche intellektuellen Ressourcen benötigt dein Geschäft? Marke, Patente, Branchenkenntnisse, Firmenwissen, Kundenstammdaten, Software? Liste sie auf.

Welche menschlichen Ressourcen brauchst du unbedingt? Wissenschaftler, Künstler, Arbeiter, Verkäufer, Sachbearbeiter, Manager, Netzwerk? Liste sie auf.

Und welche finanziellen Ressourcen sind notwendig? Bargeld, Bürgschaften, Dispo, Aktienoptionen, Kredite, Liquidität, Rücklagen? Liste sie auf.

Deine wichtigsten Aktivitäten

Nun zu den wichtigsten Aktivitäten: Welche Dinge muss ein Unternehmen unbedingt tun, damit das Geschäft funktioniert? Hiervon gibt es drei Gruppen: Produktion, Problemlösung und Plattform- beziehungsweise Netzwerkpflege.

Wenn ein Unternehmen etwas Bestimmtes herstellt, ist dessen Produktion die Schlüsselaktivität. Und zwar bezüglich Qualität, Menge und Lieferfähigkeit. Wer etwa Pillen produziert, sollte möglichst gute und viele davon machen und sie reibungslos ausliefern. Oder wer vom Schreiben lebt, sollte nicht unter Schreibblockaden leiden, meist die richtigen Worte finden und rechtzeitig seine Texte fertig haben. Sonst ist Sand im Geschäftsgetriebe.

Problemlösung ist die Schlüsselaktivität von Beratungsfirmen, Krankenhäusern oder manchen Ingenieuren. Lösen sie keine Probleme, haben sie keinen Sinn.

Und wer Plattformen oder Netzwerke betreibt, muss sich darum kümmern, dass diese funktionstüchtig bleiben: Also pflegen eBay, XING oder Yelp ständig ihre Seiten und entwickeln sie weiter. Nichts darf Staub ansetzen.

Deine wichtigsten Partner

Auch manche Partnerschaften sind für dein Geschäft sehr wichtig. »Ach ja?«, fragt Günter. »Welche denn?«

Zum Beispiel wenn sich Nichtwettbewerber oder sogar Wettbewerber zusammentun, um sich einen Vorteil zu sichern. Wenn etwa mehrere Händler gemeinsam eine größere Menge des gleichen Produktes beziehen, um einen günstigeren Preis zu bekommen.

Oder wenn zwei Firmen gemeinsam neue Geschäfte eintüten: etwa wenn Beratungsfirmen gemeinsam einen Großauftrag an Land ziehen, damit jede im Projekt ihre Expertise beisteuern kann. Oder es tun sich Wettbewerber in einem Berufsverband zusammen, tauschen Knowhow aus, um den gemeinsamen Markt zu vergrößern.

In anderen Konstellationen beziehen Unternehmen Produkte oder Ressourcen von anderen und integrieren sie in ihr Angebot: Du willst einen Laptop herstellen? Dann kauf dir lieber die Lizenz an einem Betriebssystem, anstatt selbst eines zu entwickeln. Du willst in deiner Bank Aktienfonds verkaufen? Dann verkauf lieber die Produkte von spezialisierten Fondsgesellschaften, statt eigene aufzusetzen. Du willst selbstentwickelte Aktienfonds verkaufen? Dann setz lieber auf die Vertriebskraft von Banken, statt dir einen eigenen Vertrieb aufzubauen.

Deine Kosten

Also denk mal genau nach: Wo sind deine Marktposition, deine wichtigsten Ressourcen, Aktivitäten und Partner? Und dann schauen wir, was das alles kosten darf, damit dein Geschäftsmodell funktioniert. »Ist doch klar: so wenig wie möglich!« Nicht unbedingt, Günter.

Natürlich ist es prinzipiell nicht dumm, nur wenig zu bezahlen. Trotzdem gibt es zwei Pole von Geschäftsmodellen, die beide etwas für sich haben: Am einen Pol geht es vor allem um Kostenkontrolle. Hier muss immer alles möglichst schlank organisiert sein, günstig eingekauft, automatisiert verarbeitet und maximal ausgelagert werden. Wie bei Discounter-Supermärkten oder Billigfluglinien. Am anderen Pol geht es um Wertorientierung und Wertschöpfung. Hier kann es nicht hochwertig genug zugehen: beste Materialien, üppiger Service, individuelle Fertigung. Wer hier einkauft, will nichts Billiges – und nimmt die üppigen Margen des Unternehmens in Kauf. Wie bei Luxushotels, Nobelautos oder Designermöbeln. Die meisten Geschäftsmodelle liegen irgendwo dazwischen.

Also: Welche Kosten kommen auf dich zu? Welche fixen Kosten und welche variablen? Wo und wie kannst du Kosten senken? Rechne mal durch!

Geschäftsmodelle beschreiben

»Haben wir jetzt alles zusammen?«, fragt Günter ungeduldig. »Können wir endlich loslegen?« Fast. Jetzt wäre es noch klug, dein Geschäftsmodell ganz genau zu beschreiben, bevor es losgeht. Genügend Begrifflichkeiten kennst du ja jetzt. Und wie bei einem Lego-Baukasten, kannst du alle Komponenten wild kombinieren – sie müssen halt zusammenpassen und funktionieren.

»Okay, fangen wir gleich mal mit Lego an! Ein Produkt für einen gemischten Markt: Es gibt einige Grundbausätze, die ganz viele kaufen, also Masse machen. Und es gibt viele spezielle Bausätze, die nur wenige kaufen, also Nischenprodukte sind. Das Wertangebot ist die unendliche Kombinierbarkeit der Bausteine. Hier hat Lego ein Monopol. Kunden erreicht Lego vor allem über den Handel, also vorwiegend fremde Kanäle. Wobei Lego zwei Kundensegmente erreichen muss: die Kinder, die damit spielen, und die Erwachsenen, die Lego kaufen. Die Kundenbindung ist dauerhaft: Schon die meisten Eltern haben damit gespielt. In letzter Zeit können Lego-Fans sogar eigene Sets erstellen und verkaufen – noch mehr Nische! Die Marke ist sehr stark und der eher Preis happig für das bisschen Plastik. Die Gewinnspannen sind daher wohl groß, was lukrativ für Unternehmen und Händler ist.« Alles klar, Günter: Du hast den Durchblick!

Viele Kombinationen

Der wichtigste Punkt ist jetzt: Es gibt bei Geschäftsmodellen nicht den einen Weg, der unweigerlich zum Erfolg führt. Es gibt viele Wege und Modelle. Sie müssen halt in ihren Märkten funktionieren. Die Geschäftswelt ist bunt.

Manche Zeitschriften kriegt man zunächst umsonst, wenn man ein Abo abschließt. Erst nach einer gewissen Zeit zahlt man regelmäßig – automatisch per Abbuchung. Es gibt Künstler, die zwar, um bekannt zu werden, umsonst im TV auftreten, aber sich teuer für Veranstaltungen verkaufen. Manche Software kostet zwar nichts in ihrer Basisversion, gewinnt damit aber viele Kunden. Geld fließt erst, sobald die Kunden auf die bessere Version upgraden. Es gibt Kopierer-Hersteller, die ihre Geräte nicht mehr an Firmen verkaufen, sondern sie vermieten. Und manche Modelabels produzieren und bewerben ihre neuen Klamotten so schnell und aggressiv, dass ihre Fans sich nicht mehr schick fühlen, wenn sie noch die alten Sachen tragen – und sie kaufen neue. Oder manche Buchverlage, die früher mit wenigen ausgesuchten Autoren durch Groß- und Einzelhandel gute Absätze machten, bieten nun Nischenautoren ihre Infrastruktur zur Selbstveröffentlichung an und ebnen ihnen die Wege zu den großen Verkaufsplattformen.

Wie bereits gesagt: Die Welt der Wirtschaft ist bunt.

7. Das UNTERNEHMEN entwickeln

Wird es funktionieren?

»Klasse, was alles geht!«, freut sich Günter. »Dann kannst du tun, was du willst!« Nicht ganz, denn: Ein Business kann auch scheitern. Eigentlich scheitern sogar sehr viele Geschäftsmodelle. Sie starten ambitioniert, und dann geht ihnen die Luft aus. (Oder das Geld. Oder die Motivation.) Wie gesagt: Die Modelle müssen in ihren Märkten funktionieren, also in der Realität. Nicht nur im Kopf ihrer Gründer.

Die grundsätzliche Herausforderung ist: Was funktioniert und was nicht, lässt sich vorher unmöglich sagen. Die Businesswelt da draußen ist wie ein Dschungel. Tabellen, Pläne und Modelle sind zwar gut und schön, aber wenn es ungemütlich wird oder sie auf falschen Annahmen beruhen, nützen sie nichts.

Nur eines lässt sich vorhersagen: Wenn man nichts macht, hat man garantiert keinen Erfolg. Wer sich also irgendeine Kombination von Bausteinen zum eigenen Geschäftsmodell zusammenstellt und ausprobiert, erhöht schon mal seine Erfolgschancen. Doch der Überfluss an Möglichkeiten führt leider dazu, dass man raten muss. Das kann schiefgehen und teuer werden. Aber noch teurer ist es, überhaupt nicht zu raten ...

Schlanker Start

»Auweia!«, stöhnt Günter. »Dann musst du alles ganz genau planen und richtig machen, damit es hinhaut!« Ja, Planung und Genauigkeit sind gut. Aber sie dürfen nicht in Perfektionismus ausarten. Der Start in dein Business darf ruhig schlank sein (ein sogenanntes »Lean Startup«): Du machst erst einen Schritt nach dem anderen und schaust was funktioniert – und was nicht. Darauf reagierst du dann. Aber: Du darfst nicht gleich perfekt werden wollen, sonst wirst du nicht mal gut.

Also: Was du tust, ist erst mal wichtiger, als wie du es tust! Du brauchst einen Prototyp deines Produkts? Du brauchst erste Kunden? Du brauchst eine Grundausstattung für dein Büro? Du brauchst eine Webseite? Dann leg schon mal los, wenn deine angedachte Lösung solide scheint! Tu die richtigen Dinge statt die Dinge unbedingt richtig! Auch kleine Schritte führen dich weiter. Du wurschtelst drauflos und behältst bei, was funktioniert. Was nicht funktioniert, wird eliminiert. Du kannst also anfangen, noch bevor du ein Ende siehst. Es ist sowieso alles ein unendlicher Prozess von Versuch und Irrtum, ein Ausprobieren und Schauen, wo es dich hinführt. Und wenn etwas noch nicht klappt, passt du deinen Weg an die Realität an. Immer. Du beginnst oberflächlich und gräbst dich dann in die Tiefe.

Der Weg ist das Ziel

»Der Weg ist das Ziel!«, ruft Günter. Genau. Also leg los und arbeite, arbeite, arbeite! Kümmere dich intensiv um den Aufbau deiner Sache! Sei geduldig und ausdauernd! Erwarte nicht zu viel, gleiche ständig mit der Realität ab, reagiere klug – und irgendwann folgen die Gewinne! Also starre nicht gleich auf Zahlen, Ergebnisse oder nur dein Marketing! Das hält dich vom Produkt und deinen Kunden ab. Und davon, deine Fähigkeiten zu erweitern. Denn deine Komfortzone wächst durch Lernen und Praxis, nicht durch Grübeln und Theorie.

»Und wenn es nicht klappt? Wann hörst du auf?« Das ist noch lange kein Thema. Denn Geduld und Ausdauer sind das A und O zu Beginn eines jeden Unternehmens: Rückschläge, Gegenwind und Schlaglöcher gehören nämlich dazu. Für sie brauchst du Commitment, keine Exit-Strategie. Niemand hat behauptet, eine Unternehmensgründung sei leicht. Schließlich hat im Markt auch niemand auf dich gewartet. Ja, du bist alleine und erkämpfst dir deinen Weg. Denn der ist dein eigentliches Ziel. So lernst du mit der Zeit, dir Widrigkeiten und Kleinkram nicht zu Herzen zu nehmen und Rückschläge zu verkraften. Und wenn du das alles als Feedback in deinem eigenen Lernprozess annimmst, siehst du bald: Deine Firma ist nur ein Spiegel deiner selbst. Sie zeigt dir, worin du gut bist und wo noch nicht. Also leide, lerne, wachse weiter – und geh freudig deinen Weg!

Durststrecke oder Sackgasse?

»Und was, wenn es wirklich nicht funktioniert?«, fragt Günter besorgt. Nun, es gibt Durststrecken und Sackgassen. Durststrecken gehen vorbei, wenn man das Richtige tut und abwartet. Man sollte unbedingt dranbleiben. Aus Sackgassen hingegen muss man so schnell wie möglich wieder raus und seine Fehler früh korrigieren. Also: Was ist was? Oft hilft es, sich vorher genau zu überlegen, welche Risiken und Durststrecken auf einen zukommen können und wie man dann reagiert. So gibt es seltener bösen Überraschungen und Krisen – und man gibt nicht zu früh auf.

Spiel daher gleich zu Beginn den Anwalt des Teufels: Was spricht alles gegen dein Projekt? Was ist das Schlimmste, was dir passieren kann? Und wie reagierst du im Falle eines Falles? Kläre und beantworte das alles vorher – und du hast es schon einmal durchgespielt. Definiere auch gleich zu Beginn: Was wäre das perfekte Ergebnis deines Projekts? Und was ist gut genug? Wo sind also Kompromisse möglich, wo nicht? Und schreib auch gleich alle kleineren Projekte auf: Welche sind voneinander abhängig? Was muss zuerst getan werden? Wann sind die Deadlines? Welche Ressourcen und wie viel Zeit brauchst du deshalb? Erstelle eine Roadmap und setze sie um, damit es gar nicht erst zur Krise kommt!

Sollst du es wirklich tun?

»Wow!«, freut sich Günter. »Wenn du es so machst, wird es funktionieren! Du kannst ein riesengroßes Unternehmen bauen!« Moment noch, Schweinehund! Bevor du dich in den Himmel träumst, sollten wir zwei komplett unterschiedliche Fragen klären: Wird es funktionieren? Und solltest du es auch tun? Die eine Frage bezieht sich auf Geschäftsmodell und Marktchancen, die andere auf dich als Mensch: Wer bist du? Willst du wirklich eine Firma aufbauen, Mitarbeiter einstellen, sie führen, organisieren, Kunden finden, Risiken tragen und so weiter?

Falls du nun wild und begeistert nickst, ist alles klar: Leg los!

Falls du aber Zweifel spürst, denk noch mal darüber nach! Wozu eine Firma aufbauen, wenn du den Stress nicht magst? Viele fangen ambitioniert an, aber hören zu schnell wieder auf, um mit ihrem Business erfolgreich zu werden. Denn sie stellen bald fest, dass sie auch mit ihrer Firma verheiratet sind statt nur mit ihrem Partner. Und dass sie mehr Zeit mit ihren Kunden und Angestellten verbringen als mit ihren Kindern. Und dass es anstrengend ist, sich ständig ums Geschäft zu kümmern. Also: Fang nicht an, wenn du nicht bereit bist, dranzubleiben! Mach dir vorher klar: Alles hat seinen Preis! Willst du ihn wirklich zahlen?

Wachstum erwünscht

»Ja, du willst ein Unternehmer sein!«, stellt Günter fest. »Und dein Geschäft soll wachsen, wachsen, wachsen!« Okay, dann gehen wir mal davon aus, dass dein Businessmodell funktioniert, also dein »Baby« lebt. Glückwunsch! Dann hast du jetzt zwei Möglichkeiten, dein Business zum Weiterwachsen zu bringen: erstens mit Geld aus dem laufenden Geschäft, zweitens mit einer Kapitalspritze. Auf die erste Weise muss das laufende Geschäft so viel abwerfen, dass du aus den Gewinnen weiter investieren kannst. Du gehst einen Schritt nach dem anderen. Dein Weg ist stetig, risikoarm und eher langsam. Holst du dir aber einen Batzen Geld auf einmal, steigt zwar dein Risiko – doch du kannst auch gleich mehr Gas geben.

»Coole Sache!«, findet Günter. »Tun wir die großen Dinge, nicht die kleinen! Bauen wir eine richtig fette Firma! Aber woher kommt die Kohle?« Nun, vielleicht hast du finanzielle Rücklagen: ein Sparbuch? Aktien? Oder Besitz, den du verkaufen kannst? Hast du ein Auto zu viel? Eine Erbschaft gemacht? Eine ungeliebte Eigentumswohnung? Bis zu gewissen Beträgen können dir vielleicht auch Familie oder Freunde Geld leihen. Im Idealfall zahlst du es erst dann zurück, wenn es dir gut passt – sogar ohne Zinsen. Oder du gehst gleich zur Bank und nimmst einen Kredit auf? Klar musst du dabei Zinsen zahlen und brauchst Sicherheiten. Aber gegen Liquidität ist nichts einzuwenden, wenn sie dein Geschäft gut ankurbelt.

Geldgeber finden

»Geld! Geld! Geld!« Langsam, Günter. Definieren wir erst mal genau: Wie viel Geld willst du überhaupt aufnehmen? Und ab wann investierst du nicht mehr weiter oder schmeißt sogar hin? Wenn du das weißt, dann hol dir mehr Geld, als du zu brauchen glaubst – und behandle es so, als wäre es dein letztes!

»Wie wäre es mit einem finanzstarken Partner?« Na ja, Partnerschaften funktionieren nur, wenn man sich sehr gut versteht, einander ergänzt und sich aktiv ins Geschäft einbringt – und nicht nur bezahlt. Sonst ist Ärger Programm. »Und Investoren?« Die steigen meist erst dann ein, wenn es schon gut läuft. Außerdem: Wer in deine Firma investiert, will sein Geld auch wieder zurückhaben: Verkaufst du Anteile, fließt es zurück, sobald du die Firma verkaufst. Doch wenn deine Firma billiger verkauft wird als erhofft, sieht es doof für dich aus: Die Investoren werden meist als Erste ausgezahlt – samt garantiertem Mindestgewinn. So bleibt für den Gründer oft zu wenig übrig. Außerdem: Was, wenn du gar nicht verkaufen willst? Gib daher besser keine Anteile ab, sondern werde Investoren möglichst gleich wieder los: Biete ihnen eine schnellstmögliche Rückzahlung ihrer Investition plus gutem Gewinn! Und dann bleib Herr im eigenen Haus.

Mitarbeiter

»So, nun hast du genug Geld und kannst aus dem Vollen schöpfen!«, freut sich Günter. »Du kaufst Software, Waren, ein schönes Auto ...« Stopp! Du vergisst einen wichtigen Punkt: Wer soll denn die ganze Arbeit machen? »Na, du! Hat ja bislang auch gut geklappt.« Fetter Fehler, Schweinehund! Wenn du wirklich wachsen willst, darfst du nicht mehr alles selbst machen – sonst bist du die größte Wachstumsbremse deines Unternehmens. Erinnere dich: Nur Selbstständige arbeiten selbst und ständig! Unternehmer hingegen lassen andere für sich arbeiten. Sie stellen Mitarbeiter ein.

»Mitarbeiter?«, quiekt Günter. »Ja, bist du denn bekloppt? Viel zu teuer! Und du musst ihnen erst alles beibringen! Nein, Mitarbeiter kannst du dir wirklich nicht leisten!« Fragen wir andersherum: Kannst du es dir leisten, keine einzustellen? Welche Chancen entgehen dir, wenn du weiterhin alles selber machst? Gibt es keine wichtigeren Dinge, für die dich dein Laden braucht? »Hm, du müsstest dich besser ums Marketing kümmern oder mal wieder ein Fachbuch lesen, wichtige Kunden betreuen oder am Produkt weiterbasteln ...« Also dann sei konsequent und entwickle dich weiter: vom Selbstständigen zum Unternehmer. Lerne, loszulassen! Deine Arbeitskraft war nur geliehen. Merk dir: Unternehmer stellen jemanden an, damit der das tut, was sie bislang selbst getan haben, sodass sie etwas anderes tun können.

Engagierte Leute holen

»Verdammte Axt!«, flucht Günter. »Jetzt musst du aber genau aufpassen, dass du auch die richtigen Leute einstellst! Pfeifen kannst
du dir nicht leisten.« Klar: Wer sich faule Eier holt, kann auch
gleich Konkurs anmelden. Daher musst du erst mal genau überlegen: Was genau sollen deine Mitarbeiter eigentlich machen? Wofür sollen sie qualifiziert sein? Und dann suchst du ganz gezielt passende Fachkräfte!

»Nun ja«, druckst Günter herum, »so schwierig sind die Aufgaben
auch nicht. Kann man schon alles lernen, wenn man will.« Womit
wir beim nächsten Punkt wären: beim Engagement deiner Mitarbeiter. Als Selbstständiger oder Unternehmer bist du mit der Firma quasi verheiratet, also sehr engagiert: Ständig denkst du an sie,
sorgst dich um sie, willst für sie das Beste. Doch während du das
Unternehmen im Fokus hast, geht es einem Angestellten um seine
Stelle: Was genau hat er da zu tun? Wie? Und wann? Je engagierter
er bei der Sache ist, desto besser. Also: Lerne deine potenziellen Mitarbeiter genau kennen, bevor du sie einstellst! Können sie wirklich
leisten, was du erwartest? Wollen sie es auch leisten? Sind sie bereit,
sich voll reinzuhängen? Mit anderen Worten: Suchen sie nur einen
Job oder eine Aufgabe?

Die Mitarbeiter befähigen

»Prima, du hast also gute Leute gefunden, die ordentliche Arbeit
machen!«, freut sich Günter. »Nur: Warum hast du dann immer
noch so viel zu tun?« Womöglich weil du dich noch zu sehr ins
operative Geschäft einmischst: zu viel kontrollierst, korrigierst und
am Ende doch vieles selber machst. So bleibst du selbst der beste
Mitarbeiter im Team – und die anderen entwickeln sich nicht weiter. Systemfehler! Du arbeitest weiterhin in deiner Firma – obwohl

du eher an ihr arbeiten solltest! Du steckst in den Prozessen fest, statt sie zu überdenken und zu verbessern. Du bist ein Sklave deines Könnens. Du bist immer noch die Wachstumsbremse.

Also: Wenn du wirklich ein Top-Team aufbauen und dein Unternehmen entwickeln willst, musst du das Loslassen üben! Denn nur so können auch andere lernen, was du kannst – oder es sogar besser machen. Kommt also ein Mitarbeiter wie gewohnt zu dir, wenn es eine komplexe Aufgabe gibt, dann frag ihn: »Was schlagen Sie vor?« Damit er lernt, selbst nachzudenken und eine Lösung zu finden. Er darf es jetzt ja auch! Weil »Papa« (oder »Mama«) nicht gleich zu Hilfe eilt, um zu zeigen, wie es geht ... Bald wirst du erstaunt sein, wie viele Kompetenzen du im Team hast!

Geschäftsführer einstellen

Übrigens: Ganz konsequent bist du als Unternehmer erst, wenn du Mitarbeiter einstellst, die besser sind als du. Das betrifft auch deine eigene Stelle: die des Geschäftsführers. »Wie bitte?«, empört sich Günter. »Du sollst einen Chef einstellen?« Ab einer gewissen Größe schon: Du hast dein Unternehmen nicht gegründet, um im Alltag operativ zu führen, sondern weil du eine Geschäftsidee hattest, dein Produkt liebst oder sonst irgendwie zum Gründer wurdest. Aber: Ein Unternehmen zu gründen und es dauerhaft zu führen sind zwei Paar Schuhe! Wenn sich abzeichnet, dass alles läuft (oder es sich sonst irgendwie lohnen könnte), leiste dir lieber einen guten Manager, der die Fachkräfte koordiniert, anstatt weiterhin alles selbst bestimmen zu wollen. Es tut gut, jemanden zu haben, der dir den Rücken freihält. Vor allem, wenn dieser jemand das Fachliche besser kann als du.

»Und worin unterscheiden sich Unternehmer und Geschäftsführer?« Nun, der Unternehmer ist selbstständig, der Geschäftsführer angestellt. Der Unternehmer arbeitet lieber am Unternehmen, der Geschäftsführer im Unternehmen – und zwar im Tagesgeschäft. Der Unternehmer will Neues schaffen, viel träumen, Visionen folgen und in die Zukunft denken. Der Geschäftsführer will verbessern, erhalten, sieht die Realität und fokussiert sich auf die Gegenwart. Der Unternehmer behält gerne den Überblick, Details sind ihm nicht so wichtig. Der Geschäftsführer beachtet lieber Details als den Überblick. Kurz: Ein Geschäftsführer ergänzt dich!

SO geht WACHS-TUM

Tatsächlich geht es in unserer Firma GEDANKENtanken oft so dynamisch zu, dass ich kaum dazu komme, Luft zu holen, geschweige denn, darüber zu berichten. Aber es macht Spaß! Das Tempo dieser Zeit ist einfach nur – wow! Obwohl ich ansonsten nicht wirklich verdächtig bin, ein langweiliges Leben zu führen: Nebenbei halte ich im Schnitt noch etwa drei Vorträge und/oder Seminare pro Woche ...

Sprich: Wir (GEDANKENtanken) sind auf fettem Wachstumskurs. Und es zeichnet sich kein Ende ab. Eher habe ich den Eindruck, dass wir gerade erst begonnen haben, ein wenig zu testen, was gehen könnte. Der Vogel beginnt zwar schon abzuheben, doch so vieles ist noch zu tun, auszuprobieren, Prozesse zu installieren, weitere Ideen und Pläne stehen Schlange – wäre ich Investor (und würde GEDANKENtanken Investoren suchen), würde ich jetzt unbedingt einsteigen wollen!

Vier Prinzipien

Während des Schreibens solcher Texte hier könnte ich Ihnen Einiges aus meiner eigenen unternehmerischen Entwicklung erzählen, aber die Unmengen bürointerner Details erspare ich Ihnen lieber. Ich fürchte nämlich, was ich Ihnen heute erzähle, ist in drei Monaten längst out, da wir dann mit ganz neuen Stufen der Unternehmensentwicklung beschäftigt sind.

Wir wachsen also. Aber warum eigentlich? Wie geht das genau? Hier ein paar Überlegungen zu vier Prinzipien, die mir sehr hilfreich erscheinen:

1.) Mach den Kuchen größer, nicht das Kuchenstück!

In den ersten zehn Jahren meiner Selbstständigkeit war ich ja vor allem darauf bedacht, »mein Ding« zu machen – ohne (viel) Personal, im Wesentlichen auf »meine« Arbeit bezogen (Günter & Co.), ohne viel Interferenz mit anderen. Auftrag? Gut! Kein Auftrag? Schlecht, weil ihn dann ein anderer kriegt.

Nun schaut es ganz anders aus: »Meine« Arbeit liebe ich zwar immer noch, aber das Gesamtbild ist größer geworden – und es ist mir wichtiger als ich alleine. Ich setze um, was mir bei aller Fokussierung immer schon wichtig war: das Vernetzen mit guten Leuten, die gute Ideen und Inhalte vermitteln. So will ich (Achtung, Marketingsprech!) einen größeren Kuchen backen, anstatt die Größe meiner Kuchenstücke zu erhöhen. GEDANKENtanken ist genau das: ein großer Kuchen, von dem alle essen dürfen und auch satt werden können.

2.) Gute Ideen sind lebendig – sie wachsen aus sich selbst heraus

Was lebt, wächst. Was nicht mehr lebt, wächst nicht. Als biologische Aussage ist das bekannt. Aber ich glaube, das gleiche Prinzip gilt auch für Ideen, insbesondere, wenn sie geschäftlich funktionieren sollen. Wie viele reanimieren verzweifelt alte Konzepte und tote Ideen? Oder bemerken nicht, dass Stillstand oft der leise Beginn vom Ende ist.

Ist eine (Geschäfts)idee hingegen lebendig, wächst sie aus sich selbst heraus: Sie generiert ständig neue Ideen, Kombinationsmöglichkeiten, Vernetzungen, zieht engagierte Menschen an und stiftet Sinn. Sie ist wie ein sich selbst multiplizierender Organismus, der kaum Energie zu brauchen scheint, um zu leben. Das Herz pumpt. Quasi von selbst.

Umkehrschluss: Schlechte Ideen erscheinen nur lebendig, wenn man ordentlich Strom (Geld, Energie) durchfließen lässt. Setzt man den Defibrillator hingegen wieder ab, pumpt gar nichts mehr. Das Herz ist tot.

3.) Gute Leute ziehen gute Leute an

Ich werde immer wieder darauf angesprochen, wie unser Recruiting-Konzept aussieht und dass ich ein Händchen für gute Mitarbeiter hätte. Das freut mich sehr, denn es stimmt: JEDER in unserem Team ist SUPER und ich bin stolz und dankbar, mit so tollen Menschen zusammenarbeiten zu dürfen! Ich will auf KEINEN EINZIGEN verzichten müssen. Das gleiche gilt für mein / unser Netzwerk: freundschaftliche Beziehungen und ergänzende Kompetenzen auf gutem Niveau. Stinkstiefel? Dummbratzen? Mittelmaß? Verboten! Keine Diskussion.

Im Kern ist der »Trick« ganz einfach: Ich will nur gute Leute um mich herum haben! Am besten solche, die Kompetenzen in Bereichen haben, in denen ich mich nicht auskenne oder die mir nicht liegen. Es ist mir ein Fest, wenn mir jemand etwas erklären muss oder etwas besser macht als ich.

Und »gute Typen« ziehen wiederum andere »gute Typen« an: Nette Menschen finden andere nette, engagierte andere engagierte, pfiffige andere pfiffige – und so weiter.

Außerdem ist mir Individualismus sehr wichtig: Stromlinienform? Finde ich langweilig. Lieber Brüche in der Biographie, schräge Hobbys, ungewöhnliche Interessen – aber ein eigener Charakter. Übermäßig Angepasste hingegen haben es meist schwer, sich an Unangepasste anzupassen, weshalb sie bei uns einfach nicht so gut reinpassen ...

4.) Lass los – und lass es wachsen!

Und dann? Muss man gute Leute einfach ihr Ding machen lassen! Sie gewissermaßen spielen lassen. That's it.

Kontrolle? Zahlen? Vorgaben? Ja, unbedingt! Aber im Sinne und Rahmen eines ständigen Austauschs über Gesamtzusammenhänge, Richtung und einzelne Projekte, wobei wir die richtige Mischung aus Konstanz und Flexibilität anstreben. Ja, es geht auch immer wieder hier um ganz konkrete Ziele. Insgesamt aber geht es bei uns recht locker und vertrauensvoll zu. Und sehr eigenverantwortlich. Ich WEISS, dass jeder gibt, was er kann: seine Perspektive, sein Wissen, seine Umsetzungskraft. Mehr will ich gar nicht.

Denn das ist viel besser als in vielen anderen Firmen: Da geben Menschen oft nur, was sie dürfen. Und das wird aus Mangel an Vertrauen und Spielraum, aber dafür mit einem Korsett aus Regeln und stupiden To-dos mit der Zeit immer weniger – gerade bei Top-Mitarbeitern, die ja aufgrund ihres Könnens und Wollens Top-Mitarbeiter sind und nicht, weil sie wegen jedem Pups beim Chef nachfragen müssen.

Erinnern Sie sich noch an das Bild vom Baum? Viele Firmen haben einen Chef an der Spitze, der seinen Untergebenen die genaue Richtung vorgibt, welche sie ihrerseits wieder der nächstunteren Ebene weitergeben. Dreht man die Metapher vom Baum um, sieht es so aus: Wurzel und Stamm lassen die Äste wachsen, diese wiederum die Zweige, welche die Blätter und Früchte hervorbringen. Die Aufgabe von Wurzel und Stamm ist, Wachstum zu ermöglichen und geschehen zu lassen.

»Nicht du bringst die Dinge zum Wachsen, sie wachsen von selbst«, ist hierzu eines meiner Mantras. Oder: »Nicht du wächst, es wächst. Steh dem nicht im Weg!«

REFLEXION

Wie sieht es eigentlich bei
Ihnen wachstumsmäßig aus?
Falls das Thema Wachstum
nicht wirklich Ihres ist, fragen
Sie sich doch mal:

Sehen Sie lieber das große Ganze oder beachten Sie eher Teilaspekte? Vorsicht bei Zweiterem: Man verzettelt sich zu leicht in der eigenen kleinen Perspektive!

Laufen Ihre Projekte wie von selbst, oder müssen Sie sie ständig reanimieren? Falls Zweiteres zutrifft: Beachten Sie die Opportunitätskosten! Was kostet es Sie, etwas zu tun, das Energie raubt und wenig bringt – im Vergleich zu etwas, das leicht von der Hand geht und mehr einbringt? Suchen Sie sich ein solches Projekt oder eine solche Tätigkeit!

Mit welchen Menschen umgeben Sie sich? Mit Energiespendern oder Energieräubern? Mit Ideenproduzenten oder Ideenvernichtern? Mit Kraftwerken oder schwarzen Löchern? Was das wohl für Sie bedeutet?

Wie viel Kontrolle üben Sie aus? An welcher Stelle sollten Sie sich zurücknehmen? Und braucht Ihr System wirklich viel Kontrolle, dann fragen Sie sich, warum das so ist. Haben Sie die falschen Menschen im Team? Was sagt das über Sie aus? Sie wissen ja: Erstklassige Chefs suchen sich erstklassige Mitarbeiter, zweitklassige suchen sich drittklassige ...

Wachstumsgrenze im Kopf

»Wunderbar«, findet Günter, »so viele gute Tipps! Eines Tages wirst du sie alle umsetzen. Bestimmt.« Moment, Schweinehund: Wann ist denn dieses »eines Tages« genau? Nächste Woche? Nächstes Jahr? In 20 Jahren? Das Problem ist: Die meisten Menschen (und Schweinehunde) wissen zwar, was sie tun sollten. Aber sie tun nicht, was sie wissen. Denn in ihrem Kopf sagt ein innerer Schweinehund sehr überzeugend: »Eines Tages!« Er sagt nicht: »Jetzt sofort!«

Doch: Warum nicht gleich heute anfangen, wenn du weißt, dass es richtig wäre? Warum warten? Worauf denn? »Uiuiui, das geht doch nicht so einfach!«, wimmert Günter. »Davor habe ich Angst ...« Womit wir bei des Pudels Kern wären: Die meisten Menschen (und Selbstständige und Unternehmer) kommen irgendwann an eine Wachstumsgrenze. Sie erkennen, welchen nächsten Schritt sie als Nächstes gehen sollten, aber sie gehen ihn nicht – sie haben Angst davor. Und genau diese Angst ist ihr eigentliches Problem: Sie hält sie zurück, sie hält sie künstlich klein. Sie nimmt ihnen den Mut, den sie bräuchten, um weiter zu wachsen, um in ihrer Persönlichkeit die nächste Stufe zu erreichen.

Die Angst besiegen

Sei ehrlich: An welcher Stelle deiner Entwicklung bleibst du immer wieder stecken? Wo ging es bislang nie weiter? Und dann frag dich: Wovor genau hast du Angst? Wovor willst du dich schützen?

Hast du insgeheim Angst zu scheitern? Legitime Befürchtung. Aber solange du es nicht versuchst, scheiterst du schon jetzt. (Zum Beispiel indem du dich im Tagesgeschäft aufreibst, statt dein Unternehmen voranzubringen.) Oder hast du Angst vor den Anstrengungen, die vor dir liegen? Verständlich. Nur was, wenn du dich gut organisierst und alles besser würde? (Bequemlichkeit ist auch keine Lösung. Zumal dein Alltag heute alles andere als bequem aussieht.) Oder hast du Angst vor den Reaktionen anderer Menschen? Schämst du dich für deine großen Träume und Pläne? Willst du dich nicht über andere erheben oder dich lächerlich machen? Dann überleg, was du schon alles geschafft hast. Wie oft du selbstbewusst warst und für dich einstehen musstest. (Die meisten Menschen interessieren sich ohnehin kaum für das, was andere tun.)

Also: Gesteh dir deine Angst ein! Mach sie dir bewusst! Zeig sie dir und gib sie auch vor anderen zu! Und dann geh sie an! Sonst bist du immer mit ihr beschäftigt. Und sie wird dich kleiner halten, als du sein kannst. Pure Selbstsabotage: »Och, hat mal wieder nicht geklappt, dann probierst du eben etwas anderes!« Mal wieder ...

Erfüllung finden

»Also gehört es einfach dazu, sich auch persönlich weiterzuentwickeln«, versteht Günter. Unbedingt! Denn echte Profis bleiben nur dann Profis, wenn sie regelmäßig etwas machen, was emotionale Arbeit ist. Wenn sie immer wieder ihre Komfortzone verlassen. Wenn sie tun, was sie nie zuvor getan haben. Denn genau an dieser Wachstumsgrenze fühlen wir uns am lebendigsten. Wenn wir den nächsten Schritt gehen. Wenn wir am Rand eines gefühlten Abgrunds tanzen. Und uns dann zurücklehnen und stolz unser Werk genießen. Um bald weiter zu tanzen.

Also trau dich, immer weiterzugehen! Trau dich, auch weiterhin kein Durchschnitt zu sein! Tu Dinge, die für dich relevant sind! (Auch wenn man dich kritisiert, denn niemand hat das Recht, dich zu kritisieren, solange er nicht in deinen Schuhen steht oder stand. Was du tust, ist nicht für jeden. Soll es aber auch nicht sein.) Trau dich auch weiterhin in die Wildnis! Finde dort deine eigenen Wege. Verdiene dir Geld, Zeit, Status, Leben, Lernen, Nichtstun, Vollgas! Genieße dein Wachstum! Mach dein Ding! Alles ist gut!

Und bau dir immer wieder Unternehmen auf, in denen du sein kannst, wer du bist, und tun kannst, was du liebst. In denen du deinem eigenen Sinn folgst. Und darin jeden Tag deine Erfüllung findest, so wie es sein soll.

Günter, der innere Unternehmer

Kennst du Günter? Günter ist dein innerer Schweinehund. Er lebt in deinem Kopf und bewahrt dich vor allem Übel dieser Welt. Immer, wenn du etwas Neues tun oder etwas Ungewohntes ausprobieren willst, ist Günter zur Stelle: »Mach das jetzt!«, sagt er dann. »Das schaffst du schon!«, feuert er dich an. Oder: »Das kannst du besser als andere!«, animiert er dich. Und weil das Leben voller spannender Herausforderungen steckt, die dich alle weiterbringen, gehst du sie aktiv an – und eilst von Erfolg zu Erfolg! Günter sei Dank.

Kurzfristige Probleme sind Günter egal, denn er denkt langfristig. Und weil sich das Leben ständig verändert, machst du dabei freiwillig mit: Du stemmst alle möglichen Projekte, lernst gerne dazu und entwickelst dich stetig weiter. So wirst du morgen noch besser sein als heute. Und aus Chancen sind große Gewinne geworden. So wie es immer schon war – und immer sein wird. Dank Günter!

Literatur

»Verkaufen«

Baum, Thilo & Frädrich, Stefan: Günter, der innere Schweinehund, lernt flirten. Ein tierisches Turtelbuch. Offenbach: GABAL, 2007

Cialdini, Robert B.: Die Psychologie des Überzeugens. Ein Lehrbuch für alle, die ihren Mitmenschen und sich selbst auf die Schliche kommen wollen. Bern, Göttingen, Toronto, Seattle: Hans Huber, 2002

Clason, George S.: Der reichste Mann von Babylon. Erfolgsgeheimnisse der Antike. Der erste Schritt in die finanzielle Freiheit. München: Goldmann, 2002

Frädrich, Stefan & Burzler, Thomas: Günter, der innere Schweinehund, lernt verhandeln. Ein tierisches Businessbuch. Offenbach: GABAL, 2009

Frädrich, Stefan: Günter, der innere Schweinehund, lernt verkaufen. Ein tierisches Businessbuch. Offenbach: GABAL, 2005

Frädrich, Stefan: Günter, der innere Schweinehund. Ein tierisches Motivationsbuch. Offenbach: GABAL, 2004

Gitomer, Jeffrey: The Little Red Book of Selling. 12,5 Principles of Sales Greatness. How to make sales forever. Austin / Texas: Bard Press, 2004

Greene, Robert: Die 24 Gesetze der Verführung. München, Wien: Carl Hanser, 2002

Jörn, Gereon: Verkaufen beginnt beim Nein. Die Menschler-Einwandbibel. Wissensbringer Verlag, 2015

Köhler, Hans-Uwe: Verkaufen ist wie Liebe. Regensburg: Walhalla, 1996

Kreuter, Dirk: Akquise-Impulse: Motivieren – überzeugen – verkaufen. Wien: Linde, 2015

Kreuter, Dirk: Umsatz extrem. Verkaufen im Grenzbereich. 10 radikale Prinzipien. Wien: Linde, 2013

Limbeck, Martin: Limbeck Laws. Das Gesetzbuch des Erfolges in Vertrieb und Verkauf. Offenbach: GABAL, 2016

Limbeck, Martin: Nicht gekauft hat er schon. So denken Top-Verkäufer. München: Redline, 2013

Malik, Fredmund: Führen, Leisten, Leben. Wirksames Management für eine neue Zeit. München: Heyne, 2001

Nasher, Jack: Deal! Du gibst mir, was ich will! München: Goldmann, 2015

Schäfer, Bodo: Die Gesetze der Gewinner. Erfolg und ein erfülltes Leben. München: dtv, 2003

Scheele, Frank: Menschenkenntnis auf einen Blick. Sich selbst und andere besser verstehen. München: mvg-Verlag, 2000

Scherer, Hermann: Sie bekommen nicht, was Sie verdienen, sondern was Sie verhandeln. Offenbach: GABAL, 2002

Schranner, Matthias: Verhandeln im Grenzbereich. Strategien und Taktiken für schwierige Fälle. München: Econ, 2002

Schulz von Thun, Friedemann: Miteinander Reden: 1. Störungen und Klärungen. Reinbek bei Hamburg: Rowohlt Taschenbuch, 1981

Sinek, Simon: Start with Why. How Great Leaders Inspire Everyone to Take Action. London: Penguin Books, 2009

Taxis, Tim: Die perfekte Preisverhandlung. So machen Sie Schluss mit unnötigen Rabatten und setzen höhere Preise durch. München: Tim Taxis Trainings, 2016

Taxis, Tim: Heiß auf Kaltakquise. So vervielfachen Sie Ihre Erfolgsquote am Telefon. Freiburg: Haufe, 2017

»Führung«

Burkhart, Steffi: Die spinnen, die Jungen! Eine Gebrauchsanweisung für die Generation Y. Offenbach: GABAL, 2016

Cockerell, Lee: Ceating Magic: 10 Common Sense Leadership
Strategies from a Life at Disney. New York: Doubleday, 2008
Covey, Stephen R.: Die 7 Wege zur Effektivität. Prinzipien für
persönlichen und beruflichen Erfolg. Offenbach: GABAL,
2005
Covey. Stephen R.: Der 8. Weg. Mit Effektivität zu wahrer Größe.
Offenbach: GABAL, 2006
Dale Carnegie: Sorge dich nicht – lebe! Frankfurt a. M.: Fischer
Taschenbuch Verlag, 2003
Frädrich, Stefan & Kampe, Tanja: Günter, der innere Schweine-
hund, geht ins Büro. Ein tierisches Officebuch. Offenbach:
GABAL, 2008
Frädrich, Stefan: Das Domino-Prinzip. Wie Sie aus Steinen,
die Ihnen in den Weg gelegt werden, etwas Schönes bauen.
München: Droemer-Knaur, 2009
Frädrich, Stefan: Günter, der innere Schweinehund, wird Chef.
Ein tierisches Führungsbuch. Offenbach: GABAL, 2009
Frädrich, Stefan: Günter, der innere Schweinehund. Ein tierisches
Motivationsbuch. Offenbach: GABAL, 2004
Grundl, Boris & Schäfer, Bodo: Leading simple. Führen kann so
einfach sein. Offenbach: GABAL, 2007
Grundl, Boris: Steh auf! Bekenntnisse eines Optimisten! Berlin:
Econ, 2008
Harari, Oren: The Powell Principles. 24 Lessons from Colin Powell,
a Battle-Proven Leader. New York, Chicago, San Francisco,
Lisbon, Madrid, Mexico City, Mila, New Dehli, San Juan, Seoul,
Singapore, Sydney, Toronto: Mc Graw-Hill, 2004
Ion, Frauke & Brand, Markus: Motivorientiertes Führen. Führen
auf Basis der 16 Lebensmotive nach Steven Reiss. Offenbach:
GABAL, 2010
Knoblauch, Jörg & Kurz, Jürgen: Die besten Mitarbeiter finden
und halten: Die ABC-Strategie nutzen. Frankfurt / New York:
Campus Verlag, 2013
Knoblauch, Jörg: Die Chef-Falle. Wovor Führungskräfte sich in

Acht nehmen müssen. Frankfurt / New York: Campus Verlag, 2013

Malik, Fredmund: Führen, Leisten, Leben. Wirksames Management für eine neue Zeit. München: Heyne, 2000

Simon, Walter: Moderne Management-Konzepte von A-Z. Strategiemodelle, Führungsinstrumente, Managementtools. Offenbach: GABAL, 2002

Vollmer, Lars: Wrong turn. Warum Führungskräfte in komplexen Situationen versagen. Zürich: Orell Füssli, 2014

Zimbardo, Phillip G. & Gerrig, Richard J.: Psychologie. Berlin, Heidelberg, New York: Springer, 1999

»Unternehmer«

Baum, Thilo: Mach dein Ding! Der Weg zu Glück und Erfolg im Job. Freising: Stark Verlag, 2010

Dekeyser, Bobby: Unverkäuflich! Schulabbrecher, Fußballprofi, Weltunternehmer – die völlig verrückte Geschichte von Bobby Dekeyser. Hamburg: Ankerherz, 2012

Drucker, Peter F.: Was ist Management? Berlin: Econ, 2002

Frädrich, Stefan (Hrsg.): Business Book of Horror. Offenbach: GABAL, 2008

Frädrich, Stefan: AC/DC und das »erste Mal«. 29 motivierende Gedankengänge. Köln: Stefan Frädrich, 2015

Frädrich, Stefan: Das Günter-Prinzip. So motivieren Sie Ihren inneren Schweinehund. Offenbach: GABAL, 2011

Harnish, Verne: Scaling up – Skalieren auch Sie! Weshalb es einige Unternehmen packen ... und warum andere stranden. München: erlag ScaleUp, 2016

Hörhan, Gerald: Gegengift. Wie euch die Zukunft gestohlen wird. Was ihr dagegen tun könnt. Köln: Bastei Lübbe, 2013

Isaacson, Walter: Steve Jobs. Die autorisierte Biografie des Apple-Gründers. München: btb-Verlag, 2012

Keese Christoph: Silicon Valley. Was aus dem mächtigsten Tal der Welt auf uns zukommt. München: Knaus Verlag, 2014

Keese Christoph: Silocon Germany. Wie wir die digitale Transformation schaffen. München: Knaus Verlag, 2016

Knoblauch, Jörg: Das Geheimnis der Champions. Wie exzellente Unternehmen die besten Mitarbeiter finden und binden. Frankfurt / New York, 2016

Merath, Stefan: Der Weg zum erfolgreichen Unternehmer. Offenbach: GABAL, 2008

Micic, Pero: Wie wir uns täglich die Zukunft versauen. Berlin: Econ, 2014

Osterwalder, Alexander & Pigneur, Yves: Business Model Generation: Ein Handbuch für Visionäre, Spielveränderer und Herausforderer. Frankfurt / New York: Campus Verlag, 2010

Riess, Eric: The Lean Startup. How Constant Innovation Creates Radically Successful Businesses. London: Penguin Books, 2011

Scherer, Hermann: Jenseits vom Mittelmaß. Unternehmenserfolg im Verdrängungswettbewerb. Offenbach: GABAL, 2009

Schulz, Thomas: Was Google wirklich will. Wie der einflussreichste Konzern der Welt unsere Zukunft verändert. Hamburg: SPIEGEL-Verlag, 2015

Strelecky, John: The Big Five for Live: Was wirklich zählt im Leben. München: Deutscher Taschenbuch Verlag, 2000

Vance, Ashley & Musk, Elon: Elon Musk. Tesla, Paypal, Space-X. Wie Elon Musk die Welt verändert. Die Biografie. München: FinanzBuch Verlag, 2015

Vollmer, Lars: Zurück an die Arbeit! Wie aus Business-Theatern wieder echte Unternehmen werden. Wien: Linde, 2016

Die Autoren

Stefan Frädrich

Dr. med. Stefan Frädrich ist Motivationsexperte und Weiterbildungsunternehmer (www.GEDANKENtanken.com) sowie Direktor des Steinbeis Transferinstituts GEDANKENtanken der Steinbeis Hochschule Berlin. Sein Trainerteam ist im gesamten deutschsprachigen Raum tätig.

Seit 2003 ist er als Trainer, Redner, Coach und Consultant erfolgreich und schrieb einige Bücher, darunter Best- und Longseller. Stefan erfand das beliebte Motivationsmaskottchen »Günter, der innere Schweinehund« und entwickelt erfolgreiche Seminare (z. B. »Nichtraucher in 5 Stunden«). Viele kennen ihn auch aus dem Fernsehen, wo er hin und wieder als Coach und Talkshow-Gast auftritt. Als professioneller Redner motiviert Stefan Frädrich jedes Jahr Tausende Seminar- und Vortragsteilnehmer. Sein Ziel: komplexe Zusammenhänge verständlich, logisch und unterhaltsam machen – und dadurch etwas bewirken!

Zu Stefan Frädrichs Kunden zählen namhafte Firmen, Organisationen, Vereine, Behörden und Persönlichkeiten.

Stefan Frädrich lebt in Köln.

Timo Wuerz

Timo Wuerz ist freier Designer, Illustrator und Künstler (www.timowuerz.com). Er ist der zeichnerische und künstlerische Vater von »Günter, der innere Schweinehund« sowie der gemeinsam mit Stefan Frädrich vermarkteten Günter-Merchandising-Kollektion mit Plüschtieren, Postkarten und vielen weiteren Produkten (www.guenter-antwortet.de).

Seinen ersten Clown malte Timo Wuerz schon mit knapp zwei Jahren und seit seiner ersten Ausstellung mit zarten 14 feiert er erstaunlich vielseitige Erfolge: über ein Dutzend Comics und Kinderbücher, weltweit Aufträge für Architektur, Briefmarken, CD-Cover, Corporate Design, Filme, Magazinillustrationen, Poster und Spielzeug sowie die Gestaltung von Themenparkattraktionen. Die Arbeiten von Timo Wuerz sind mittlerweile in mehreren Museen (u. a. San Francisco Museum of Modern Art) zu sehen. Und er macht immer noch alles, was für ihn neu ist und sein Interesse weckt. Zum Beispiel: »Günter« zeichnen!

Timo Wuerz lebt in Hamburg.

Stichwortregister

Bei uns treffen Sie Entscheider, Macher ... Persönlichkeiten, die nach vorne wollen

Seit 40 Jahren bildet der GABAL e.V. ein Netzwerk für Menschen, die sich mit Persönlichkeitsentwicklung, Weiterbildung und Führungskompetenz befassen.

„Austausch, Praxisnähe, Inspiration und Professionalität – dafür ist GABAL e.V. mit seinen Angeboten ein Garant."
(Anna Nguyen, Lecturer Universität zu Köln)

Drei gute Gründe, warum sich rund 800 Mitglieder für GABAL entschieden haben und warum auch Sie dabei sein sollten:

1. Neue Impulse, Ideen und Strategien auf regionalen und nationalen Veranstaltungen mit White Papers, Webinaren, Newsletter und Printmagazinen.
2. Sie treffen sowohl Trainer, Berater und Coaches als auch Führungskräfte und Entscheider.
3. Sie erhalten viele wertvolle Vorteile, wie das Fachmagazin wirtschaft+weiterbildung, jährlich einen Buchgutschein im Wert von 40 € und vieles mehr ...

GABAL e.V.
Budenheimer Weg 67
D-55262 Heidesheim
Fon: 0 61 32 / 509 50 90
info@gabal.de

Neugierig geworden?
Besuchen Sie uns auf
www.gabal.de